中国粮食　中国饭碗系列：寒地粮食育种志

中国科普作家协会农业科普创作专业委员会推荐

# 近十年黑龙江水稻品种及骨干亲本

主　编　来永才　孙世臣　赵　双

哈尔滨工程大学出版社

Harbin Engineering University Press

U0659239

## 内容简介

黑龙江省是典型的寒地稻作区,具有独特的稻作生态环境。本书简要介绍黑龙江省水稻生产的气候、地理生态条件,以及水稻生产历史沿革;重点论述水稻育种的重要物质基础——骨干亲本及育成的水稻新种质资源或新品种;从种质资源的引进、评价、核心种质系谱及创新技术手段和成果,以及未来水稻种质资源的发展方向等方面进行深入的探讨,揭示寒地水稻育种工作的一般规律。

本书可供从事水稻育种研究、技术推广的科技工作者和大中专院校师生参考,尤其可为育种一线的广大青年科研工作者进行高产、优质、多抗和广适水稻亲本选配及新品种选育提供参考与借鉴。

**图书在版编目(CIP)数据**

近十年黑龙江水稻品种及骨干亲本／来永才,孙世臣,赵双主编. —哈尔滨:哈尔滨工程大学出版社,2020.6
ISBN 978 - 7 - 5661 - 2681 - 8

Ⅰ.①近… Ⅱ.①来… ②孙… ③赵… Ⅲ.①水稻 - 品种 - 黑龙江省 Ⅳ.①S511.029.2

中国版本图书馆 CIP 数据核字(2020)第 098271 号

选题策划　史大伟　薛　力
责任编辑　王俊一　于晓菁
封面设计　李海波

出版发行　哈尔滨工程大学出版社
社　　址　哈尔滨市南岗区南通大街 145 号
邮政编码　150001
发行电话　0451 - 82519328
传　　真　0451 - 82519699
经　　销　新华书店
印　　刷　哈尔滨市石桥印务有限公司
开　　本　787 mm × 1 092 mm　1/16
印　　张　16.75
插　　页　1
字　　数　430 千字
版　　次　2020 年 6 月第 1 版
印　　次　2020 年 6 月第 1 次印刷
定　　价　169.00 元
http://www.hrbeupress.com
E-mail:heupress@ hrbeu.edu.cn

# 编　委　会

# 前　言

　　黑龙江省位于中国的东北部,是中国位置最北、纬度最高的省份,处于北纬43°26′~53°33′,东经121°11′~135°05′,总面积为47.3万km²。黑龙江省耕地面积达1 173.3万hm²,居全国首位。黑龙江省属于寒温带与温带大陆性季风气候,年平均气温为-4~5℃。活动积温为2 000~3 000℃,无霜期为90~150 d,光照时数明显高于长江流域等南方地区,夏季日照时数在700 h以上,夏季昼长时间南部为15 h左右,北部为16 h左右。特殊的地理位置和冷凉的气候条件决定了黑龙江省一年只种植一季作物,这对水稻的高产、稳产造成一定的阻碍。但是,黑龙江省作物生长季日照时间长,雨热同季,气温日差较大,有利于作物干物质积累,提高作物品质。

　　随着人口数量的增加,工业化、城镇化不断与农业生产竞争土地,人多地少的矛盾愈加突出。目前,我国的粮食自给率已经下降到83%,离中国设定的"粮食自给率达95%以上"的目标有不小的差距。黑龙江省不仅拥有居全国首位的耕地面积,湿地面积也是全国最大的。发展黑龙江省水稻生产,能够有效利用湿地,协调保护生态环境与增加粮食生产的矛盾。2015年,黑龙江省粳稻种植面积已达403.8万hm²,总产7 262万t,分别占全国水稻总面积的9.3%和总产量的9.4%,对保障国家粮食安全具有举足轻重的作用。

　　作物种质资源也称品种资源、遗传资源或基因资源。作为生物资源的重要组成部分,作物种质资源是培育作物优质、高产、抗病(虫)、抗逆新品种的物质基础。水稻育种发展历史表明:水稻种质资源在水稻新品种培育中具有突出作用,每次水稻育种的重大突破都主要依赖于对水稻种质资源的发掘、创新和利用。20世纪50~60年代,矮仔占、矮脚南特、广场矮和IR8等矮秆资源在水稻育种中的有效利用使中国水稻单产提高了20%左右;20世纪70年代,水稻野败型、G型、D型和矮败型等不育系在杂种优势中的利用,使水稻单产又增加了约20%;光温敏核不育新株型等种质资源在水稻育种中的应用又给水稻育种带来新的突破。可见,对水稻种质资源的创新、利用仍然是今后水稻育种的重要基础和关键所在。

　　水稻属于高温短日照作物,外引的大部分水稻品种并不适合黑龙江省的生态环境。该地区的水稻品种经过引种试种、长期驯化过程,形成了早熟、温及光反应钝感、营养生长性强的特性,逐渐形成了寒地水稻特有的生态类型,具有不可替代性。黑龙江省水稻育种经历了地方良种评选、系统育种、杂交育种和多途径育种四个阶段。据统计,目前黑龙江省共审(认)定水稻品种424个,验收并通过确认的超级稻品种有10个:龙粳14、龙稻5

号、松粳9号、龙粳18、龙粳21、垦稻11、龙粳31、松粳15、龙粳39、莲稻1号。在水稻科研工作者的共同努力下，黑龙江省水稻品种实现了多次更新换代，单产水平不断提高。然而，在现代育种取得显著成就的同时，生产上使用的品种有遗传基础日益贫乏的趋势。其原因是：①在育种中，人们总是按照一定目标，沿着一定方向进行选择，选择的时间越长，强度越大，品种的遗传基础就越窄；②杂交育种中使用的亲本越来越集中到最能适应当地条件、综合性状最好、配合力最佳的少数几个品种上；③新品种的不断育成和推广，使原有老品种特别是地方品种逐渐被淘汰，常未作为种质被保存下来，致使许多有益的基因随之丢失；④随着农田基本建设规模的扩大和耕作栽培制度的改革，农田生态环境条件的差异日益缩小，致使许多作物的多样性变异失去了生存条件。由以上原因导致的作物遗传基础的狭窄性，以及育种工作的进展，使作物种质资源收集、保存和创新工作的重要性愈益突出。因此，对过去积累的水稻种质资源成果进行总结、梳理，将有助于水稻种质资源工作的可持续发展。为此，黑龙江省农业科学院和东北农业大学的水稻专家共同编撰本书。

本书共分五章。其中，第一章论述了黑龙江省生态条件、水稻品种种植区划及生产概况；第二章对黑龙江省水稻种质资源做了历史回顾、现状介绍，简述了不同生态型特点及抗逆性的鉴定与筛选；第三章从农艺性状、耐冷、抗病和品质的角度介绍了水稻核心种质资源；第四章介绍了种质创新的方法、目标及种质创新的成果；第五章从育种目标、育种理念和育种技术演变的角度阐述了水稻种质资源未来的发展趋势。

本书由黑龙江省农业科学院研究员来永才主持编写，在编写过程中参考了国内外相关文献，并引用了一些材料，受篇幅所限，书中仅列出了主要参考文献，在此一并向相关作者表示衷心感谢。

由于编者水平有限，本书难免存在错误和疏漏之处，敬请有关专家和读者批评指正。

编　者

2019年10月

# 目　录

# 第一章 黑龙江省水稻种植区划及生产概况

## 第一节 黑龙江省水稻生态条件及区划

### 一、黑龙江省生态条件

#### (一)水资源条件

到目前为止,黑龙江省水稻种植面积超过 394.89 万 $hm^2$,淡水利用量大。黑龙江省是中国水资源较丰富的省份之一,全省年平均水资源量达 800 亿 $m^3$,人均 2 160 $m^3$。黑龙江省有黑龙江、松花江、乌苏里江、绥芬河等多条河流;有兴凯湖、镜泊湖、五大连池等众多湖泊;年降雨量 70% 集中在农作物生长期,雨热同季,作物生长环境良好。

由表 1-1 可知,截至 2017 年,黑龙江省水资源总量为 742.5 亿 $m^3$,其中地表水资源总量为 626.5 亿 $m^3$,地下水资源总量为 273.2 亿 $m^3$,人均水资源量达 1 957.1 $m^3$;近 12 年来,黑龙江省水资源总量整体处于稳定水平,浮动大小因年际差异而有所变化,其中,2008 年水资源总量达到新低,之后逐步回升趋于稳定,说明我省整体水资源生态环境良好,自然调节能力强。这为水稻生产提供了水资源保障。

表 1-1 黑龙江省 2004—2017 年水资源情况

| 指标 | 2017 年 | 2016 年 | 2015 年 | 2014 年 | 2013 年 | 2012 年 | 2011 年 | 2010 年 | 2009 年 | 2008 年 | 2007 年 | 2006 年 | 2005 年 | 2004 年 |
|---|---|---|---|---|---|---|---|---|---|---|---|---|---|---|
| 水资源总量 /亿 $m^3$ | 742.5 | 843.7 | 814.1 | 944.3 | 1 419.5 | 841.4 | 629.4 | 853.5 | 989.6 | 462 | 491.8 | 727.9 | 744.2 | 652.1 |
| 地表水资源量 /亿 $m^3$ | 626.5 | 720 | 686 | 814.3 | 1 253.3 | 695.6 | 512.5 | 725.2 | 845.5 | 341.9 | 374 | 602.2 | 611.9 | 530.6 |
| 地下水资源量 /亿 $m^3$ | 273.2 | 285.9 | 283 | 295.4 | 381.5 | 289.8 | 237.2 | 277.9 | 313.4 | 247.8 | 232.7 | 279.2 | 288.7 | 273.6 |
| 地表水与地下水资源重复量 /亿 $m^3$ | 157.2 | 162.2 | 154.9 | 165.45 | 215.2 | 144.08 | 120.2 | 149.6 | 169.4 | 127.7 | 115 | 153.5 | 156.4 | 152.1 |
| 人均水资源量 /($m^3$/人) | 1 957.1 | 2 217 | 2 129.8 | 2 463.1 | 3 702.1 | 2 194.6 | 1 641.9 | 2 228.6 | 2 586.8 | 1 208 | 1 286.3 | 1 904.8 | 1 954.2 | 1 708.5 |

而从表1-2的统计数据来看,2010—2017年,黑龙江省有效灌溉面积逐年上升,水库数量基本不变;从地区来看,农垦总局有效灌溉面积最大,其次是齐齐哈尔地区和哈尔滨地区,七台河和大兴安岭地区最低。可以看到,黑龙江省稻作区内灌溉条件优越,水利系统发达,为黑龙江省水稻种植稳定发展搭建了优势平台。

表1-2 黑龙江省分地区有效灌溉面积、水库和除涝面积统计情况

| 年份、地区 | 有效灌溉面积 /万 hm² | 水库数量 /座 | 水库库容量 /万 m³ | 除涝面积 /万 hm² |
|---|---|---|---|---|
| 2010 年 | 387.52 | 913 | 1 787 011 | 333.5 |
| 2011 年 | 433.27 | 922 | 1 786 435 | 335.0 |
| 2012 年 | 477.65 | 1 148 | 2 778 967 | 336.6 |
| 2013 年 | 534.21 | 1 144 | 2 713 743 | 337.8 |
| 2014 年 | 530.52 | 1 144 | 2 713 743 | 338.2 |
| 2015 年 | 553.09 | 1 144 | 2 713 743 | 338.5 |
| 2016 年 | 593.274 | 1 130 | 2 676 000 | 339.4 |
| 2017 年 | 603.097 | 1 070 | 2 685 700 | 339.7 |
| 哈尔滨 | 79.28 | 262 | 231 597 | 33.3 |
| 齐齐哈尔 | 85.61 | 128 | 966 733 | 33.7 |
| 鸡西 | 16.98 | 51 | 81 105 | 3.5 |
| 鹤岗 | 14.07 | 15 | 15 952 | 9.0 |
| 双鸭山 | 10.76 | 12 | 73 859 | 14.9 |
| 大庆 | 52.47 | 19 | 87 219 | 14.1 |
| 伊春 | 5.12 | 16 | 20 382 | 2.7 |
| 佳木斯 | 46.87 | 28 | 27 686 | 23.9 |
| 七台河 | 2.07 | 20 | 44 239 | 1.9 |
| 牡丹江 | 10.30 | 60 | 653 388 | 5.1 |
| 黑河 | 8.96 | 82 | 244 697 | 9.0 |
| 绥化 | 59.44 | 120 | 104 388 | 40.6 |
| 大兴安岭 | 0.93 | 13 | 16 424 | 1.1 |
| 农垦总局 | 190.06 | 166 | 110 302 | 144.8 |
| 绥芬河 | 3.79 | 59 | 869 | — |
| 抚远 | 2.58 | 17 | 6 720 | — |

## (二)气候条件

黑龙江省属于寒温带与温带大陆性季风气候,四季分明,夏季雨热同季,冬季漫长。

全省年平均气温为 $-4 \sim 5$ ℃,从东南向西北平均每升高一个纬度,年平均气温约低 1 ℃,嫩江至伊春一线为 0 ℃等值线。全省大于或等于 10 ℃的积温为 2 000 ~ 3 000 ℃。全省无霜期为 90 ~ 150 d,大部分地区的初霜冻在 9 月下旬出现,终霜冻在 4 月下旬至 5 月上旬结束。

### 1. 光照

太阳辐射是地球上绿色植物光合作用的能量来源。作物生产的实质是将太阳光能转化为有机物化学能的过程。太阳辐射通过改变农田的热量和水分状况,进而影响水稻的生理活动和生态表现。黑龙江省为高寒稻作区,受温度条件限制,水稻生育期短,生育期间充足的光照条件是实现水稻高产的基础。

黑龙江省太阳辐射资源比较丰富,年太阳辐射总量为 $4\,400 \times 10^8 \sim 5\,028 \times 10^8$ J/m²,其中 5 ~ 9 月的太阳辐射总量占全年的 54% ~ 60%。全省日照时数为 2 200 ~ 2 900 h,其中生长季日照时数占总量的 44% ~ 48%,季节间变化幅度大于南方稻作区。在黑龙江省内,北部地区的太阳辐射总量大于南部地区。例如,5 ~ 8 月,北部黑河市的太阳辐射总量即达到 $23.0 \times 10^8$ J/m²,占该地区全年太阳辐射总量的 51.8%;南部哈尔滨市的太阳辐射总量为 $22.0 \times 10^8$ J/m²,占全年太阳辐射总量的 47.3%。

黑龙江省光合有效辐射占总辐射量的 50% 左右,主要集中在夏季,冬季很少。按水稻开始播种育苗要求温度指标计算,平均气温稳定通过 ≥5 ℃期间光合有效辐射占全年光合有效辐射的 62.5%;稳定通过 ≥10 ℃的水稻本田生育期间占全年的 50.6%。省内 ≥10 ℃期间越往北越短,光合有效辐射总量也越来越少,如南部地区的哈尔滨市为 $12.3 \times 10^8$ J/m²,中部地区的佳木斯市为 $11.0 \times 10^8$ J/m²,而北部地区的黑河市只有 $10.6 \times 10^8$ J/m²。但是,在日平均光合有效辐射强度方面,北部地区并不比南部地区低。同纬度西部松嫩平原地区由于日照利用率大,一般要高于东部三江平原地区。

从日照来看,黑龙江省地理纬度高,可照时间冬短夏长,而且纬度越高可照时间越长。黑龙江省晴好天气多,日照百分率高,尽管水稻栽培期间总计实际日照时数较少,但日平均实照时数较多。日照时间长有利于积累光合产物和提高水稻产量。省内 5 ~ 9 月水稻栽培季节,西部松嫩平原和北部地区的日照时间较长,一般为 1 250 ~ 1 350 h;东部三江平原的日照时间较短,一般为 1 150 ~ 1 250 h。

### 2. 温度

黑龙江省位于欧亚大陆东部,属于高纬度大陆性季风气候,年平均气温由北向南分布在 $-4 \sim 5$ ℃,是我国气温最低的省份。但是,黑龙江省夏季温度偏高,冬季温度偏低,春、秋季时间短,年温差明显大于南方稻区。即使是与世界同纬度地区相比,黑龙江省夏季温度也是偏高的。夏季温度偏高才使黑龙江省高纬度地区可以大面积栽培喜温作物水稻,黑龙江省北部稻区也成为世界栽培水稻的北限。

同时,积温不足是黑龙江省水稻获得高产的主要限制因素之一,但黑龙江省温度的有效性好,表现在昼夜温差大和温度变化与水稻生育要求相适应两个方面。

首先,5 ~ 9 月,黑龙江省平均昼夜温差为 12.0 ℃,比南方稻区杭州市(8.1 ℃)高

3.9 ℃,比沈阳市(10.6 ℃)高1.4 ℃。昼夜温差大,水稻呼吸作用消耗少,有利于积累光合产物和促进水稻生长发育。

其次,黑龙江省春、夏季温度由低到高,热量集中于6~8月,夏、秋季热量又由高到低。这一温度条件正与早粳稻生育要求温度指标相吻合。早粳稻种子萌发期所需临界温度为8~10 ℃;移栽期为13 ℃;分蘖期为18 ℃;孕穗开花期不低于20 ℃;灌浆后期为15 ℃以上。黑龙江省一般在4月中旬平均气温为5 ℃时保温育秧播种;在5月中、下旬平均气温为13 ℃时插秧;在6月平均气温达到18 ℃左右时,水稻进入以分蘖为主的营养生长期;在7~8月初平均温度达到20 ℃以上时,水稻进入孕穗开花期;在8月平均气温达到18 ℃左右时,水稻进入灌浆结实期。全省各稻区只要按当地热量条件选择熟期适宜品种进行计划栽培,保证在安全出穗期出穗,水稻一般均能正常成熟。另外,黑龙江省稻区最热的7~8月平均气温一般为22~23 ℃,比南方稻区(28~29 ℃)低6~7 ℃,一般情况下不出现抑制水稻生育的障碍性高温。

**3. 降水**

黑龙江省年平均降水量多介于400~650 mm,中部山区最多,东部次之,西部和北部最少,5~9月生长季的降水量可占全年总量的80%~90%。全省湿润系数为0.7~1.3,西南部地区低于0.7,属半干旱地区。

**4. 风能**

黑龙江省风能资源比较丰富,各地年平均风速为2~4 m/s。风速≥3 m/s的有效时数较多,松嫩平原、松花江干流谷地和三江平原约为4 000~5 000 h,主要出现在冬、春和秋季。

### (三)土壤条件

黑龙江省东部为三江平原,西部为松嫩平原,南部为老爷岭和张广才岭,北部为大、小兴安岭。东西两大平原和南北两大山区构成了黑龙江省的基本轮廓。地形地貌的差异造成了不同地区土壤类型的差异。经普查,黑龙江省共有17个土类,47个亚类。其共性是普遍存在季节性冻土层;土壤腐殖质积累多,土壤肥力较高,并由南向北、由西向东逐渐增加。在17个土类中,农作物耕作的土壤有14个,其中黑土面积最大,其次是草甸土和黑钙土。各类土壤特性不同,其中适宜发展水稻种植的土壤类型为草甸土、白浆土、黑土、黑钙土。

## 二、黑龙江省水稻区划

黑龙江省是农业大省,粮食生产在国民生产中占有很大比例,且种植分布较广。合理规划能够解决农业生产的合理布局问题,有利于因地制宜发展粮食生产,从而保证农业经济的协调发展,为黑龙江省乃至全国的粮食安全提供保障。面对黑龙江广袤的地域分布和复杂的积温变化,可以按地理位置和积温对黑龙江省水稻区域进行划分。

### (一)按地理位置划分

黑龙江省水稻生产分布广泛,以黑龙江省统计局、垦区统计局发布的各县市和农场统计资料为基础(部分重点县(市)考虑到乡镇级),按水稻种植面积占粮食作物面积比例把黑龙江省水稻生产划分为 7 个类型区(黑龙江省农垦总局统计局,2011)。各区水稻气候和生产特点不同,生产现状、发展方向和发展潜力也不相同。

1. 三江平原稻区

三江平原稻区位于黑龙江省东北部,区内水资源丰富,总量为 187.64 亿 $m^3$,人均耕地面积大致相当于全国平均水平的 5 倍。该区主要涵盖鸡西市、鹤岗市、双鸭山市、佳木斯市和七台河市,以及宝泉岭、建三江、牡丹江分局和红兴隆分局等大部分农场。该区为黑龙江省最主要的水稻产区,水稻栽培面积分别占省内粮食作物播种面积的 41.2% 和全省水稻总面积的 59.8%。作为农垦系统水稻的主产区,三江平原稻区具有户均生产规模大、机械化水平最高等特点,稻谷商品量约占全省稻谷商品总量的 60%,打井灌溉面积大于自流水灌溉面积,适宜种稻的大平原多,水资源最丰富,最适宜发展水稻种植。三江平原大部分为黑龙江省水稻的第二至第四积温带区域,积温较好的南部地区适宜发展优良食味稻米生产。受东部海洋气候的影响,这一区域低温冷害的发生频率高于黑龙江省南部其他稻区。

2. 松花江稻区

松花江稻区包括松花江干流上游两岸,以及呼兰河和拉林河等支流区域,包括哈尔滨市全域、绥化市东部区域、伊春的铁力市、大庆市的肇源县和肇东市南部沿江乡镇。该区水稻种植面积占粮食作物面积的 25.9%,占全省水稻总面积的 28.3%,几乎全部为县(市)农户经营,户均生产规模较小,土地较分散,机械化生产发展很快,但手插秧大部分集中在这一区域。该区江河提水和水库自流灌溉比例较大。该区大部分为黑龙江省水稻第一至第三积温带,温度条件较好,有利于生产优良食味米,特别是南部地区最适宜生产优良食味米,稻谷商品量约占全省商品总量的 30%。该区地下水利用和水库承载稻田面积近于极限,小型水库建设发展潜力也较小,继续增加水稻种植面积主要靠大中型水库和松花江提水工程建设。

3. 嫩江流域稻区

嫩江流域稻区包括齐齐哈尔市嫩江下游两岸地区和大庆市杜蒙县。该区夏季高温干旱,水稻多提嫩江水灌溉和打井种稻。该区水稻种植面积占粮食作物面积的 13.2%,占全省水稻总面积的 8.8%。该区以县(市)农户经营为主,有小部分农场分布其中,户均生产规模一般大于松花江上游稻区。该区多为黑龙江省第一至第二积温带,温度条件较好,有利于生产优良食味米,稻谷商品量约占全省商品总量的 10%。该区地下水利用已处于超采状态,继续增加水稻面积主要靠水库建设和江河提水工程建设,但发展潜力不大。新建成的尼尔基水库下游水稻有待开发。

4. 南部山地稻区

南部山地稻区主要涵盖牡丹江市附属各县(市),也包括绥芬河市和垦区牡丹江分局的少数农场。该区多山地,农作物播种面积较少,水稻主要集中在牡丹江流域,播种面积占粮食作物面积的 9.3%,占全省水稻总面积的 1.6%。除垦区农场外,该区大部分农户生产规模较小。该区多为黑龙江省第一至第二积温带,温度条件较好,有利于优良食味米生产。该区打井种稻面积大于江河提水。该区虽有稳定的稻谷商品量,但商品量不大。受耕地资源限制,该区水稻生产发展潜力很有限。

5. 松嫩平原缺水稻区

松嫩平原缺水稻区主要涵盖松嫩平原南部的大庆市、绥化市和齐齐哈尔市附属部分县(市),也有垦区农场零星分布其中。该区地势平坦,温度较高,河流较少,多属闭流区,多盐碱地,草原面积很大。该区部分地区地下水位虽较高,但矿化度较高难种稻,只在一些小河流域有少量水稻零星种植。该区水稻播种面积仅占粮食作物面积的1.5%,占全省水稻总面积的0.8%。该区农户生产规模也较小,几乎没有商品量。该区大部分地区没有再发展水稻种植的可能性。

6. 北部稻区

北部稻区主要涵盖黑河市附属各县(市)和农垦嫩江分局附属农场,以及伊春市的嘉荫县。该区大部分为黑龙江省第四至第五积温带,热量资源少,水稻生育期短,大部分地区水资源也不丰富。北部稻区只在局部地区小流域和小气候条件下有少量水稻零星种植,水稻播种面积仅占粮食作物面积的1.1%,占全省水稻总面积的0.7%。该区农户生产规模虽较大,但几乎没有商品量。该区是有水源条件的地区,也因低温冷害发生率较高而大部分不适宜发展优良食味米。该区黑龙江沿岸水资源较丰富,可发展特色加工用专用水稻。

7. 高寒无稻区

高寒无稻区涵盖大兴安岭地区附属各县区。历史上,这一地区曾做过水稻种植试验,尽管水稻也可成熟,但低温冷害发生频率很高,受害减产程度很大,甚至造成绝产。

### (二)按积温划分

黑龙江省按积温分为六个积温带。

1. 第一积温带

第一积温带(2 700 ℃以上)涵盖哈尔滨市平房区、道里区、香坊区、南岗区、松北区、道外区、阿城区、双城区、宾县,大庆市红岗区、大同区、让胡路区南部、肇源县、肇州县、杜尔伯特蒙古族自治县,齐齐哈尔市富拉尔基区、昂昂溪区、泰来县,以及肇东市和东宁市。

2. 第二积温带

第二积温带(2 500~2 700 ℃)涵盖哈尔滨市巴彦县、呼兰区、五常市、木兰县、方正县,绥化市、庆安县东部、兰西县、青冈县、安达市、依兰县,大庆市南部、林甸县,齐齐哈尔市北部、富裕县、甘南县、龙江县,牡丹江市、海林市、宁安市,鸡西市恒山区、城子河区、密山市,佳木斯市、汤原县、香兰镇、桦川县、桦南县南部,七台河市西部、勃利县,八五七农场,以及兴凯湖农场。

3. 第三积温带

第三积温带(2 300~2 500 ℃)涵盖哈尔滨市延寿县、尚志市、五常市北部、通河县、木兰县北部、方正县林业局、庆安县北部,绥化市绥棱县南部、明水县,齐齐哈尔市华安区、拜泉县、依安县、讷河市、甘南县北部、富裕县北部、克山县,牡丹江市林口县、穆棱市、绥芬河市南部,鸡西市梨树区、麻山区、滴道区、虎林市、七台河市,双鸭山市岭西区、岭东区、宝山区,佳木斯市桦南县北部、桦川县北部、富锦市北部、同江市南部、鹤岗市南部、绥滨县,宝泉岭农管局,建三江农管局,以及八五三农场。

4.第四积温带

第四积温带(2 100~2 300 ℃)涵盖哈尔滨市延寿县西部,苇河林业局,亚布力林业局,牡丹江市西部、东部,绥芬河市南部,虎林市北部,鸡西市北部、东方红镇,双鸭山市饶河县、饶河农场、胜利农场、红旗岭农场、前进农场、青龙山农场,鹤岗市北部、鹤北林业局,伊春市西林区、南岔区、带岭区、大丰区、美溪区、翠峦区、友好区南部、上甘岭区南部、铁力市,同江市东部,黑河市、逊克县、嘉荫县、呼玛县东北部、北安市、嫩江县、五大连池市,绥化市海伦市、绥棱县北部,齐齐哈尔市克东县,九三农管局。

5.第五积温带

第五积温带(1 900~2 100 ℃)涵盖绥芬河市北部,牡丹江市西部、穆棱市南部、抚远市,鹤岗市北部、四方山林场,伊春市五营区、上甘岭区北部、新青区、红星区、乌伊岭区,佳木斯市东风区,以及黑河市西部、嫩江市东北部、北安市北部、孙吴县北部。

6.第六积温带

第六积温带(1 900 ℃)涵盖兴凯湖、大兴安岭地区、沾北林场、大岭林场、西林吉林业局、十二站林场、新林林业局、东方红镇、呼中林业局、阿木尔林业局、漠河市、图强林业局、呼玛县西部、孙吴县南部。

虽然黑龙江省地处我国北部高纬度寒冷地区,气候条件复杂,温度变化幅度大,但通过对黑龙江省气候趋势进行不同层面的分析,大量研究资料表明黑龙江省的气候在过去几十年间处于持续增温阶段。20世纪80年代以来,黑龙江省有些地区≥10 ℃积温已超过3 000 ℃,出现积温区划与农业生产布局不一致现象,造成部分气候资源浪费,原有的积温区划已不能适应当前农业经济发展的需要。近30年来,黑龙江省≥10 ℃积温随年代呈明显的增加趋势,与20世纪90年代黑龙江省积温带划分相比,第一积温带变化极为显著,基本覆盖了原第一、二积温带及第三积温带部分地区,第二、三、四积温带北移覆盖原第三、四、五积温带,第五、六积温带界限略有北移,面积缩小。朱海霞采用区域气候模式(PRECIS)模拟SRES A2和B2情景下2021—2050年黑龙江省积温变化情况,得出2021—2050年,第一积温带将北移2个以上纬度,东扩8个经度,第二积温带主带将北移约1.5个纬度,第三积温带主带将北移2个以上纬度,第四、五积温带在农区将基本消失。

黑龙江省是我国增温反应最严重的的地区之一,该地区水稻的生长发展应该充分考虑气候条件变化的影响,在积温带变化的情况下应该注重品种选择。

# 第二节　黑龙江省水稻生产概况

## 一、黑龙江省水稻发展历程

1949 年以前,引种和试种是黑龙江省水稻育种工作的主要内容,引种的主要目标是早熟性和耐寒性。1949 年以后,黑龙江省先后成立了省和地方的水稻育种机构,积极开展水稻品种改良和良种繁育工作,依据 1949—2018 年黑龙江寒地稻区主栽的引进品种、地方农家品种和育成品种,黑龙江省 1949—2019 年审定水稻品种的育成年代可分成1950s(这里指 1949—1959 年,27 个)、1960s(20 世纪 60 年代,15 个)、1970s(20 世纪 70年代,8 个)、1980s(20 世纪 80 年代,20 个)、1990s(20 世纪 90 年代,44 个)、2000s(这里指 2000—2010 年,119 个)及 2010s(这里指 2011—2019 年,231 个)7 个年代,见表 1 - 3。

表 1 - 3　黑龙江省 1949—2019 年审定水稻品种的育成年代

| 年代 | 品种 | 数量/个 |
| --- | --- | --- |
| 1950s | 弥国、兴国、国主、富国、石狩白毛、青森 5 号、农林 11、松本糯、北海 1 号、合江 1号、合江 3 号、查哈阳 1 号、合江 6 号、禹申龙白毛、范龙稻、梧农 71、国光、星火白毛、嫩江 1 号、老头稻、洪根稻、二白毛、公交 6 号、公交 10、公交 2 号、原子 5号、长白 2 号 | 27 |
| 1960s | 合江 10、北斗、合江 11、合江 12、牡丹江 1 号、牡丹江 2 号、牡丹江 3 号、嫩江 1号、虾夷、松前、下北、公交 8 号、公交 11、公交 12、公交 36 | 15 |
| 1970s | 合江 14、合江 15、合江 16、嫩江 3 号、黑粳 2 号、普选 10、东农 12、合江 19 | 8 |
| 1980s | 合庆 1 号、合江 21、黑粳 3 号、垦稻 3 号、黑粳 4 号、合江 22、牡黏 3 号、松粳 1号、合江 23、牡丹江 17、水陆稻 6 号、九稻 7 号、牡丹江 18、东农陆稻 1 号、东农413、龙花 1 号、松粳 2 号、普黏 6 号、东农 415、牡丹江 19 | 20 |
| 1990s | 龙粳 2 号、龙糯 1 号、黑粳 5 号、藤系 138、东农 416、龙粳 3 号、延粘 1 号、绥粳 1号、普粘 7 号、黑粳 6 号、藤系 137、龙粳 4 号、通系 112、五稻 3 号、东农糯 418、牡丹江 20、牡丹江 21、牡丹江 22、松粳 3 号、黑糯 1 号、藤系 140、黑粳 7 号、东农 419、龙盾 101、藤系 144、松粘 1 号、绥引 1 号、龙粳 5 号、龙粳 6 号、绥粳 2 号、东农 420、龙粳 7 号、龙粳 8 号、牡丹江 23、垦稻 7 号、五优稻 1 号、垦香糯 1 号、绥粳 4 号、绥糯 1 号、长白 9 号、龙粳 9 号、普选 30、垦稻 8 号、绥粳 3 号 | 44 |

表1-3（续1）

| 年代 | 品种 | 数量/个 |
|---|---|---|
| 2000s | 东农421、北稻1号、北糯1号、龙粳10、龙稻1号、牡丹江24、松粳4号、空育131、绥粳5号、五优稻2号、龙盾102、牡丹江25、垦稻9号、富士光、松粳5号、松粳6号、东农422、北稻2号、龙粳11、龙盾103、龙稻2号、垦稻10、上育418、龙香稻1号、东农423、松粳7号、系选1号、五工稻1号、绥粳6号、龙糯2号、龙粳12、三江1号、农粳1号、松粳8号、牡丹江26、龙稻3号、绥粳7号、龙盾104、龙粳13、龙粳14、东农424、龙稻4号、松粳9号、松粳10、牡丹江27、牡粘4号、五优稻3号、上育397、龙粳15、龙粳16、龙稻5号、龙稻6号、龙稻7号、牡丹江28、牡丹江29、垦稻11、垦稻12、北稻3号、莎莎妮、龙粳17、龙粳18、龙粳19、龙粳20、东农425、松粳11号、绥粳8号、龙盾105、黑粳8号、普粘8号、东农426、东农427、松粳12、中龙稻1号、绥粳9号、绥粳10、合粳1号、龙粳21、绥粳11、龙粳22、垦稻13、垦稻18、龙粳23、垦粳2号、鸡西稻1号、龙盾106、龙粳24、三江2号、龙稻8号、东农429、东农430、牡丹江30、松粳香1号、五优稻4号、北稻4号、东农428、龙粳26、龙粳25、龙粳27、龙粳28、垦稻19、绥粳12、龙稻9号、龙糯3号、龙洋1号、龙稻10、龙稻11、牡丹江31、绥粳13、北稻5号、龙庆稻1号、龙联1号、松粳13、龙粳29、龙盾107、莲惠1号、苗香粳1号、龙香稻2号、龙粳香1号、稼禾1号 | 119 |
| 2010s | 龙洋11、龙粳62、黑粳9号、龙庆稻22、莲育625、育龙9号、龙粳69、绥粳25、龙粳67、绥粳27、创优31、富合3号、龙粳66、龙粳65、龙粳64、莲育124、莲汇631、龙粳63、莲育1013、绥粳28、绥粳23、绥粳26、绥稻9号、莲汇4号、育农粳1号、龙庆稻23、绥粳29、东农456、富尔稻1号、垦稻8号、龙稻29、龙稻31、桦优1号、龙稻30、松836、哈粳稻4号、龙粳57、绥粳20、方圆3号、龙粳55、中科902、中农粳179、龙庆稻20、龙粳61、莲汇3号、莲育1496、绥稻6号、龙粳60、龙粳59、田裕9861、龙粳58、龙粳56、莲育3252、鸿源15、盛誉1号、绥粳21、田裕9516、绥粳22、莲汇2号、龙庆稻21、龙绥1号、莲育3213、龙洋16、育龙7号、东富108、通梅892、吉宏6号、龙粳27、龙稻28、黑粳10、龙庆稻5号、龙粳54、龙富1号、三江16、龙粳53、龙粳52、龙粳51、龙粳50、北稻1号、牡丹江35、龙庆稻6号、龙稻26、松粳22、龙粳25、龙稻24、龙桦2号、龙稻22、龙粳49、绥稻5号、绿珠4号、龙粳48、龙粳47、龙粳46、富合2号、龙粳45、莲稻2号、北稻7号、绥粳19、广稻1号、龙稻23、龙稻20、龙稻21、松粳21、哈粳稻3号、绥稻4号、绥粳15、龙粳44、北稻6号、绥粳18、绥稻3号、金禾2号、苗稻2号、哈粳稻2号、绿珠3号、明科1号、龙庆稻4号、龙桦1号、龙粳43、兴盛1号、绥粳16、龙粳42、绥粳17、东富103、哈粳稻1号、龙稻18、龙稻17、龙稻19、松粳20、东富102、龙庆稻3号、龙粳41、中龙稻3号、苗稻1号、金禾1号、东富101、龙粳15、松粳19、龙稻16、龙粳40、龙粳39、中龙稻1号、育龙2号、牡响1号、绥稻2号、绥粳14、牡丹江32、松粳18、中龙稻2号、绿珠2号、松粳17、中龙香粳1号、龙粳38、龙粳37、育龙1号、龙粳36、龙粳35、绥稻1号、龙粳34、龙粳33、龙粳14、龙稻13、绿珠1号、利元5号、松粳16、东农431、龙稻12、松粳香2号、龙庆稻2号、龙粳32、莲稻1号 | 231 |

表1-3(续2)

| 年代 | 品种 | 数量/个 |
|---|---|---|
| | 龙粳31、龙粳30、松05-274、松粳15、龙粳1437、佳香2号、龙稻1602、龙盾513、齐粳10、鸿源香1号、初香粳1号、松粳28、吉源香1号、新粘2号、哈粘稻1号、利元8号、黑粳1518、龙粳4344、龙交13S6、龙粳2401、龙稻111、龙粳3007、龙粳4556、龙粳3033、龙粳4298、绥稻10、棱峰3号、龙粳1424、龙粳3100、龙庆稻8号、佳田1号、珍宝香1号、建航1715、莲汇9号、田友518、龙粳1491、龙粳3047、莲汇10、绥粳302、北稻8号、绥118146、龙盾0913、绥稻616、龙粳3767、龙庆粳6号、绥129287、牡育稻42、绥生稻1号、绥117463、齐粳2号、哈农育1号、龙洋13、龙稻201、垦粳1501、粳禾1号、五研1号、鹏稻2号、龙稻102、松粳838、松粳29、中龙粳100 | |

1949—1959年,随着农村生产关系的变革和生产力的提高,水稻种植获得迅速恢复和发展,仍以弥荣、兴国、国主、富国、石狩白毛、青森5号、农林11及松本糯等引进品种为主栽品种。至20世纪50年代末,相关科学研究部门通过系统育种方法选育的品种有北海1号、合江1号、合江3号、查哈阳1号、合江6号、禹申龙白毛、范龙稻、梧农71、国光、星火白毛、牡丹江1号、嫩江1号、牡丹江2号、牡丹江3号等新品种;农民育种家选育推广的有老头稻、洪根稻、二白毛等农家良种;引种试验推广的有公交6号、公交10、公交2号、原子5号、长白2号(公交8号)等品种。在这些品种中,合江1号、禹申龙白毛、范龙稻、梧农71、星火白毛、牡丹江1号、嫩江1号等都是从石狩白毛中系选的。黑龙江省大力发展水稻生产,水稻面积由中华人民共和国成立初期的12.39万 hm² 提高到1958年的近33.3万 hm²,单产由平均1 860.9 kg/hm² 上升到2 242 kg/hm²,增幅达20.4%,但由于实行直播粗放式栽培,因此水稻产量低而不稳。

20世纪60年代,很多地方不顾客观条件和实际可能,盲目发展,黑龙江省水稻生产处于徘徊期,种植面积在16.67万~20万 hm² 波动,单产为1 260~3 855 kg/hm²。这个阶段仍采用直播栽培,生产上易受低温冷害危害,如遇低温年份,往往造成直播稻区产量大幅度降低,水稻面积也随之波动。该阶段的育种方法由简单的系统育种发展到品种间杂交育种为主。1962年,黑龙江省推广杂交育种法育成的合江10、合江11、合江12、合江13、合江14、合江15等品种,以及湿润育苗移栽主要用的从吉林省引进的公交8号、公交11、公交12、公交16和公交36等晚熟品种,对推动直播改插秧起到了积极作用。这个阶段中期,由日本引进的虾夷、松前、下北、农垦14(早生锦)、北斗、荣光、农林19、较垦2号(农林11号)、长白4号、新雪、京引58、京引59、吉粳60、农林33等品种丰富了杂交育种材料的基因组成和遗传背景。

1970—1975年,黑龙江省水稻种植面积徘徊不前,水稻单产忽高忽低,产量不稳。经过长时间的面积回落、产量下降和生产徘徊,1976年以后,黑龙江省采取了有计划地稳定发展的方针,使水稻生产进入了恢复上升阶段。为了达到更高的育种目标,水稻生产的杂交方式由单交转变为单交结合三交、四交等复合杂交方式;育种方法开始多元化,应用了花培育种、水稻杂种优势利用研究、辐射育种和化学诱变育种等新的育种方法;自1968年开始,运用冬季海南岛加代的方法缩短了育种周期。这个阶段选育的主要品种有合江13、合江14、合江15、合江16、合江18、合江19、合江20、东农4号、东农12、牡丹江4号、牡丹江5号、牡丹江7号、牡丹江8号、牡丹江12、牡粘1号、牡花1号、嫩江2号、嫩江3号、嫩江4号、嫩江5号、单丰1号、黑粳2号、垦糯1号等;农民育种家选育推广的品种有太阳3号、普选10、城建6号、普选2号、合旺1号、丰产9号、密山1号、密山2号等;引种试验推广的品种主要有系选12、北斗、吉粳40、新雪、长丰等。其中,单丰1号是1975年黑龙江省农业科学院和中国科学院植物研究所合作用花培育种方法育成的,是我国首次利用花培育种法育成的品种。此外,推广面积较大的有合江19、合江14和合江18等品种。这个阶段育成的品种产量性状及抗倒伏性有了显著提高,但抗稻瘟病性不稳定,不能保证发挥品种的高产性,因此还没有达到选育高产稳产品种的目标。

20世纪80年代(1980—1989年),随着农村经济体制改革的逐步深入和种植结构的调整,加上旱育稀植等先进增产栽培技术的大力推广和普及应用,黑龙江省水稻生产进入了面积迅速扩大、产量稳定增长的迅速发展阶段,在育种方法上创造并利用多种不同抗性基因的品种进行多亲本综合组配,有效地拓宽了新品种抗性基因组成。因此,在这个阶段育成的新品种中,推广面积大、应用年限长的品种较多,主要有合江21、合江22、合江23、牡丹江17、东农413、东农415、松粳1号、松粳2号、垦糯3号、黑粳3号、黑粳4号、牡粘3号。这个阶段,农民育种家选育推广的品种有合庆1号、普粘6号等;引种试验推广的品种主要有系选14、大新雪、吉粳60、双82(九稻7号)、双152(九稻8号)、姬穗波、下北(京引127)、滨旭、早锦等。这些品种的产量潜力在7 500 kg/hm² 以上,综合性状较好。这些新品种结合旱育稀植栽培技术使黑龙江省水稻生产登上了高产、稳产的新台阶。

进入20世纪90年代,黑龙江省水稻生产迎来了在栽培面积、单位面积产量和产品品质等方面迅速发展的新时期。由于大面积推广水稻旱育稀植技术,黑龙江省水稻种植面积由1984年的27.25万hm² 增加到1996年的100万hm²,总产由124万t增加到453万t。基础好的中南部老稻区开始要求高产、优质、耐寒性强和抗性广的新品种;大面积、大规模水稻开发的东部地区要求高产、优质、耐寒性强、抗性广和适合机械化的早熟品种;北部地区要求耐寒性强、高产、优质的极早熟品种;西部盐碱地、旱改水开发种稻要求耐盐碱、耐冷水灌溉、高产、优质的水稻品种。为了适应市场经济和效益农业的要求,这个时期的水稻品种必须是集高产、优质和抗逆性为一体的综合优良品种。该时期审定了一批优质、高产和抗性广的水稻品种,包括龙粳2号、龙糯1号、黑粳5号、藤系138、东农416、龙粳3号、延粘1号、绥粳1号、普粘7号、黑粳6号、藤系137、龙粳4号、通系112、五稻3号、东农糯418、牡丹江20、牡丹江21、牡丹江22、松粳3号、黑糯1号、藤系140、黑粳7号、东农419、龙盾101、藤系144、松粘1号、绥引1号、龙粳5号、龙粳6号、绥粳2号、东农420、龙粳7号、龙粳8号、牡丹江23、垦稻7号、五优稻1号、垦香糯1号、绥粳4号、绥糯1号、长白9号、龙粳9号、普选30、垦稻8号、绥粳3号。

21世纪以来,随着现代农业和生物技术的不断发展,常规育种、杂种优势利用育种不断进步,细胞工程育种、分子标记辅助育种、转基因育种、分子设计育种等新技术不断涌现,水稻育种方法呈现多元化发展的良好局面,三系杂交稻、两系杂交稻和超级稻新品种(组合)不仅数量多,而且时代特色明显。基于寒地旱育稀植技术的不断成熟及其他高产栽培技术措施的研究与推广,黑龙江省水稻生产高速发展。2008年9月18日,由中国科学院与黑龙江省共建的中国科学院北方粳稻分子育种联合研究中心成立,旨在以服务东北粳稻生产、稳定和提高粳稻产量为主要目标,共同构建实用、经济、高效的分子育种技术体系,培育高产、优质、多抗的粳稻新品种,提升黑龙江省水稻的单产潜力,为东北水稻的持续高产提供强有力的科技支撑。这些新变化昭示着黑龙江水稻育种发展的新阶段已经到来。

近70年来,黑龙江省水稻育种工作取得了重大进展。黑龙江省自1949年至2010年共审定了260个农作物品种:按年代划分,20世纪90年代前审定了102个品种,20世纪90年代后共审定了158个品种;按育种方法分,品种间杂交方法育成品种187个,系统选育法育成品种46个,外引认定品种13个,花药培养方法育成品种8个,整体DNA导入方法育成品种4个,辐射、航空诱变方法育成品种2个;按杂交方式分,单交方式配组育成155个品种,复交配组育成32个品种。但2011—2018年短短8年的时间内,黑龙江省便育成品种231个,其中2个为粳型三系杂交品种,其余229个为粳型常规稻。

## 二、黑龙江省水稻产量

黑龙江省作为寒地粳稻主产区,在近20年的水稻发展中,从生产面积和总产量来看,呈现出稳定上升的趋势。由图1-1可以看出,截至2017年,黑龙江省水稻种植面积为4 987.5万亩(1亩≈66.67 m²),占全国水稻种植面积的11.0%,同比增加182.5万亩,增幅为3.8%;总产量为2 377.4万t,占全国水稻总产量的11.4%,同比增加122.1万t,增幅为5.4%。

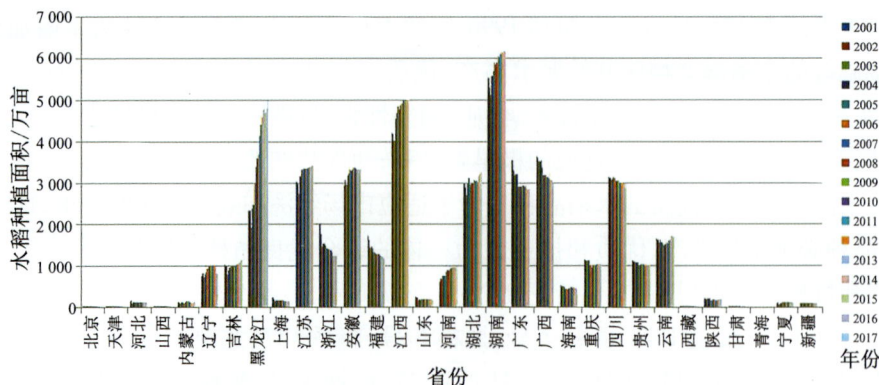

图1-1 2001—2017年全国水稻种植面积情况

从2017年黑龙江省各地区水稻面积分布情况(表1-4)来看,农垦总局、哈尔滨、佳木斯、齐齐哈尔和绥化地区的水稻面积较大，大兴安岭地区的水稻面积较小，绥芬河市地区无水稻种植。其中，鹤岗、农垦总局、佳木斯、抚远、哈尔滨和齐齐哈尔地区的水稻面积占粮食作物播种面积的比例较大。

表1-4 2017年黑龙江省各地区水稻面积分布情况

| 地区 | 农作物总播种面积/hm² | 粮食作物播种面积/hm² | 水稻面积/hm² |
|---|---|---|---|
| 哈尔滨 | 1 823 008 | 1 636 951 | 542 209 |
| 齐齐哈尔 | 2 184 861 | 1 415 170 | 353 132 |
| 鸡西 | 421 478 | 323 331 | 171 718 |
| 鹤岗 | 186 634 | 138 776 | 99 854 |
| 双鸭山 | 385 555 | 247 493 | 86 743 |
| 大庆 | 651 009 | 564 142 | 110 611 |
| 伊春 | 205 863 | 60 609 | 39 184 |
| 佳木斯 | 1 021 711 | 747 041 | 404 735 |
| 七台河 | 160 196 | 131 032 | 19 616 |
| 牡丹江 | 505 490 | 314 097 | 40 153 |
| 黑河 | 1 076 307 | 221 315 | 14 051 |
| 绥化 | 1 762 372 | 1 336 073 | 348 043 |
| 大兴安岭 | 150 904 | 18 918 | 4 |
| 农垦总局 | 2 820 472 | 1 993 427 | 1 512 740 |
| 绥芬河 | 2 764 | 357 | 0 |
| 抚远 | 154 325 | 120 150 | 114 495 |

由图1-2可以看出，近17年来，黑龙江省水稻产量位居全国第二，年平均产量为1 661.7万t，仅次于湖南省(2 440万t)，但作为寒地粳稻区，同辽宁省(450万t)和吉林省(503.1万t)相比，分别高出平均值1 211.7万t和1 158.6万t。由此可见，黑龙江省在全国粳稻生产上占据着重要位置。

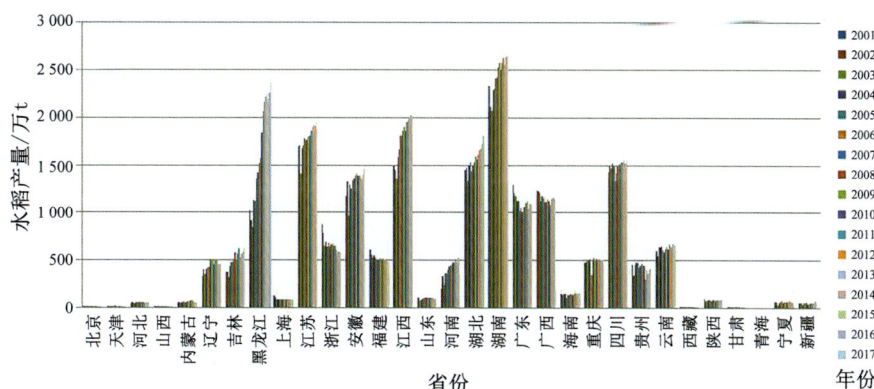

图1-2 2001—2017年全国水稻产量情况

从 2017 年黑龙江省各地区水稻产量统计(表 1 - 5)来看,哈尔滨、佳木斯、绥化、农垦总局、齐齐哈尔和鸡西地区的水稻产量占据了全省水稻产量的 89%,为我省水稻的主产区,大兴安岭和绥芬河市地区几乎无水稻分布。

**表 1 - 5　2017 年黑龙江省各地区水稻产量统计**

| 地区 | 粮食产量/t | 谷物产量/t | 水稻产量/t |
| --- | --- | --- | --- |
| 哈尔滨 | 12 333 838 | 11 922 128 | 3 558 804 |
| 齐齐哈尔 | 10 198 524 | 8 655 506 | 2 092 690 |
| 鸡西 | 2 397 571 | 2 225 439 | 1 133 750 |
| 鹤岗 | 889 119 | 812 228 | 573 295 |
| 双鸭山 | 2 106 193 | 1 850 229 | 606 706 |
| 大庆 | 4 210 542 | 4 040 436 | 776 035 |
| 伊春 | 655 445 | 403 066 | 271 519 |
| 佳木斯 | 5 793 579 | 5 238 343 | 2 774 170 |
| 七台河 | 821 254 | 776 764 | 120 086 |
| 牡丹江 | 2 425 201 | 2 053 378 | 249 836 |
| 黑河 | 2 743 706 | 1 216 174 | 92 094 |
| 绥化 | 10 908 446 | 10 041 294 | 2 512 736 |
| 大兴安岭 | 269 068 | 61 033 | 18 |
| 农垦总局 | 18 716 429 | 16 649 000 | 12 668 717 |
| 绥芬河 | 12 642 | 108 | — |
| 抚远 | 789 301 | 739 625 | 703 367 |

于秋竹(2014)针对黑龙江近 60 年的水稻生产概况,发现了不同积温带水稻产量并未单纯随着积温的增加出现升高趋势的原因:在各积温带间水稻品种千粒重与收获系数差异不显著的前提下,第三积温带产量构成因素中虽然穗粒数不高,但单位面积穗数远高于其他积温带,成为第三积温带高位产量的关键因子;第四积温带基于自身地域气候特性与水稻品种抗寒性的原因,其结实率显著低于其他积温带,成为第四积温带提高水稻产量和发展水稻生产的制约因素。这也说明了黑龙江省不同积温带间水稻品种产量差异较为显著。这一研究结果与前人(曹明龙,2005;李红宇,2009;聂守军,2009;肖佳雷,2009)关于气候对水稻产量的影响的研究结果基本一致。同时,研究结果表明,黑龙江省水稻产量构成因素对产量的影响力依次为穗粒数 > 结实率 > 单位面积穗数 > 千粒重 > 收获系数。不同积温带间产量构成因素与产量之间的相关性存在明显差异——第一、三积温带产量构成因素中以单位面积穗数、穗粒数、结实率为主,而第四积温带以穗粒数和结实率为主。黑龙江省不同积温带的热量条件对水稻产量及其构成因素的影响规律较为复杂。黑龙江

省寒地农业气候条件复杂,结合气温、降水量、风向、风力等气象特性综合评价其对水稻产量的影响将成为今后水稻农业生态环境研究方向之一。

### 三、黑龙江省水稻品质

黑龙江省品质达到部颁优质米二、三级标准的水稻品种所占比例较大。具体的品质指标达标情况如下:供试品种品质的糙米率、精米率均达到部颁优质米的四级稻标准,并以二、三级稻为主;整精米率品质则有的未达到四级稻标准;垩白粒率、垩白率、胶稠度和蛋白质含量均达到部颁优质稻二级稻标准及以上;碱消值和直链淀粉含量达到部颁优质稻三级稻标准,均以二级稻达标率为最高。这说明黑龙江省在优质水稻品种的选育方面已经取得了较大进展,特别是水稻品种外观品质(垩白率、垩白粒率)和营养品质等相关指标均具有较高的水平,但加工品质中的精米率和整精米率指标表现不好,综合看来达到一级标准的品种较少,还需在水稻品种品质选育方面加大关注和支持力度。

20世纪90年代,黑龙江省农业农村厅组织有关专家进行了两次优质水稻品种评定,合江19、松粳2号、牡丹江19、五稻3号、藤系140、龙粳8号、空育131等被评为优质水稻品种。随着水稻生产形势的发展,以及市场竞争的愈加激烈,育成优质品种已成为农业生产发展的客观需要。2000年,黑龙江省农业委员会组织和实施了良种化工程,截至2011年共有26个中标的优质水稻品种(系),分别为东农422、东农423、东农98-25、东农424、东农425、龙稻2号、龙稻3号、龙稻4号、龙稻5号、龙稻7号、龙糯2号、龙粳11、龙粳12、龙粳13、龙粳16、龙丰K8、龙育05-158、龙粳25、松粳6号、松粳7号、松粳8号、松粳12、系选1号、龙盾103、垦稻10、牡丹江26等。这些优质品种的成功选育在黑龙江省水稻生产及黑龙江省水稻优质米品种推广和优质育种方面起到了很大的推动作用。

近年来,黑龙江省优质大米的选育和研发取得了很大进展,从表1-6的统计数据来看,在第一到第四积温带,优质高效水稻品种均有分布,包括香稻、长粒、椭圆粒等类型。其中,龙稻18达到国家《优质稻谷》标准一级,成为黑龙江首个国家一级优质米。

**表1-6 黑龙江省2019年优质高效水稻品种种植区划布局**

| 积温带 | 品种 |
| --- | --- |
| 第一积温带 | 五优稻4号(香稻、长粒)、松粳22(香稻、长粒)、松粳19(香稻、长粒)、龙稻18(长粒)、松粳16(长粒)、龙洋16(长粒)、龙稻21(长粒)、东农430(长粒) |
| 第二积温带 | 绥粳18(香稻、长粒)、龙庆稻21(长粒)、龙粳21(椭圆粒)、三江6号(香稻、长粒)、盛誉1号(长粒)、东农428(长粒)、绥粳28(香稻、长粒)、绥粳22(长粒) |
| 第三积温带 | 龙庆稻3号(香稻、长粒)、龙粳31(椭圆粒)、龙粳46(椭圆粒)、田裕9861(椭圆粒)、莲育3252(椭圆粒)、绥粳27(香稻、长粒)、绥粳15(长粒)、龙粳29(椭圆粒)、龙粳57(椭圆粒)、龙洋11(香稻、长粒) |

表 1-6(续)

| 积温带 | 品种 |
|---|---|
| 第四积温带 | 龙庆稻 5 号(香稻、长粒)、龙庆稻 20(长粒)、龙盾 106(椭圆粒)、龙盾 103(椭圆粒)、龙粳 47(椭圆粒)、绥稻 4 号(香稻、长粒) |

目前,黑龙江省水稻产量已经上升到一个崭新的高度,但优质育种的进程还相对缓慢,特别是一级米和二级米的品种数有限,粳稻的品质育种还有很长的路要走。邹德堂(2008)对黑龙江省稻米品质的分析中发现,直链淀粉含量与碾米品质中的糙米率、精米率和整精米率均达到了显著的负相关,与外观品质中的垩白粒率和垩白大小均呈显著的正相关,提出通过选择低直链淀粉含量稻米提高糙米率、精米率和整精米率,降低垩白粒率和垩白大小,从而提高外观品质和碾米品质,此外,在优质米的选育过程中,粒型的长宽比不宜过大。

### 四、黑龙江省农业机械化现状

黑龙江省可耕种土地居全国首位,全省耕地平坦、集中,适宜机械化耕作,这使黑龙江省农业机械化的发展占据了很大的优势。由表 1-7 可以看出,截至 2016 年,黑龙江省拥有农业机械总动力 5 634.27 万 kW,农用大中型拖拉机 1 015 600 台,小型拖拉机 570 000 台,大中型拖拉机配套农具 1 444 000 部,小型拖拉机配套农具 1 111 400 部,农用排灌柴油机 250 700 台。截至 2015 年,黑龙江省拥有农用排灌电动机 143 500 台,联合收割机 118 700 台,机动脱粒机 174 100 台。而 2003 年,黑龙江省拥有农业机械总动力 1 807.74 万 kW,农用大中型拖拉机 99 462 台,小型拖拉机 695 446 台,小型拖拉机动力 691.35 万 kW。可见,2016 年农用大中型拖拉机数量约是 2003 年的 10.2 倍,这说明黑龙江省农机使用率有了很大的提高。自 2003 年以来,黑龙江省农用大中型拖拉机的使用数量逐年增多,农业机械总动力逐年上升,大中型拖拉机配套农具同比稳定增长,而小型拖拉机的使用数量在逐年递减,但收割机数量远比大中小型拖拉机要少。总体来看,黑龙江省农业机械化正在向更大、更稳、更强的方向发展。

表 1-7 黑龙江省 2003—2016 年农业机械化情况

| 指标 | 2016 年 | 2015 年 | 2014 年 | 2013 年 | 2012 年 | 2011 年 | 2010 年 | 2009 年 | 2008 年 | 2007 年 | 2006 年 | 2005 年 | 2004 年 | 2003 年 |
|---|---|---|---|---|---|---|---|---|---|---|---|---|---|---|
| 农业机械总动力/万 kW | 5 634.27 | 5 442.29 | 5 155.52 | 4 849.28 | 4 552.93 | 4 097.84 | 3 736.29 | 3 401.27 | 3 018.36 | 2 785.3 | 2 570.6 | 2 234.04 | 1 952.17 | 1 807.74 |
| 农用大中型拖拉机数量/台 | 1 015 600 | 968 000 | 921 600 | 873 300 | 808 900 | 732 100 | 654 700 | 583 000 | 482 000 | 381 813 | 323 087 | 217 275 | 127 795 | 99 462 |
| 农用大中型拖拉机动力/万 kW | — | — | — | — | 2 135.42 | 1 897.11 | 1 623.34 | 1 415.95 | 1 145.9 | 927.32 | 797.1 | 578.94 | 415.47 | 351.76 |
| 小型拖拉机数量/台 | 570 000 | 603 000 | 624 000 | 645 300 | 664 500 | 688 300 | 692 700 | 711 000 | 713 000 | 757 190 | 754 770 | 744 126 | 715 714 | 695 446 |
| 小型拖拉机动力/万 kW | — | — | — | — | 721.16 | 745.73 | 740.87 | 766.1 | 771.4 | 820.28 | 815 | 790.58 | 734.71 | 691.35 |
| 大中型拖拉机配套农具/部 | 1 444 000 | 1 383 200 | 1 303 100 | 1 179 500 | 1 044 700 | 946 600 | 759 200 | 673 800 | 593 000 | 472 034 | 408 793 | 318 803 | 222 328 | 201 096 |
| 小型拖拉机配套农具/部 | 1 111 400 | 1 129 900 | 1 149 400 | 1 185 100 | 1 196 200 | 1 229 400 | 1 180 700 | 1 169 900 | 1 132 000 | 1 102 720 | 1 044 942 | 877 387 | 836 137 | 762 596 |
| 农用排灌电动机数量/台 | — | 143 500 | 141 300 | 131 200 | 123 000 | 114 200 | 97 200 | 84 600 | 77 100 | 70 376 | 62 582 | 57 032 | 53 727 | 51 363 |
| 农用排灌电动机动力/万 kW | — | — | — | — | 108.65 | 100.21 | 84.8 | 75.55 | 68.27 | 61.94 | 54.7 | 46.95 | 45.22 | 44.87 |
| 农用排灌柴油机数量/台 | 250 700 | 249 500 | 248 800 | 250 800 | 260 300 | 250 800 | 224 900 | 216 200 | 207 000 | 202 567 | 202 461 | 196 996 | 189 953 | 188 788 |
| 农用排灌柴油机动力/万 kW | — | — | — | — | 264.8 | 250.69 | 237.88 | 219.35 | 195.28 | 193.21 | 189.5 | 174.28 | 171.46 | 171.55 |
| 联合收割机数量/台 | — | 1 8 700 | 108 800 | 91 700 | 76 200 | 56 400 | 43 800 | 35 500 | 30 700 | 36 968 | 31 591 | 25 823 | 20 171 | 17 756 |
| 联合收割机动力/万 kW | — | — | — | — | 596.74 | 419.51 | 299.58 | 234.4 | 199.64 | 238.99 | 207.2 | 170.9 | 144.61 | 127.96 |
| 机动脱粒机数量/台 | — | 1 74 100 | 172 300 | 168 700 | 168 800 | 164 900 | 165 700 | 163 600 | 160 200 | 149 530 | 150 713 | 148 068 | 140 969 | 133 809 |
| 渔用机动船数量/艘 | — | — | — | — | — | — | — | — | — | 4 607 | 4 524 | 4 690 | 4 455 | 4 109 |
| 渔用机动船动力/万 kW | — | — | — | — | — | — | — | — | — | 2.98 | 2.8 | 2.73 | 2.93 | 3.43 |

## 五、黑龙江省水稻栽培技术

黑龙江省水稻栽培方式经历了从直播到育苗移栽的过程,近年来,直播稻在黑龙江省又有了一定程度的发展。目前,黑龙江省仍然采用以育苗移栽为主、以直播为辅的水稻栽培种植方式。

### (一)黑龙江省水稻育苗移栽技术

1. 壮苗标准

中苗秧龄 30~35 d,叶龄 3.5~4.0 片,苗高 12~14 cm,根数 9~10 条,100 株苗干重 3 g 以上。大苗秧龄 35~40 d,苗高 14~16 cm,叶龄 4.5 叶,带蘖率 80% 以上,茎基宽 3 mm 以上,第一叶鞘长不超过 2 cm,根数 14~16 条,地上部百苗干重 4 g 以上,充实度 0.30~0.35,干物率 18%~25%。

2. 育苗前的准备

选择地势平坦、背风、向阳、排水良好、水源方便、土质疏松肥沃的中性及偏酸性地块做育苗田。秧田长期固定,连年培肥,消灭杂草。本田育苗,可采用高于田面 50 cm 的高台育苗;苏达盐碱土地区,育苗床应设隔离层。秧本田比例一般为 1:120~1:150,钵体苗为 1:100~1:150。

中棚育苗床宽 5~6 m,床长 30~40 m,高 1.5 m;大棚育苗床宽 6~7 m,床长 40~60 m,高 2.2 m,步行道宽 30~40 cm。

整地做床宜秋施农肥,秋整地做床,春做床的早春浅耕 10~15 cm。清除根茬,打碎坷垃,整平床面。

苗床施肥时,每平方米施腐熟草炭 5~10 kg 或腐熟猪粪 10 kg;用硫酸调酸的,每平方米施硫酸铵 50 g,磷酸二铵 60 g,硫酸钾 40 g;用各种壮秧营养剂施肥调酸的,要根据使用调制剂的化学含量适当调整化肥用量。苗床施用农肥、化肥调制剂、壮秧剂都要均匀混拌耕层 10 cm 土中。

床土选择肥沃、无草籽残茬和农药残留的旱田土,并秋备床土。床土配制用壮秧剂进行一次性配制。无隔离层旱育苗:将壮秧剂与 12.5 kg 过筛旱田土充分混拌,均匀撒施在 20 m² 苗床上,用耙子搅匀,混于 2 cm 表土中。机插软盘、底垫旱育苗:每袋壮秧剂与 360 kg 床土混拌均匀,装入 120 个软盘铺在 20 m² 底垫上,厚度 2cm。钵盘育苗:每袋壮秧剂与 210 kg 过筛旱田土混拌均匀,可配制成 120 个秧盘的床土。

床土消毒用立枯净或克枯星进行床土消毒。25 g 浓度为的 50% 立枯净兑水后可浇灌 25 m² 苗床;克枯星 300 倍液,每平方米浇 2~3 kg 药液。

3. 种子及其处理

根据当地积温等生态条件,选用审定推广的熟期适宜的优质、高产、抗逆性强的品种。第一、第二积温带选用主茎 13~14 叶的品种,第三、第四积温带选用 10~12 叶的品种,保证霜前安全成熟,严防越区种植。种子纯度不低于 98%,净度不低于 98%,发芽率不低于 85%(幼苗率),含水量不高于 14.0%。

浸种前选晴天、背阴、通风处晒种 1～2 d,每天翻动 3～4 次。用 25 kg 清水加 3 kg 盐配成盐水选种,一次可选出 20 kg 种子,捞出秕谷,再用清水冲洗种子。选好的种子用咪鲜胺类药剂室温下浸种(25% 施保克乳油或 25% 使百克乳油 4 000～5 000 倍液)。种子与药液比为 1∶1.25,浸种 5～7 d,每天搅拌 1～2 次。

将浸泡好的种子在 30～32 ℃ 条件下破胸。当种子有 80% 左右破胸时,将温度降到 25 ℃ 催芽,要经常翻动。当芽长 1 mm 时,降温到 15～20 ℃ 晾芽 6 h 左右方可播种。

4. 播种

当日均气温稳定通过 5～6 ℃ 时开始播种。第一、二积温带 4 月 10 日～25 日播种;第三、四积温带 4 月 15 日～28 日播种。无隔离层育苗每平方米播芽种 200～275 g,落种均匀一致;机插软盘每盘播芽种 100～125 g;钵体盘育苗每钵孔 2～3 粒种子。播种后拍压种子,使种子三面入土。用过筛无草籽的疏松沃土盖严种子,覆土厚度为 0.5～1 cm。

预防地下害虫(蝼蛄)依据 GB/T 8321(所有部分)的规定。每 100 m² 用 5% 锐劲特 10～20 ml,加入敌杀死 5～10 ml,采用毒土或拌稻糠等法用药,施于稻种同一平面上,且苗床四周也需撒毒饵。

封闭除草依据 GB/T 8321(所有部分)的规定。宜选择安全性好的除草剂杀草丹。50% 杀草丹每 667 m² 苗床 300～400 ml 加水 10～15 ml,播种覆土后喷雾。

播种后在床面平铺地膜,出苗后立即撤掉。大、中棚盖膜后将膜四周压紧,用土培严,并拉好防风网带。

5. 秧田管理

播种至出苗期,密封保温。出苗至 1.5 叶期,开始通风炼苗,温度不超过 25～28 ℃;秧苗 1.5～2.5 叶期,逐步增加通风量,棚温控制在 23～25 ℃;秧苗 2.5～3.0 叶期,棚温控制在 20～22 ℃。移栽前全揭膜,锻炼 3 d 以上,遇到低温时,增加覆盖物,及时保温。秧苗 2 叶期,当早晨叶尖无水珠时补水,床面有积水要及时晾床。秧苗 2 叶期后,床土干旱要早、晚浇水,1 次浇足、浇透。揭膜后可适当增加浇水次数,但不能灌水上床。

苗床灭草依据 GB/T 8321(所有部分)的规定。水稻出苗后,稗草 1.5～2 叶期选用敌稗加禾大壮,或稗草 2～3 叶期选用 10% 千金,进行茎叶喷雾处理;在苗床稗草、阔叶草较多时,秧苗 2 叶期前选用丌阔净喷雾;在苗床稗草、阔叶草、沙草科杂草较多时,选用禾大壮加灭草松或千金加灭草松喷雾。

防治立枯病依据 GB/T 8321(所有部分)的规定。秧苗 1.5 叶期,用福美双、甲霜灵、噁霉灵等药剂苗床喷雾。

秧苗 2.5 叶龄期发现脱肥,每平方米用硫酸铵 1.5～2.0 g、硫酸锌 0.25 g 稀释 100 倍液叶面喷肥,喷后及时用清水冲洗叶面。起秧前 6 h,每平方米撒施磷酸二铵 150 g 或三料磷肥 250 g,追肥后喷清水洗苗。起秧前 1～2 d 用高含量的吡虫啉类或啶虫脒类药剂苗床喷雾,以带药下田。

6. 耕整地及插秧

整地前要清理和维修好灌排水渠,保证畅通。修建方条田,实行单排单灌池子面积以700~1 000 m² 为宜。

土壤适宜含水量为 25%~30%,耕深 15~18 cm,采用耕翻、旋耕、深松及耙耕相结合的方法,以翻一年、松旋二年的周期为宜。

5 月上旬放水泡田,井灌稻区要灌、停结合,苏达盐碱土稻区要大水泡田压盐洗碱。

旱整地与水整地相结合,旋耕田只进行水整地。旱整地要旱耙、旱平、整平堑沟,结合泡田打好池埂;水整地要在插秧前 3~5 d 进行,整平耙细。

日平均气温稳定通过 13 ℃时开始插秧,5 月末结束。在中等肥力土壤上,行穴距为 30 cm×13.3 cm;在高肥力土壤上,行穴距为 30 cm×16.5 cm,每穴 2~3 株基本苗。井灌、苏达盐碱土和北部地区要适当缩小行、穴距,增加基本苗数。插秧做到行直、穴匀、不窝根,插秧深度不超过 2 cm。

7. 本田管理

每公顷施农肥 30~45 t,3~4 年轮施一次。施化肥总量:纯氮 100~120 kg,五氧化二磷 60~70 kg,氧化钾 30~45 kg,氮、磷、钾质量比为 1∶0.5∶0.3。

底肥:有机肥于翻前施入。化肥用氮肥总量的 50%~65%、钾肥的 50%~80%、磷肥的 100% 作底肥,翻后旱耙前施入。常规公顷施化肥量各减 1/5,加基施旺生物有机肥 100 kg。

蘖肥:返青后立即追蘖肥,施肥量为氮肥总量的 15%~20%。6 月中、下旬秧苗脱肥地块,追调节肥,即氮肥总量的 5%~10%。

穗肥:倒 2 叶展开时,追施氮肥总量的 15%~25% 和剩余的钾肥,在 7 月 20 日前追完,水稻长势过旺或遇到低温、多雨寡照或发生病害时,只施钾肥。

粒肥:齐穗期追施氮肥总量的 5%。容易发生贪青晚熟地块不施氮肥。

插秧后返青前灌苗高 2/3 的水。有效分蘖期灌 3 cm 浅稳水,增温促蘖。苏达盐碱地块每 7~10 d 换 1 次水。并实行整个生育期浅水,9 月初撤水。有效分蘖中期前 3~5 d 排水晒田。晒田达到池面有裂缝,地面见白根,叶挺色淡,晒 5~7 d,晒后恢复正常水层。苏达盐碱地块和长势差的地块不宜晒田。孕穗至抽穗前,灌 4~6 cm 活水。水稻减数分裂期遇到 17 ℃以下低温灌 10~15 cm 深水护胎。井灌稻区实行"浅-湿-干"节水灌溉技术。抽穗扬花期,灌 5~7 cm 活水,灌浆到蜡熟间歇灌水。黄熟初期开始排水,洼地适当提早排水,漏水地适当晚排。

本田除草依据《农药合理使用》(GB/T 8321)的规定。水稻本田除草宜选用安全性好的除草剂:防治稗草宜选用禾大壮、二氯喹啉酸、莎稗磷、苯噻草胺;防治阔叶杂草宜选用吡嘧磺隆、苄嘧磺隆;防治莎草科杂草宜选用灭草松、莎阔丹等药剂进行适时、适量用药。

防治潜叶蝇:在未进行苗床带药下田的地块,水稻插后开始返青时选用吡虫啉、啶虫脒类药剂叶面喷雾。

防治负泥虫:于负泥虫发生盛期用药,药剂同防治潜叶蝇,也可在清晨有露水时用扫帚将幼虫扫落于水中。

防治二化螟:防治二化螟依据《水稻二化螟防治标准》(NY/T 59)的规定。最佳防治时期为水稻二化螟孵化至低龄幼虫高峰期(7月中旬),单用锐劲特或锐劲特与三唑磷、杀虫双、杀虫单、Bt等药剂混用。

防治稻瘟病:防治稻瘟病依据《稻瘟病测报调查规范》(GB/T 15790)的规定。水稻稻瘟病应以预防为主,坚持水稻始穗、齐穗期两次用药。

叶瘟预防:避免过量施用氮肥。对未发病或叶瘟发生较轻地块,可用咪鲜胺、三环唑类药剂进行田间喷雾,早期预防。治疗:对于叶瘟发生初期地块,当出现发病中心病株时,使用咪鲜胺类药剂喷雾。同时应加强田间管理,增加通风透光性。

穗颈瘟预防:在水稻始穗期(7月下旬至7月底)、齐穗期(8月5日至10日)各喷施1次咪鲜胺、高含量的三环唑类药剂。注意喷药时避开水稻开花期,宜在上午10点之前或下午3点之后喷药,以免影响水稻授粉。治疗:对发生穗颈瘟的地块,应选用咪鲜胺类药剂进行田间喷雾。

当90%稻粒达到完熟时收获。割茬不高于2 cm,稻捆直径25~30 cm。立码晾晒,收获损失率不大于2%。

记录水稻品种及农药、化肥、除草剂等的品名、用量、施用时期等,以备查阅。

### (二)黑龙江省直播稻技术

20世纪50年代,中国北方曾大面积推广水稻直播,黑龙江省在1980年以前水稻直播率达70%(谢剑,2009)。目前,黑龙江省直播稻主要分布在三江平原和松嫩平原这两个稻区。据不完全统计,2014年黑龙江省水稻直播面积为26.67万~40.00万 hm²,主要种植于虎林市、抚远市、同江市、饶河县、富锦市、鹤岗市、牡丹江市、海伦市和齐齐哈尔市等地。虎林市和抚远市是黑龙江省水稻直播面积最大的地区,2014年直播稻的种植面积均超过了6.67万 hm²。

黑龙江省水稻直播栽培主要有水直播和旱直播两种方式,以水直播为主,旱直播栽培技术应用较少,还处于起步阶段。水直播的播种方式为漫撒籽和条播,旱直播的播种方式为条播和穴播。目前,黑龙江省水稻直播栽培技术较20世纪80年代前有很大提升,种子包衣剂、高效化学除草剂、大型喷灌系统和精确定量播种机等高科技产品已在一定程度上得以应用,有效地提高了现代直播栽培技术的科技含量,但不同地区技术水平差异较大。黑龙江省水稻直播栽培主要包括以下内容。

(1)精细整地

整地质量直接关系到出苗率、成苗率,是直播栽培法的关键措施之一。在生产上要严格按照要求精细整地,做到畦面平整无杂草、排灌畅顺、不积水。水稻直播田和插秧田对整地的要求都是"平",最高点和最低点相差不超过3 cm,旱整地和水整地相结合。秋翻地和春季旋耙相配合,地面平整后再灌水进行耙、耢,以利于直播稻田间管理和后期生长需要。

（2）适时早播

合理安排播种期，可以保证全苗和安全齐穗。过早播种容易遇到倒春寒，造成烂种、死苗；过迟播种则缩短营养生长期或延迟收获，影响产量。

（3）种子处理

选用高产抗病优质良种可以提高产量，增加经济效益。做好种子消毒和催芽工作，可减少病虫害的发生。种子催芽标准为"根长一粒谷，芽长半粒谷"，这样播种后出苗快、成苗率高。绝不能哑谷播种，否则出苗慢且不整齐，使用除草剂时容易造成药害。

（4）疏播匀播

种子在田间的精密分布必须依靠高效的水稻直播精密播种机具来完成，该机具在性能上能够适应不同的种子，可实现种子在田间以精确的株距、行距分布，为水稻后期生长创造良好的条件。播种要均匀，播后要埋芽，同时要做好防鸟、鼠害工作。

（5）合理施肥

一是要施足基肥。由于直播栽培从幼苗开始就直接在大田生长，因此施足基肥对直播栽培获得高产显得更为重要。二是要合理追肥。在1叶1针时施断奶肥，在4~5叶时重施壮苗促蘖肥，以后的施肥管理与移栽稻田相同。

（6）施用除草剂

高效除草剂的施用可有效控制杂草的生长。

（7）合理排灌

遇湿寒潮天气要排水保苗，遇干寒潮天气要灌水护苗。水稻能忍受一定的缺氧环境，而杂草幼苗无此能力，可在禾苗3~4片叶时及时灌水，以水压草。此外，还要及时排水晒田，控制无效分蘖。

（8）及时间苗补缺

在禾苗3~4叶期要及时间苗补缺，使水稻群体结构符合高产栽培条件的要求，保证有足够的有效穗。

总体而言，黑龙江省水稻直播面临播种质量差、苗难齐、保苗率不高、成苗差、草难除、易倒伏、分蘖成穗率低、稻农种植盲目性大等一系列亟待解决的问题。和育苗移栽技术相比，直播理论技术体系的建立和完善还有很长的路要走。

## 参考文献

[1] 曹萌萌,李俏,张立友,等.黑龙江省积温时空变化及积温带的重新划分[J].中国农业气象,2014(5):492-496.

[2] 曹明龙,吕孝林,刘传光.理想株型在超级稻育种研究中的应用现状及展望[J].安徽农业科学,2005(7):1269-1270.

[3] 陈晶.黑龙江省气温时空变化特征分析[D].哈尔滨:东北农业大学,2013.

[4] 程远.气候变化背景下基于GIS的黑龙江省农业气候资源分析[D].哈尔滨:东北农业大学,2012.

［5］　高永刚,那济海,顾红,等.黑龙江省气候变化特征分析[J].东北林业大学学报,
　　　2007(5):47 - 50.

［6］　国世友,邹立尧,吴琼.近百年黑龙江省气候变化特征[J].黑龙江气象,2003(4):
　　　8 - 11.

［7］　黑龙江省农垦总局统计局.黑龙江垦区统计年鉴:2011[M].北京:中国统计出版
　　　社,2011.

［8］　李秀芬,李帅,纪瑞鹏,等.东北地区主要作物生长季降水量的时空变化特征研究
　　　[J].安徽农业科学,2010(32):137 - 140.

［9］　李红宇.我国东北地区水稻产量和品质及遗传多样性研究[D].沈阳:沈阳农业大
　　　学,2009.

［10］　聂守军.寒地水稻产量稳定性分析[J].中国稻米,2009(3):18 - 20.

［11］　潘华盛,张桂华,徐南平.20 世纪 80 年代以来黑龙江气候变暖的初步分析[J].气
　　　候与环境研究,2003(3):348 - 355.

［12］　史航,杜林峰,何宁,等.黑龙江省农业机械化发展现状分析及其发展建议[J].农
　　　业与技术,2018(8):80 - 82.

［13］　孙海正.直播栽培在黑龙江省水稻生产中的应用与技术措施[J].中国种业,2012
　　　(2):60 - 61.

［14］　王石立,庄立伟,王馥棠.近 20 年气候变暖对东北农业生产水热条件影响的研究
　　　[J].应用气象学报,2003(2):152 - 164.

［15］　谢剑,郭巍,王丽君.东北地区水稻直播技术的发展现状及技术措施[J].农业科技
　　　与装备,2009(2):98 - 99.

［16］　肖佳雷,辛爱华,张国民,等.黑龙江省不同积温带水稻株型特点分析[J].作物杂
　　　志,2009(2):104 - 106.

［17］　于秋竹.黑龙江省不同积温带水稻产量和品质及株型研究[D].沈阳:沈阳农业大
　　　学,2014.

［18］　朱海霞,吕佳佳,李稻芬,等.SRES A2/B2 情景下未来黑龙江省积温带格局的演变
　　　[J].中国农业气象,2014(5):485 - 491.

［19］　张桂华,王艳秋,郑红,等.气候变暖对黑龙江省作物生产的影响及其对策[J].自
　　　然灾害学报,2004(3):95 - 100.

［20］　张喜娟,来永才,王俊河,等.黑龙江省直播稻的发展现状与对策[J].黑龙江农业
　　　科学,2015(8):142 - 145.

［21］　邹德堂.黑龙江省稻米品质性状的主成分分析[J].东北农业大学学报,2008(3):
　　　17 - 21.

# 第二章　黑龙江省水稻种质资源评价

## 第一节　黑龙江省水稻种质资源概况

　　黑龙江省早在中世纪(公元 5 世纪后期到公元 15 世纪中期)就已有稻作。现有水稻种质资源的收集与保存工作始于 20 世纪初,当时地方品种很少,有红光头、红毛子等。黑龙江省最早的引入品种有从朝鲜引入的京租、金钩稻及北海红毛等,1915—1940 年又先后引入了津轻早生、小田代、北海、井越早生、早霜代、龟尾稻、关山稻、改良北海道、本地糯、天落稻、早生京租、坊主、走坊主、富国和陆羽 132 等品种。1940 年以后又从日本引入青森 5 号、农林 1 号等品种。

　　1930—1940 年,由原熊岳农事试验场杂交培育又经过原公主岭农事试验场选拔培育而成的弥荣、兴国和国主等品种先后被引入黑龙江省用于生产。原东北农业科学研究所于 1948 年从黑龙江省桦川县的北海(札幌赤毛)品种中选育的北海 1 号,于 1954 年起用于生产。黑龙江查哈阳稻作试验站于 1949 年从黑龙江省朱家坎的农家品种中选出的国光品种,于 1953 年起用于生产。原公主岭农事试验场于 1948 年从日本引进的石狩白毛很快用于黑龙江省。之后,黑龙江省陆续从国外引入新品种,并以地方品种和引进品种为材料杂交成了一批品种,逐渐形成了适应于黑龙江省寒地生态环境的水稻种质资源。

　　黑龙江省现有的水稻种质资源来源有 7 个:一是原有地方品种,如红光头、红毛子等;二是从国内外引入,主要是从我国东北、西北、华北地区引入,如吉林日落、长春无芒、丹东陆稻、岫岩不服劲等从东北引入,虎皮无芒稻、大白板糯稻、米泉秃芒等从西北引入,文登香稻等从华北引入;三是从国外引入,如石狩白毛、北斗、新雪从日本引入,朝鲜稻、雄基 9 号从朝鲜引入,库班培从苏联引入,卡卡约勒约等从欧洲引入;四是以地方品种和引入品种为材料杂交育成的新品种,如合江 19、合江 23 等合江编号品种和龙粳 2 号、龙粳 3 号等龙粳编号品种都是黑龙江省农业科学院水稻研究所育成的品种,东农 415、东农 416、东农 418 等东农编号的品种是东北农业大学育成的品种,牡丹江 17、牡丹江 18 等牡丹江编号的品种是黑龙江省农业科学院牡丹江农业科学研究所育成的品种,松粳 1 号、松粳 2 号、松粳 9 号等松粳编号的品种是黑龙江省农业科学院五常水稻研究所育成的品种,黑粳 4 号、黑粳 5 号等黑粳编号的品种是黑龙江省农业科学院黑河农业科学研究所育成的品种,绥粳 3 号、绥粳 4 号等绥粳编号的品种是黑龙江省农业科学院绥化农业科学研究所育成的品种,垦稻 2 号、垦稻 3 号、垦稻 12 等垦稻编号的品种是黑龙江省农垦科学院水稻研究所育成的品种,垦鉴稻由农垦系统育成,垦粳 1 号、垦粳 2 号等以垦粳编号的品种是黑龙江省八一农垦大学育成的品种;五是利用外源 DNA 导入育成的品种,如龙粳 14 等;六是系选育成的品种,如合江 1 号(石狩白毛系选)、合江 2 号(弥荣系选)、合江 3 号(坊主系选)、合江 4 号(公育 30 系选)、合江 5 号(海林国主系选)、合江 6 号(汤原农家种系选)、合江 7 号(农家国主系选)、合江 8 号(石狩白毛×小粒稻)、合江 9 号(富国系选,如龙粳 9 号)等;七是利用籼粳交育成的品种,如龙粳 25 等。

在稻种资源特征特性方面,黑龙江省水稻品种具有生育期短、感光性弱、耐寒性强、叶片数少、叶色浓及植株矮等特点,在全国水稻资源中有以下独特的生态型,并有重要的应用价值。

①植株矮(80～100 cm),分蘖较多(8～10 个);一般老品种茎秆偏高(1 m 以上),分蘖较少(5～6 个)。

②叶片一般为 9～14 叶:早熟种 9～10 叶,中熟种 11～12 叶,晚熟种 13～14 叶。

③叶色较深,由绿到浓绿。

④叶片短、窄。

⑤老品种芒多、落粒;新品种无芒或有稀短芒,不易落粒。

⑥生育期一般为 110～140 d:极早熟品种 115～120 d,早熟品种 125～128 d,中早熟品种 128～132 d,中熟品种 133～135 d,晚熟品种 138～140 d。

⑦在抗稻瘟病方面,老品种容易感病;新品种抗病性较强,多为中抗(MR)。

⑧老品种抗倒伏性较弱,多不喜肥;新品种抗倒性较强,较喜肥。

⑨在抗旱性方面,早熟品种出苗快,生长旺盛,根系发达,抗旱性较强;水旱两用稻为中间类型,抗旱性中等;一般品种抗旱性较弱。

⑩在抗盐碱性方面,盐碱地区多年种植的品种抗盐碱性较强。

⑪谷粒形状以短圆型居多。

⑫米质较好,多数品种稻米有光泽,透明度较好,垩白小或无,适口性较好,米质优,尤其是近年来,品质有了明显改观。

⑬在光温反应特性方面,研究结果表明,能适应寒地生态环境条件的理想水稻品种光温反应类型是感光性弱,感温性弱,基本营养生长性较强,并能在当地安全抽穗期以前抽穗的类型。


## 第二节　黑龙江省水稻种质资源的收集、保存及整理

黑龙江省于 1956 年、1963 年和 1980 年先后 3 次全省统一组织农作物品种征集,收集水稻材料 1 500 份次,经种植、观察、整理归并,对同种同名和同种异名、异种同名材料进行慎重选留和归并。全省稻种保存资源 2 058 份,责任保存单位黑龙江省农业科学院水稻研究所保存 738 份,其中粳稻 676 份、糯稻 14 份、籼稻 13 份、陆稻 35 份。黑龙江省对上

述资源材料采用多种方法同时保存:一是在常温条件下装布袋挂藏,隔2年更新种植一次;二是在干燥器里装纸袋中期储藏,隔5年更新种植1次;三是在黑龙江省农业科学院农作物种质低温低湿条件下长期储藏一部分;四是移交国家作物种质库储藏232份。

在水稻种质资源农艺性状鉴定与编目方面,负责保存黑龙江省水稻品种资源的黑龙江省农业科学院水稻研究所,于1975年、1978年、1982年、1985年、1988年、1993年、1999年先后多次对全部保存材料进行更新种植,同时进行主要农艺性状鉴定,对株高、叶色、株型、单株分蘖、穗长、每穗粒数、结实率、千粒重、芒的有无和长短、粒形、粒长、颖色、颖尖色、米色、出穗期、叶瘟、穗颈瘟等主要性状进行了调查、记载。

经过农艺性状分类,黑龙江省筛选出每穗粒数在120粒以上的大穗早熟粳稻有龙粳1号、丰产9号和牡丹江18等;平均单株有效穗数在20穗以上的穗型品种有合江20、合江23、合交7504、龙粳8号、龙粳17等;千粒重在30 g以上的大粒型品种有稔大粒、白大肚、北明等。在佳木斯地区种植于7月10日前抽穗的超早熟品种有光头红、光头葫芦等,株高在60 cm以下的超矮秆品种有直立穗。

1976年11月编成并印发的第一本《黑龙江省水稻品种资源目录》由黑龙江省农业科学院水稻研究所主持,原松花江、牡丹江、绥化、嫩江、黑河和伊春地区农业科学研究所等8家单位参与编写,共编入354份品种,其中地方品种119份,育成品种95份,国外引进品种140份。1986年,相关单位又完成了《黑龙江省水稻品种资源目录》续编部分。

根据1986年6月21日全国稻种资源研究"七五"计划会议的安排意见,1986—1990年对全国各省、市、区繁种,农艺性状鉴定和入库的稻种资源要编写目录,黑龙江省承担243份品种的编目任务,其中地方品种113份,选育品种88份,国外引进种42份,截至1989年12月底共入国家库232份材料,于1990年底全部完成,每份材料250 g。

在《中国稻种资源目录》第一集中,黑龙江省编写部分编入138份材料,其中地方品种80份,选育品种58份;在第二集中,黑龙江省编入地方品种33份,选育品种30份。

在《中国国外引进稻种资源目录》第一集中,黑龙江省编写部分编入33份材料;在第二集中,黑龙江省编入9份材料。

《中国水稻品种志》黑龙江卷录入黑龙江省审定品种313份。

## 第三节　黑龙江省水稻种质资源生态型分类

黑龙江省稻区日照长,冬夏温差大,昼夜温差大,夏季气温高,冬季土壤冻结时间长,雨热同季,水资源丰富,这些生态条件不仅使水稻生产得到迅速发展,而且造就了水稻北限生态区品种的特异生态型。

### 一、黑龙江省种质资源光温生态型分类

水稻是高温短日照作物。从生态学上阐明的品种光温反应特性的形成及其与生态条

件的关系,被称为品种的光温生态型。品种的光温生态型是品种本身遗传性同生态环境的光温条件共同作用的结果。曾有研究报道,我国东北稻区早熟粳稻品种大多表现感光性弱、感温性中等、短日高温生育性弱的特性;东北晚熟粳稻品种表现为感光性弱、感温性中等、短日高温生育性中等的光温反应特性。为进一步弄清寒地水稻品种光温生态型,黑龙江省农业科学院水稻研究所开展了以下研究。

研究选用黑龙江省有代表性的地方品种、选育品种和适应性较强的国外引进品种共计 66 份作为试验材料,在特定条件下,通过高温短日照、高温长日照、常温短日照、常温长日照处理间出穗日数的差异,分别计算出穗促进率和高温短日生育日数,以测定供试材料的感光性、感温性与基本营养生长性级别(试验采用中国农业科学院所用的"三性"(感光性、感温性、基本营养生长性)分级标准)。其中,高温短日照处理时,年际间出穗平均温度为$(25 \pm 0.5)$ ℃,每日光照时间为 10 h;高温长日照处理时,年际间出穗平均温度为$(26 \pm 0.5)$ ℃,每日光照时间为 15 h;常温长日照处理时,出穗平均温度为 20~22.6 ℃,每日光照时间为 15 h;常温短日照处理时,出穗平均温度为 20~22.6 ℃,每日光照时间为 10 h。

黑龙江省稻种的形成从高温短日照地区逐渐北移,在长期的自然和人工选择过程中,保存了适应新的生态因子的变异个体。这一变化的总趋势在光温反应上的表现是,日照时间逐渐钝感,对适温的要求逐渐降低,基本营养生长期逐渐缩短。试验结果表明,对于不同品种,在决定其出穗日数的诸因子中,起主导作用的因子是不同的。根据试验结果,可将黑龙江省现有稻种资源分为 5 种光温生态型,见表 2-1。

表 2-1 黑龙江省现有稻种资源光温生态型测定结果表

| 光温生态型 | 品种名称 |
| --- | --- |
| 感光性弱·感温性中·基本营养生长性中 | 合江 3 号、合江 5 号、合江 9 号、合江 14、合江 19、松前、快稻子、金钱稻、公陆 1 号 |
| 感光性中·感温性中·基本营养生长性中 | 合江 1 号、合江 6 号、合江 10、合江 17、牡丹江 1 号、东农 5 号、东农 3134、公交 13、奇克白芒、红毛稻子、白皮稻、白芒稻、光头白尖、莲红 4 号、青山松、朝 48-1、姬穗波、永稔 |
| 感光性中·感温性弱·基本营养生长性中 | 合江 8 号、合江 11、嫩江 5 号、丰产 4 号、太阳 4 号、小白芒、鸣凤、冷稻、北斗、农林 34、走坊主、走坊主 1 号、走坊主 2 号、新雪、下北、京引 113、京引 127、九米、玉米稻、黑嘴朝辐、宁系 62-3、隆化大红欲、吉粳 53(早) |
| 感光性弱·感温性弱·基本营养生长性中 | 合江 4 号、合江 13、合江 15、合江 16、合江 18、合江 20、石狩、夕波、早生锦、二节稻、京引 114、京引 143、吉 71-1 |
| 感光性弱·感温性中·基本营养生长性弱 | 水农 19、黑粳 2 号、庆 706-2 |

（1）弱－中－中型

弱－中－中型即感光性弱、感温性中、基本营养生长性中的类型（按感光性、感温性、基本营养生长性顺序描述，以下同），代表品种有合江 3 号、合江 9 号、合江 14、快稻子等。这类品种光反应不敏感，影响出穗日数的主导因子是温度，在地区间和年际间出穗日数均有一定差异，适应性一般。

（2）中－中－中型

黑龙江省多数稻种资源属于这一类型，代表品种有合江 1 号、合江 6 号、合江 10、牡丹江 1 号、东农 3134、奇克白芒、红毛稻子等。这类品种对光温反应较敏感，在地区间、年际间出穗日数均有明显差异，适应性较差。

（3）中－弱－中型

中－弱－中型代表品种有合江 8 号、合江 11、嫩江 5 号、丰产 4 号、太阳 4 号、小白芒、北斗、走坊主、新雪、下北、隆化大红欲等。这类品种对温度条件的反应不敏感，地区间、年际间出穗日数差异较小，适应性较强。

（4）弱－弱－中型

弱－弱－中型代表品种有合江 4 号、合江 13、合江 15、合江 16、合江 18、合江 20、早生锦、二节稻等。这类品种对光温反应均不敏感，地区间、年际间出穗日数差异均很小，适应性较强。

（5）弱－中－弱型

弱－中－弱型代表品种有水农 19、黑粳 2 号、庆 706－2 等，属黑龙江省最北部稻区种植的极早熟品种，感光性弱，基本营养生长期短，对温度反应较敏感，适应性较差。

## 二、黑龙江省水稻理想的光温生态型

所谓黑龙江省水稻理想的光温生态型，就是对黑龙江省低温长日照和周期性出现的低温冷害年份的环境有高度适应能力的光温反应类型。就黑龙江省佳木斯地区（北纬46°49′）而言，水稻生育期间的 5～9 月间平均温度为 17.6 ℃（佳木斯气象台 1951—1977 年观测结果），平均每日可照时数长达 15 h，试验结果表明，能高度适应这种环境的光温生态型是感光性弱、感温性弱、基本营养生长性强的类型。

1. 感光性弱则适应性强

由表 2－2 可知，供试的 4 个品种的感温性大致相似，基本营养生长性也基本一样，只有感光性由 3 级递增至 6 级，不同处理间出穗日数的变异系数由 16.59% 上升到 19.96%。这说明感光性弱的品种，在不同的光温条件下出穗日数的差异小。

表 2 - 2　感光性不同的品种出穗日数变异幅度表

| 品种名称 | 三性级别 | | 出穗日数(出苗至成熟) | | | | | | 平均 | 变异系数/% |
|---|---|---|---|---|---|---|---|---|---|---|
| | 1977 年测 | 1978 年测 | 1977 年测 | | | 1978 年测 | | | | |
| | 光·温·基 | 光·温·基 | 高温短日 | 高温长日 | 常温短日 | 高温短日 | 高温长日 | 常温短日 | | |
| 合江 14 号 | 3·5·5 | 3·5·5 | 49 | 54 | 69 | 46 | 51 | 65 | 55.7 | 16.59 |
| 合江 6 号 | 5·4·5 | 4·5·4 | 46 | 55 | 68 | 42 | 49 | 64 | 54.0 | 19.07 |
| 红毛稻子 | 5·5·5 | 5·4·5 | 47 | 47 | 76 | 47 | 58 | 71 | 57.7 | 20.18 |
| 东农 5 号 | 6·4·4 | 6·4·4 | 44 | 44 | 69 | 41 | 52 | 63 | 52.2 | 19.96 |

注:"感光性·感温性·基本营养生长性"简写为"光·温·基"。

**2. 感温性弱则适应性强**

不同品种在不同的光温条件下,出苗至出穗期间所要求的积温各不相同。由表 2 - 3 可知,供试的 6 个品种随着感温性级别的递增,处理间积温的变异系数有明显的递减趋势,感温性由 1 级递增到 7 级,有效积温的变异系数则由 17.70% 逐步降低到 8.88%。

表 2 - 3　感温性不同的品种有效积温变异幅度表

| 品种名称 | 三性级别 | | 出穗日数(出苗至成熟) | | | | | | 平均 | 变异系数/% |
|---|---|---|---|---|---|---|---|---|---|---|
| | 1977 年测 | 1978 年测 | 1977 年测 | | | 1978 年测 | | | | |
| | 光·温·基 | 光·温·基 | 高温短日 | 高温长日 | 常温短日 | 高温短日 | 高温长日 | 常温短日 | | |
| 合江 8 号 | 5·1·5 | 5·1·4 | 711.4 | 913.4 | 565.4 | 695.0 | 906.8 | 745.7 | 756.3 | 17.70 |
| 走坊主 | 6·2·5 | 6·2·5 | 702.6 | 1 052.9 | 707.6 | 709.4 | 1 064.3 | 845.3 | 847.0 | 20.37 |
| 冷稻 | 5·3·5 | 5·3·5 | 681.6 | 895.8 | 601.3 | 747.3 | 980.2 | 842.7 | 791.5 | 17.80 |
| 白皮稻 | 5·4·5 | 5·4·4 | 676.0 | 852.2 | 639.1 | 598.9 | 813.0 | 782.3 | 726.9 | 14.15 |
| 公交 13 号 | 5·5·5 | 4·4·5 | 734.2 | 896.4 | 739.6 | 732.8 | 865.8 | 838.5 | 801.2 | 9.27 |
| 东农 3134 | 4·7·6 | 4·6·5 | 775.9 | 913.4 | 843.7 | 709.4 | 836.5 | 766.1 | 807.5 | 8.88 |

注:"感光性·感温性·基本营养生长性"简写为"光·温·基"。

可见,感温性弱的品种所要求的积温变化幅度较大,伸缩性强——遇高温年所要求的积温增多,使出穗期并不至于过分提早;遇低温年所要求的积温明显减少,使出穗期并不明显过于拖后。因此,感温性弱的品种丰欠年产量波动幅度小,稳产性强,适应性强。

**3. 基本营养生长性强则适应性强**

由表 2 - 4 可知,不同品种在不同光温条件下,出穗日数的变异幅度随基本营养生长性级别的增加而变小。供试的 5 个品种,随着基本营养生长性由 3 级递增到 7 级,在不同光温条件下的处理间出穗日数变异系数由 18.10% 下降到 13.66%。可见,基本营养生长性强的品种在不同光温条件下出穗日数差异小,受环境条件左右的程度小,所以适应性强。

表 2-4　基本营养生长性不同的品种出穗日数变异幅度表

| 品种名称 | 三性级别 | | 出穗日数(出苗至成熟) | | | | | | | 变异系数/% |
|---|---|---|---|---|---|---|---|---|---|---|
| | 1977 年测 | 1978 年测 | 1977 年测 | | | 1978 年测 | | | 平均 | |
| | 光·温·基 | 光·温·基 | 高温短日 | 高温长日 | 常温短日 | 高温短日 | 高温长日 | 常温短日 | | |
| 庆 706-2 | 4·5·3 | 4·4·3 | 39 | 44 | 58 | 36 | 41 | 50 | 44.7 | 18.10 |
| 合江 5 号 | 4·5·4 | 3·5·4 | 43 | 48 | 64 | 41 | 45 | 58 | 49.8 | 18.37 |
| 合江 17 号 | 4·5·5 | 4·4·5 | 49 | 56 | 71 | 46 | 52 | 62 | 56.0 | 16.48 |
| 京引 143 | 3·4·6 | 4·3·6 | 52 | 57 | 70 | 51 | 60 | 70 | 60.0 | 14.20 |
| 隆化大红欲 | 5·3·7 | 5·3·7 | 59 | 70 | 78 | 58 | 69 | 81 | 69.2 | 13.66 |

注:"感光性·感温性·基本营养生长性"简写为"光·温·基"。

综上所述,从黑龙江省光温资源条件的实际出发,应把感光性弱、感温性弱、基本营养生长性较强,并能在当地安全抽穗的类型作为黑龙江省水稻理想的光温生态型,以此作为杂交亲本选配、后代选拔、合理引种、品种审定的依据。在新品种进行丰产性鉴定的同时,也要进行光温生态型测定。

### 三、黑龙江省水稻的植株生态型

我国北方粳稻区植株形态由南向北变化趋势是,株高逐渐变矮,生育期逐渐变短,叶片数逐渐变少,叶色变浓。辽宁省黎优 57、辽粳 5 号、中花 9 号和盐 2 号等主栽品种株高为 90～110 cm,平均为 98.6 cm,生育期为 150～170 d,大多为 160 d 左右,主茎叶片数为 16 片左右。吉林省吉粳 60、长白 6 号和东光 2 号等主栽品种株高为 80～100 cm,平均为 95 cm 左右,生育期为 100～150 d,大多为 140 d 左右,主茎叶片数为 14 片左右。黑龙江省合江 19、合江 23、龙粳 3 号、东农 416 和东农 415 等主栽品种株高为 85 cm 左右,生育期为 90～140 d,大多为 130 d 左右,主茎叶片数为 12 片左右。种稻北限的黑河地区黑粳 5 号等主栽品种株高只有 80 cm,生育期为 120 d,主茎叶片数为 11 片,直播栽培生育期只有 90 d,主茎叶片数只有 9 片,叶片窄厚,叶色浓绿。

北限生态区水稻品种的植株形态不仅随地域变化,而且随栽培方式的变化而发生明显变化。合江 19 品种直播栽培株高只有 65～85 cm,单株分蘖 0.2 个左右,主茎叶片数为 9～10 片;一般插秧栽培株高 85 cm,单株分蘖 3～4 个,主茎叶片数为 11～12 片;超稀植插秧栽培株高95 cm，单株分蘖6～12个，主茎叶片数为12～13片。同一品种在同一地区不同栽培条件下能有如此的自身调节能力和适应能力，这是寒地水稻所特有的植株生态型。

### 四、黑龙江省水稻株型的演变

从20世纪初至今，随着寒地稻种资源的逐步形成，黑龙江省水稻品种在株型上的演变趋势是，从高秆少蘖大穗型到矮秆多蘖小穗型再到矮秆大穗多蘖型。1940年以前，黑龙江省水稻种质资源主要是地方品种和引入品种，大部分茎秆较高（一般为95～100 cm），单株分蘖较少（只有3～5个），穗头较大（平均每穗90～110粒），代表品种有红毛稻子、北海红毛、北海、京租、早霜代和白毛葫芦等。1941—1960年，黑龙江省引入和育成的品种茎秆仍然较高（一般为90～95 cm），单株分蘖5～7个，平均每穗粒数为80～100粒，代表品种有弥荣、兴国、国主、北海1号、国光、石狩白毛和合江1号等。1961年—1985年前后，黑龙江省引入和育成的品种茎秆明显矮化（一般为80～90 cm），单株分蘖数明显增加（可达10个以上），穗头明显变小（平均每穗只有60～80粒），代表品种有合江11、合江12、合江14、合江16、合江17、合江18、合江19、合江20、合江22、合江23、东农416、和黑粳2号等。这些品种同以前的老品种相比，有明显的丰产性、稳产性和抗逆性。这有以下原因：一是多蘖多穗可以确保单位面积有足够的穗数和粒数；二是短穗小穗可以保证灌浆时有足够的养分向谷粒转移，减少空秕率，增加千粒重；三是上位叶片短、窄且直立可以增加叶面积指数，提高光能利用率，增加干物质积累；四是矮秆可以防止倒伏。因此，这些品种面积不断扩大，对促进寒地稻作发展起到重要作用。1985年以后，育种者都在努力选育矮秆多蘖大穗或偏大穗型品种，株高为85 cm左右，单株分蘖为10个以上，每穗粒数平均为100粒左右，代表品种有龙粳1号、龙粳3号、龙粳4号和龙杂89173－4、龙粳9号等。理论和实践证明，这种矮秆多蘖偏大穗、叶片上举、株型收敛和茎秆坚韧的类型，是寒地水稻高产的理想株型。

## 第四节　黑龙江省水稻种质资源耐寒性鉴定与筛选

黑龙江省属于大陆性季风气候，冬夏温差大，夏季气温较高，低温冷害天气主要出现在4～6月份和9月份。除黑河地区和山间冷凉地区有障碍性冷害发生外，绝大部分稻区的低温冷害表现为延迟型冷害，因此黑龙江省应重点筛选发芽出苗期耐寒性强、低温灌浆速度快的种质资源（试验中简称材料）。随着2000年以后水稻大面积的发展，兴凯湖附近、黑龙江流域附近障碍性冷害现象严重，6月末和7月初经常出现低温，因此障碍性冷害引起了黑龙江省的高度重视。随着栽培制度的改革，发芽出苗期耐寒性强、低温灌浆速度快的材料筛选已经不是主要目标，抗障碍性冷害成为主要筛选标准。

## 一、鉴定筛选方法

黑龙江省农业科学院水稻研究所等单位连续多年对大量材料进行耐寒性鉴定研究。

### 1. 芽期

在 10 ~ 20 ℃恒温条件下 15 ~ 20 d、平均 8.1 ~ 11.6 ℃自然变温下 7 ~ 15 d 等多种条件下重复进行发芽试验,以 30 ℃恒温或 26 ℃自然变温下的适温发芽试验为对照。在 11 ℃环境中发芽 15 ~ 20 d,发芽率达到 80%以上为 1 级,60% ~ 79%为 2 级,40% ~ 59% 为 3 级,20% ~ 39%为 4 级,20%以下为 5 级。

### 2. 苗期

按早播区田间成苗率高低将苗期耐寒性分为 5 级(在 50%秧苗达到 3 叶 1 心时调查,分级标准同发芽期)。在 1979—1984 年 6 年间,早播区播后 15 d 内平均温度为 10.3 ℃, 20 d 内平均温度为 10.6 ℃,30 d 内平均温度为 12.6 ℃。

### 3. 孕穗期

采用盆栽分对照和低温处理 2 组。于孕穗期开始,剑叶与下一叶的枕距为 - 4 ~ 2 cm,选穗挂牌标记后将低温处理组移至低温处理(1979—1980 年低温处理平均温度为 15.7 ℃,处理 7 d;1981 年在 14.8 ℃下处理 5 d),对照组在常温下管理。30 d 后调查被选穗的空壳率,计算低温处理后的空壳升高率,以判别供试材料孕穗期耐寒性强弱。

### 4. 灌浆期

田间分期播种,于抽穗期选穗挂牌,以 8 月 12 日出穗区为低温灌浆处理区,以 8 月 1 日出穗区为对照区,使处理区在常温下开花受精,在低温下灌浆结实。1979—1984 年 6 年间,对照组灌浆期平均气温为 20.4 ℃,低温处理组灌浆期平均温度为 18.0 ℃,平均每天低 2.4 ℃。挂牌 35 d 后取回调查结实率和千粒重,计算结实降低率和千粒重降低率,以判别供鉴材料灌浆期耐寒性强弱。

## 二、鉴定筛选结果

在供鉴的 917 份材料中,发芽期耐寒性达到 1 级的材料有 134 份,出苗期达到 2 级以上的有 194 份。其中,发芽、出苗期均表现突出的材料有黄金钩、光头红、白芒稻、吉林日落、北海道、合江 4 号、金钩稻、天落稻、梧农 3 号、改良北海道、早霜稻、隆化大红欲、光头葫芦、长春无芒、大光头 3 号、卡卡伊 241、卡卡约勒约、虎皮无芒稻、京系 15、黑瑷 754、直长毛、红色稻子、米泉合秃芒稻、范龙稻、白粘、小川稻、坊主 2 号、走坊主、合江 13 和合江 20 等。这些品种不仅在低温条件下发芽率高,而且出苗整齐,幼苗粗壮,出苗早,田间成苗率高,出苗整齐,幼苗生长势强。相关单位还对其中 40 份有代表性的材料进行了孕穗期和灌浆期的耐寒性鉴定,鉴定结果见表 2 - 5。

表 2 − 5　1979—1981 年耐寒性鉴定结果表

| 品种名称 | 发芽期 | 出苗期 | 孕穗期 | 灌浆期 | 品种名称 | 发芽期 | 出苗期 | 孕穗期 | 灌浆期 |
|---|---|---|---|---|---|---|---|---|---|
| 合江 3 号 | 1 | 2 | 2 | 1 | 空知 | 2 | 4 | 1 | 3 |
| 合江 8 号 | 1 | 2 | 3 | 2 | 北光 | 4 | 3 | 1 | 1 |
| 合江 10 | 3 | 3 | 4 | 2 | 牡丹江 1 号 | 2 | 3 | 3 | 2 |
| 合江 11 | 2 | 3 | 2 | 2 | 丰产 4 号 | 3 | 3 | 2 | 2 |
| 合江 16 | 2 | 3 | 2 | 2 | 幸穗 | 5 | 4 | 4 | 3 |
| 合江 14 | 3 | 3 | 3 | 3 | 普选 10 | 3 | 3 | 3 | 2 |
| 合江 15 | 2 | 3 | 3 | 3 | 嫩江 5 号 | 2 | 2 | 5 | 2 |
| 合江 17 | 4 | 4 | 2 | 2 | 试验 20 | 1 | 2 | 3 | 1 |
| 合江 18 | 3 | 2 | 2 | 2 | 黑粳 2 号 | 3 | 3 | 2 | 1 |
| 合江 19 | 4 | 4 | 3 | 3 | 京引 59 | 5 | 4 | 1 | 3 |
| 合江 1 号 | 2 | 3 | 3 | 3 | 合江 13 | 1 | 2 | 3 | 1 |
| 合交 7129 − 2 − 1 − 5 | 2 | 2 | 4 | 2 | 合江 20 | 3 | 3 | 3 | 4 |
| 合单 76 − 085 | 5 | 4 | 3 | 3 | 太阳 4 号 | 5 | 4 | 3 | 4 |
| 胜穗波 | 5 | 4 | 3 | 2 | 东农 8 号 | 4 | 3 | 1 | 3 |
| 石狩 | 5 | 4 | 3 | 3 | 东农 72 − 26 | 4 | 4 | 3 | 3 |
| 夕波 | 4 | 4 | 3 | 4 | 小粒稻 | 5 | 5 | 2 | 2 |
| 西风早 | 3 | 3 | 3 | 2 | 松前 | 5 | 5 | 2 | 4 |
| 鸣凤 | 5 | 4 | 3 | 2 | 早雪 | 5 | 5 | 1 | 3 |
| 北斗 | 3 | 2 | 2 | 3 | 冷稻 | 3 | 3 | 3 | 4 |
| 新雪 | 4 | 3 | 1 | 2 | 雄基 9 号 | 4 | 5 | 1 | 3 |

注:表内除"品种名称"列外,各列数字为各生育阶段耐寒性级别。

　　由表 2 − 5 可知,孕穗期耐寒性较强的品种有空知、北光、合江 3 号、合江 11、丰产 4 号、合江 13、东农 8 号、新雪和太阳 4 号等。灌浆期耐寒性较强的品种有合江 3 号、合江 13、合江 8 号、合江 11、试验 20、黑粳 2 号等。该鉴定结果对选育耐寒品种、稻作防御冷害栽培起到了重要作用。

　　1985—1998 年,为解决低温对水稻产量的影响,适应水稻耐寒育种需要,相关单位对新引进的种质资源及中间试验新品系(共 857 份)进行了耐寒性鉴定——采用井水串灌和田间低温处理方法进行了芽期、苗期、孕穗期耐寒性鉴定,分别筛选出对不同生育阶段具有耐寒性的品种。

　　1985—1989 年鉴定结果:芽期耐寒性达到 1 级的有龙粳 2 号、龙杂 891、龙粳 3 号、品鉴 1 号、龙选 93001、龙粳 7 号等 176 份;苗期耐寒性达到 2 级以上的有墨西哥水稻,龙粳

2、3、4 号,龙选 93001,空育 131,以及龙粳 7、8 号等 108 份。

1990—1998 年,相关单位对其中的 409 份材料进行了孕穗期耐寒性鉴定,达到 1 级的有龙粳 8 号、龙粳 2 号、龙粳 3 号、龙粳 4 号、龙杂 891、北海 PL3、龙交 89062、空育 131、绥粳 3 号等 101 份材料。以上鉴定结果对我省耐寒育种、寒地水稻直播及生产上选用耐寒品种有重要参考价值。

1999—2005 年,相关单位对水稻孕穗期耐寒性进行鉴定,鉴定材料 192 份,耐寒性达到空育 131 水平的有龙品 9601、龙品 9706、龙品 02-1、品鉴 3、龙交 03-1205、龙交 01B-1330、品交 9908-2、品交 9904-5、品交 9701-1-1、白鸟糯等材料。

2006—2009 年,相关单位对水稻孕穗期耐寒性进行鉴定,鉴定材料 227 份,其中耐寒性为 1 级的材料 53 份(部分材料见表 2-6),耐寒性为 2 级的材料 101 份,耐寒性为 3 级的材料 42 份。

表 2-6 2006—2009 年孕穗期耐寒性为 1 级的部分材料

| 材料名称 | 鉴定年份 | 田间空壳率/% | 材料名称 | 鉴定年份 | 田间空壳率/% |
|---|---|---|---|---|---|
| 龙丰 K8 | 2007 | 7.7 | 龙丰 04-681 | 2007 | 6.7 |
| 富佳 99-106 | 2007 | 8.8 | 龙育 03-1804 | 2007 | 8.1 |
| 建 A182 | 2007 | 5.2 | 龙育 05-158 | 2007 | 7.0 |
| 龙花 00-446 | 2007 | 7.9 | 龙花 01-806 | 2007 | 6.4 |
| 建 01-4-1 | 2007 | 9.2 | 空育 131 | 2007 | 6.1 |
| 天禾香 06-14 | 2007 | 8.7 | 荣田 8616 | 2007 | 9.7 |
| 合选 04-112 | 2007 | 6.8 | 建 0513-1 | 2007 | 9.9 |
| 龙育 03-381 | 2007 | 6.9 | 建 02-6 | 2007 | 8.8 |
| 龙育 04-1465 | 2007 | 9.6 | 农大 06019 | 2007 | 9.6 |
| 龙丰 05-191 | 2007 | 7.8 | 龙花 02-030 | 2007 | 6.6 |
| 绥 04-6349 | 2007 | 9.8 | 龙育 04-1523 | 2007 | 6.3 |
| 农育香 03-189 | 2007 | 8.3 | 鸡西 99-3 | 2007 | 7.6 |
| 农大 99D004 | 2007 | 9.4 | 稼禾香 005 | 2008 | 7.3 |
| 龙丰 06-71 | 2008 | 5.2 | 北 04-13 | 2008 | 6.3 |
| 垦 04-549 | 2008 | 6.9 | 佳川 101 | 2008 | 5.2 |
| 龙盾 00-240 | 2008 | 7.5 | 龙花 00-835 | 2008 | 9.9 |
| 垦 05-1366 | 2008 | 3.8 | 龙组 01-4160 | 2008 | 6.1 |
| 龙交 04-109 | 2008 | 3.8 | 龙花 00-485 | 2008 | 5.9 |
| 哈 03-031 | 2008 | 3.4 | 稼禾香 004 | 2008 | 5.3 |
| 金禾香 06-514 | 2008 | 6.9 | 垦 04-1093 | 2008 | 6.4 |
| 北 04-14 | 2008 | 8.7 | 垦 06-915 | 2008 | 9.0 |

## 第五节　黑龙江省水稻种质资源抗病鉴定与筛选

### 一、黑龙江省水稻种质资源抗稻瘟病性鉴定

1978—1984 年,黑龙江省采用自然诱发的方法进行寒地水稻种质资源抗稻瘟病性鉴定,部分鉴定结果见表 2 – 7。黑龙江省连续 6 年对 1 228 个水稻品种(系)先后进行了 2 747 份次的抗病性鉴定,从中筛选出在佳木斯地区表现抗病和比较抗病的水稻品种有红毛稻子、隆化大红欲、松前、咸南 24、福锦、下北、走坊主、九米、东农 5 号、东农 3134、东农 363、吉 71 – 1、黑咀朝辐、秋光、奎幅 9 号、春红、不落籼等;表现耐病的有合江 19、白芒稻、石狩、金线稻、夕波、幸穗、西风早、北光、雄基 9 号等。对全部保存和引入的种质资源的抗病性进行鉴定,为黑龙江省水稻杂交育种的亲本选择、水稻生产运用抗病品种提供了科学依据。

表 2 – 7　部分寒地水稻种质资源抗稻瘟病性鉴定结果

| 品种名称 | 出穗期 | 叶瘟 | 节瘟 | 颈瘟 |
|---|---|---|---|---|
| 延 167 | 7 月 20 日 | R | 无 | MR |
| 时中 8 号 | 7 月 30 日 | R | 无 | MR |
| 陆奥穗波 | 8 月 6 日 | R | 无 | R |
| 初锦 | 8 月 11 日 | R | 无 | R |
| 罗瓦 | 8 月 2 日 | R | 无 | R |
| 幸穗 | 7 月 23 日 | R | 无 | MR |
| 空知 | 8 月 12 日 | R | 无 | R |
| 秋光 | 8 月 4 日 | R | 无 | R |
| 姬糯(糯) | 8 月 6 日 | R | 无 | R |
| 越锦 | 8 月 6 日 | R | 无 | R |
| 科田 1 号 | 8 月 1 日 | R | 无 | R |
| 霜北 | 8 月 4 日 | R | 无 | R |
| 藤坂 5 号 | 8 月 4 日 | R | 无 | MR |
| 藤稔 | 8 月 4 日 | R | 无 | R |
| 罗萨启蒂 | 8 月 2 日 | R | 轻 | HR |
| 早熟吉粳 53 | 8 月 1 日 | R | 无 | HR |
| 时中 10 | 8 月 10 日 | R | 无 | R |
| 越路早生 | 8 月 10 日 | R | 无 | R |

表 2 - 7（续 1）

| 品种名称 | 出穗期 | 叶瘟 | 节瘟 | 颈瘟 |
|---|---|---|---|---|
| 美和光 | 8 月 10 日 | R | 轻 | S |
| 大高 | 8 月 2 日 | R | 无 | HR |
| 芜科 1 号（籼） | 8 月 1 日 | R | 无 | HR |
| 生保内 1 号 | 8 月 8 日 | R | 轻 | R |
| 京 2 号 | 8 月 13 日 | R | 无 | R |
| 通交 22 | 7 月 27 日 | R | 无 | R |
| 咸南 24 | 8 月 8 日 | R | 无 | HR |
| 京引 174 | 8 月 12 日 | R | 无 | HR |
| 京引 181 | 8 月 9 日 | R | 无 | R |
| 京引 182 | 8 月 12 日 | R | 无 | HR |
| 京引 79 | 8 月 2 日 | R | 无 | HR |
| 京引 39 | 8 月 10 日 | R | 无 | HR |
| 京引 47 | 8 月 9 日 | R | 无 | R |
| 京引 177 | 8 月 10 日 | R | 无 | HR |
| 京引 150 | 8 月 10 日 | R | 无 | HR |
| 京引 165（糯） | 8 月 10 日 | R | 无 | HR |
| 雷迈 | 8 月 10 日 | R | 无 | HR |
| 咸南 10 | 8 月 12 日 | R | 无 | HR |
| 龙城 21 | 8 月 11 日 | R | 无 | HR |
| 辽丰 10（糯） | 8 月 20 日 | R | 无 | HR |
| 延 82 | 8 月 9 日 | R | 无 | HR |
| 延 176 | 8 月 8 日 | R | 无 | HR |
| 丁 94 | 8 月 13 日 | R | 无 | HR |
| 山路早生 | 8 月 14 日 | R | 无 | HR |
| 与誉 | 8 月 15 日 | R | 无 | HR |
| 新 2 号 | 8 月 2 日 | R | 无 | R |
| 吉粳 44 | 8 月 2 日 | R | 无 | R |
| 雄基 7 号 | 7 月 25 日 | R | 重 | S |
| 御子稻 | 8 月 1 日 | R | 无 | MR |
| 不落籼（籼） | 7 月 13 日 | R | 无 | MR |
| 京引 49（籼） | 7 月 8 日 | R | 无 | MR |
| 京引 83（0138） | 8 月 14 日 | R | 轻 | HR |
| 苗选 5 号 | 7 月 28 日 | R | 轻 | R |

表2-7（续2）

| 品种名称 | 出穗期 | 叶瘟 | 节瘟 | 颈瘟 |
|---|---|---|---|---|
| 合江 20 | 7 月 24 日 | R | 无 | HR |
| 普选 10 | 7 月 19 日 | R | 无 | R |
| 广陆矮 4 号（籼） | 7 月 31 日 | R | 无 | S |
| 窄叶青 1 号 | 8 月 6 日 | R | 轻 | S |
| 竹科 2 号（籼） | 7 月 28 日 | R | 无 | MR |
| 龙城 12 | 8 月 8 日 | R | 无 | R |
| 青秆黄 | 8 月 6 日 | R | 无 | S |
| 马灯红谷 | 8 月 8 日 | R | 无 | MR |
| 嘉梓 | 8 月 11 日 | R | 轻 | S |
| 黎明 | 8 月 6 日 | R | 无 | R |
| 校 80 - 品 29 | 8 月 21 日 | R | 无 | HR |
| 日中友好 2 号 - 4 | 8 月 13 日 | R | 无 | HR |
| 日中友好 1 号 | 8 月 21 日 | R | 无 | HR |
| 中作 36 | 8 月 23 日 | R | 无 | MR |
| 光大白（籼） | 8 月 26 日 | R | 无 | R |
| 东农 363 | 8 月 17 日 | R | 轻 | MR |
| IR36（籼） | 8 月 9 日 | R | 无 | S |
| 珍龙 13（籼） | 8 月 17 日 | R | 无 | R |
| 竹珍（籼） | 8 月 14 日 | R | 无 | MR |
| 龙城 25 | 8 月 22 日 | R | 无 | R |
| 光阳 8 号 | 8 月 12 日 | R | 重 | MR |
| 小麦稻 | 8 月 24 日 | R | 轻 | MR |
| 子脱优（籼） | 8 月 6 日 | R | 无 | MR |
| 九 2813 | 8 月 13 日 | R | 无 | MR |
| 空育 114 | 7 月 20 日 | R | 无 | MR |
| 空育 118 | 7 月 21 日 | R | 无 | MR |
| 空育 126 | 7 月 23 日 | R | 无 | MR |
| 道黄金 | 7 月 21 日 | R | 无 | MR |
| 北明 | 7 月 20 日 | R | 无 | MR |
| 岛光 | 7 月 22 日 | R | 无 | MR |
| 渡育 218 | 7 月 23 日 | R | 无 | MR |
| 九校 83 - 品 3 | 8 月 3 日 | R | 无 | HR |
| 通 44 | 8 月 17 日 | R | 无 | R |

表 2 – 7（续3）

| 品种名称 | 出穗期 | 叶瘟 | 节瘟 | 颈瘟 |
|---|---|---|---|---|
| 中作 172 | 8 月 4 日 | R | 无 | R |
| 牡交 862305 | 7 月 28 日 | R | 无 | R |
| 吉 85 冷 – 112 | 7 月 27 日 | R | 无 | R |
| 铁 76268 | 8 月 1 日 | R | 无 | HR |
| 铁 8502 | 8 月 1 日 | R | 无 | HR |
| 2610 | 8 月 1 日 | R | 无 | HR |
| 奥羽 320 | 8 月 6 日 | R | 无 | R |
| 奥羽 324 | 8 月 3 日 | R | 无 | R |
| 品系 19 | 8 月 2 日 | R | 无 | R |
| 品系 147 | 7 月 26 日 | R | 无 | MR |
| 知丰 | 8 月 5 日 | R | 无 | R |
| 藤系 138 | 7 月 30 日 | R | 无 | R |
| 超系 850 | 8 月 3 日 | R | 无 | MR |
| 铁粳 2 号 | 8 月 2 日 | R | 无 | R |
| 合 81 – 8 – 2 – 3 | 7 月 25 日 | R | 无 | MR |
| 沈农 4203 | 7 月 27 日 | HR | 无 | MR |
| 立美糯 | 8 月 3 日 | MR | 无 | R |
| 西风早 | 7 月 24 日 | MR | 无 | MR |
| 吉 422（糯） | 7 月 29 日 | MR | 无 | MR |
| 米白 | 8 月 6 日 | MR | 无 | MR |
| 处女糯 | 8 月 12 日 | MR | 无 | R |
| 早安 | 7 月 26 日 | MR | 轻 | MR |
| 里亚乌托 | 8 月 2 日 | MR | 无 | MR |
| 京 5 号 | 8 月 2 日 | MR | 无 | R |
| 京 7 号 | 8 月 4 日 | MR | 无 | R |
| 京 12 | 8 月 4 日 | MR | 无 | R |
| 雨粒 | 7 月 15 日 | MR | 无 | S |
| 胜穗波 | 7 月 8 日 | MR | 无 | MR |
| 盐狩 | 7 月 18 日 | MR | 无 | S |
| 寒 9 号 | 8 月 10 日 | MR | 中 | R |
| 雪糯（糯） | 7 月 26 日 | MR | 轻 | MR |
| 温根糯 | 7 月 8 日 | MR | 无 | R |
| 银粳 2 号 | 7 月 28 日 | MR | 无 | MR |

表 2 - 7（续 4）

| 品种名称 | 出穗期 | 叶瘟 | 节瘟 | 颈瘟 |
|---|---|---|---|---|
| 垂穗波 | 8 月 1 日 | MR | 无 | MR |
| 旭糯 | 8 月 5 日 | MR | 无 | MR |
| 山手锦 | 8 月 6 日 | MR | 无 | MR |
| 红星 2 号 | 7 月 26 日 | MR | 无 | R |
| 早锦 | 7 月 29 日 | MR | 无 | MR |
| 新颖 | 7 月 30 日 | MR | 无 | R |
| 松选 18 | 7 月 30 日 | MR | 无 | MR |
| 拉林 52 | 7 月 30 日 | MR | 无 | R |
| 清杂 35 | 7 月 30 日 | MR | 无 | MR |
| 黑糯 | 8 月 6 日 | MR | 无 | R |
| 北碚 37 | 8 月 4 日 | MR | 无 | R |
| 老光头 | 7 月 22 日 | MR | 重 | MR |
| 兴国 | 8 月 1 日 | MR | 无 | R |
| 加光 | 8 月 8 日 | MR | 无 | MR |
| 陆黄金 | 8 月 7 日 | MR | 无 | MR |
| 渡育 210 | 8 月 2 日 | MR | 无 | MR |
| 石圆 4 号 | 8 月 8 日 | MR | 无 | R |
| 藤系 126 | 8 月 2 日 | MR | 无 | R |
| 水源 95 | 7 月 28 日 | MR | 无 | S |
| 丹汉雪力 | 8 月 3 日 | MR | 无 | MR |
| 安比斯姆拉特 | 8 月 1 日 | MR | 无 | MR |
| 元子三号 | 8 月 8 日 | MR | 无 | S |
| 华金杯 | 8 月 2 日 | MR | 轻 | R |
| 牡丹江 17 | 8 月 1 日 | MR | 无 | MR |
| 牡丹江 18 | 8 月 7 日 | MR | 无 | MR |
| 垦糯 2 号 | 7 月 28 日 | MR | 无 | MR |
| 垦稻 3 号 | 7 月 25 日 | MR | 无 | MR |
| 上育糯 391（糯） | 7 月 21 日 | MR | 无 | MR |
| 通粘 1 号 | 8 月 11 日 | MR | 无 | MR |
| 通 22 | 8 月 11 日 | MR | 无 | HR |
| 中作 43 | 8 月 3 日 | MR | 无 | R |
| 中国 63 | 7 月 26 日 | MR | 无 | MR |
| 吉 84 - 33 | 8 月 1 日 | MR | 轻 | MR |

表 2 - 7（续 5）

| 品种名称 | 出穗期 | 叶瘟 | 节瘟 | 颈瘟 |
|---|---|---|---|---|
| 吉 85 冷 - 31 | 7 月 28 日 | MR | 无 | — |
| 空育 8 号 | 7 月 23 日 | MR | 无 | MR |
| 空育 30 | 7 月 29 日 | MR | 无 | MR |
| 空育 101 | 7 月 19 日 | MR | 无 | S |
| 空育 133 | 7 月 19 日 | MR | 无 | MR |
| 空育 136 | 7 月 18 日 | MR | 无 | MR |
| 上育 80（糯） | 7 月 16 日 | MR | 无 | S |
| 上育 394 | 8 月 4 日 | MR | 无 | S |
| 上育 397 | 8 月 1 日 | MR | 无 | S |
| 上育 400 | 7 月 30 日 | MR | 无 | MR |
| 北海 PL1 | 7 月 17 日 | MR | 无 | MR |
| 北海 PL2 | 7 月 17 日 | MR | 无 | MR |
| 北海 PL4 | 7 月 18 日 | MR | 无 | S |
| 北海 PL5 | 7 月 25 日 | MR | 无 | MR |
| 北海 PL6 | 7 月 29 日 | MR | 无 | S |
| 北海 PL7 | 7 月 26 日 | MR | 无 | MR |
| 双丰糯 | 7 月 21 日 | MR | 无 | S |
| 早黄金 | 7 月 16 日 | MR | 无 | S |
| 知光 | 7 月 18 日 | MR | 无 | MR |
| 品系 4 号 | 7 月 30 日 | MR | 无 | MR |
| 初黄金 | 7 月 10 日 | MR | 无 | MR |
| 锦光 | 7 月 19 日 | MR | 无 | S |
| 87 义 - 67 | 7 月 20 日 | MR | 无 | S |
| 87 义 - 68 | 7 月 25 日 | MR | 无 | MR |
| 87 义 - 91 | 7 月 22 日 | MR | 无 | MR |
| 御米糯 | 7 月 25 日 | MR | 无 | MR |
| 道北 45 | 7 月 16 日 | MR | 无 | MR |
| 盐粳 1 号 | 8 月 6 日 | MR | 无 | MR |
| 早 72 | 8 月 7 日 | MR | 无 | MR |
| 83 - 454 | 7 月 16 日 | MR | 无 | MR |
| 道北 49 | 7 月 16 日 | MR | 无 | MR |
| 上育 84（糯） | 7 月 16 日 | MR | 无 | S |
| 普粘 7 号 | 7 月 18 日 | MR | 无 | MR |

表 2 - 7（续 6）

| 品种名称 | 出穗期 | 叶瘟 | 节瘟 | 颈瘟 |
|---|---|---|---|---|
| 普粘 6 号 | 7 月 19 日 | MR | 无 | MR |
| 普粘 5 号 | 7 月 15 日 | MR | 无 | MR |
| 普选 19 | 7 月 15 日 | MR | 无 | MR |
| 普选 24 | 7 月 17 日 | MR | 无 | MR |
| 东农 74 - 26 | 7 月 28 日 | R | 无 | R |
| 清杂 18 | 7 月 24 日 | R | 无 | R |
| 寒 2 号 | 8 月 10 日 | R | 无 | R |
| 走坊主 | 7 月 25 日 | R | 无 | HR |
| 红毛稻 | 8 月 1 日 | R | 中 | R |
| 红毛稻子 | 8 月 1 日 | R | 无 | HR |
| 九米 | 7 月 24 日 | R | 无 | HR |
| 黑咀朝辐 | 7 月 29 日 | R | 无 | HR |
| 京引 56（糯） | 7 月 18 日 | R | 无 | HR |
| 农林 34 | 7 月 16 日 | R | 无 | R |
| 鸣风 | 7 月 17 日 | R | 无 | R |
| 京引 115 | 7 月 16 日 | R | 无 | R |

注：R 表示抗；HR 表示高抗；MR 表示中抗；S 表示感。

## 二、黑龙江省水稻品种抗病性利用研究

黑龙江省通过对生产品种抗病性调查和品种抗病性鉴定进行研究，在桦川、佳木斯、依兰、汤原、梧桐河、莲江口等地调查合江 1 号、石狩白毛、梧农七一、星火白毛的抗病性。品种抗病性鉴定采取人工接种和自然发病方法，对 187 份原始材料及杂交后代、60 份品种进行鉴定，鉴定出合江 1 号、合江 10、早生锦为抗性稳定品种。

1963 年，黑龙江省对 46 个外引籼稻品种进行抗病性鉴定，采用人工接种方法，提出观音籼、大籼稻、鄂稻一号 3 份高抗籼稻作亲本，并对石狩白毛、北海 1 号、合江 1 号、合江 3 号、合江 7 号、早生锦等主要新推广品种进行不同肥力试验，提出合江 1 号施肥量以不超过纯氮 70 kg/hm² 为宜，合江 10 施肥量以不超过纯氮 50 kg/hm² 为宜。黑龙江省于 1964 年对 48 个品种进行接种鉴定，于 1965 年对 20 个品种、250 份原始材料、881 个 $F_1$ 及 $F_2$ 代系统材料，以及 230 个籼粳交 $F_1$、$F_2$ 代系统材料进行接种鉴定，筛选出抗性好的新品种及有利用价值的后代材料 13 份，分别是牡系 5901、公交 16、北糯、牡系 5808、合交 5601 - 15 - 5 - 5、合交 5602 - 15 - 1 - 6、合交 5601 - 2 - 15 - 3 - 2、合交 5618 - 17 - 24 - 1、合交 5618 - 5 - 24 - 1、合交 5618 - 5 - 22 - 2、合交 5618 - 13 - 40 - 4、合交 5610 - 8 - 3 - 9、合交 5610 - 8 - 3 - 1 - 1 - 1 - 1。

1972—1983 年，黑龙江省先后采用"以人工接种为主、以自然诱发为辅"的鉴定方法，对黑龙江省农业科学院水稻研究所保存、引种、中间试验、生产的主栽品种及国内外抗源等材料进行了多次重复鉴定，均有较准确的抗病性鉴定结果。鉴定材料总计 5 589 份（次），包括 2 550 个品种（粳稻 2 255 份、籼稻 295 份），筛选出高抗抗源 395 份，被杂交育种选用 111 份，配制了杂交组合 634 个，选鉴出合江 18、合江 19、合江 20、合江 21、松前、普选 10、合交 7129、合交 7514 - 5 - 3、合交 7510 - 8 - 1 等 398 个抗病品种和新品系。抗源的不断输送和抗病品种的大面积应用，推动了黑龙江省水稻育种和生产。1980—1983 年，黑龙江省用省内主要病菌生理小种对抗性较好的品种进行了分测试验，进一步明确了各自的抗谱，为抗病育种有的放矢地选择亲本、大面积生产、因地制宜地针对生理小种的分布和消长动态选用品种提供了科学依据。1979 年、1980 年、1989 年，李桦以黑龙江省内粳稻品种（系）为主要研究对象，探讨稻瘟病苗瘟、叶瘟、穗颈瘟的相关关系，共测定 375 份材料、5 个杂交组合、56 份稳定杂交后代，分析统计结果证明，水稻品种苗瘟、叶瘟、穗瘟三者呈高度正相关关系，该项研究有较高的学术价值。

1984—1996 年，黑龙江省共鉴定国内外材料 7 019 份（次），以粳稻品种（系）为主，籼稻 520 份（次），占供鉴总数的 7.4%。这些材料包括多年收集的粳、籼、糯抗源 2 000 余份，低世代材料 1 050 个组合，新品种（系）3 784 份。该研究提供抗病亲本 189 份，其中 50 余份材料被选作杂交组合的父母本；选鉴出抗病组合 402 个，直接按抗病性淘汰组合 648 个，提高了抗性筛选效果。经多年抗性鉴定表现抗病并得到推广的品种，生产上推广面积超过 6.67 万 $hm^2$ 的有东农 416（11.4 万 $hm^2$）。相关单位对黑龙江省主栽品种进行了多年抗性鉴定，为大面积生产跟踪服务，先后共鉴定生产品种 100 份（次），重点对主栽品种合江 19、合江 20、滨旭、系选 14 等进行了主要生理小种的分测鉴定。

1997—1999 年，黑龙江省共鉴定 554 份（次）材料，鉴定筛选出抗性好的材料 82 份，提供抗源材料 42 份，分别是龙花 91 - 340、龙选 948、龙选 95 - 51、龙交 8902 - 4、龙盾 94 - 702、东农 9316、龙选 9581 - 1、垦系 104、哈 9253、龙杂 89173 - 4、松粳 2 号、龙杂 8817 - 2、龙交 86012 - 4、哈 92 - 53、超产 2 号、中作 112、东农 363、黄金浪、92XW - 216、93XW - 51、牡丹江 20、松选 9 号、辽 207、垦 94 - 1043、松 94 - 71、五 96 - 18、龙花 96 - 1491、品鉴 3、龙杂 9304 - 1 - 1、松粳 3 号、组培 5 号、辽 454 选、宏堡（1）、X - 6 - 1、长白 9 号、牡丹江 21、龙粳 5 号、龙选 96 - 1253、龙花 96 - 1491、龙杂 9304 - 1 - 1、龙交 92023 - 12 - 2 - 1、95 诱 - 11。

2000—2009 年，黑龙江省共鉴定国内外材料 1 489 份（次），提供抗源材料 460 份（次），经多年连续鉴定推广品种 89 份，其中生产上年推广面积（最高）超过 6.67 万 $hm^2$ 的品种有空育 131（86.7 万 $hm^2$）、富士光（8.2 万 $hm^2$）、合江 19（17.4 万 $hm^2$）、龙粳 8 号（7.7 万 $hm^2$）、垦稻 8 号（21.9 万 $hm^2$）、垦稻 10（6.7 万 $hm^2$）、绥粳 3 号（29.4 万 $hm^2$）、绥粳 4 号（8.0 万 $hm^2$）、五优稻 1 号（8.4 万 $hm^2$）、松粳 6 号（8.4 万 $hm^2$）、垦稻 12（26.4 万 $hm^2$）、龙粳 12（13.8 万 $hm^2$）、龙粳 13（10.9 万 $hm^2$）、龙粳 14（33.5 万 $hm^2$）、垦鉴稻 6 号（8.0 万 $hm^2$）、松粳 9 号（10.0 万 $hm^2$）、绥粳 7 号（13.5 万 $hm^2$）、龙粳 20

（17.5 万 hm²）、龙粳 21（6.7 万 hm²）、龙粳 26（13.3 万 hm²）、北稻 2 号（7.7 万 hm²）、垦鉴稻 10（7.5 万 hm²）。其中超级稻品种有龙粳 14、龙粳 18、龙粳 21、垦稻 11。

### 三、黑龙江省水稻品种对病害多抗性的选鉴及利用

1998—1999 年，相关单位在黑龙江省农业科学院水稻研究所内田间试验地设病圃并结合全省大面积生产调查，对稻瘟病、纹枯病、胡麻斑病、小球菌核病、粒黑粉病、叶鞘腐败病、恶苗病、青枯病、立枯病 9 种病害进行鉴定和调查，对 434 份材料进行多抗性筛选，对 21 个县（市）、28 个乡村进行病害调查，筛选出多抗性好的材料有辽 207、长白 9 号、龙选 9788 - 1、X - 6 - 1、菰 2210、菰 2162、组培 11、龙粳 5 号、牡丹江 21，它们可作亲本，且熟期适中的品种可直接利用；对于多抗性品种，通过高、低肥试验和单株、群体测产，选出农艺性状好、产量高的材料有龙选 9788 - 1、长白 9 号、X - 6 - 1、牡丹江 21、龙粳 5 号 5 份材料，它们是多抗性可利用抗源和直接用于大面积生产的品种；根据大面积生产调查结果，掌握了寒地稻区病害发生种类、分布，以及危害种度和趋势，提出生产上表现多抗性较强的品种有藤系 138、东农 415、长白 9 号、龙花 91 - 340、牡丹江 22。

### 四、黑龙江省水稻优质稻米抗稻瘟病鉴定与筛选

2002—2004 年，宋成艳、王桂玲等采用人工接种和自然感病两种鉴定方法进行鉴定，3 年共收集、鉴定国内外材料 446 份（次），筛选出优质抗源材料 110 份：东农 V7、绥 97 - 4068、绥 97 - 046、绥 98 - 199、阿 93 - 10、垦 98 - 530、垦 509、垦 01 - 569、五优稻 C、牡 99 - 594、东农 99 - 21、龙盾 20 - 1、龙盾 20 - 12、龙盾 97 - 1、龙盾 94 - 652、哈 99 - 14、哈 99 - 85、哈 99 - 93、哈 99 - 60、哈 99 - 88、哈 2000 - 17、品鉴 2、品鉴 3、品鉴 4 - 1、品鉴 5、龙品 01 - 1、龙品 02 - 1、龙品 9701 - 15、龙品 02 - 221、龙品 02 - 216、龙品 02 - 218、龙品 02 - C11、龙品 02 - S12、品交 9702 - 1 - 3、品交 9703 - 3 - 2、品交 9702 - 2 - 1、品交 9908 - 1、品交 9902 - 2、品交 9805、品交 9908 - 2、品交 9904 - 1、品交 9801 - 3、品交 9702 - 2 - 3、品交 9702 - 3 - 1、龙品 9706、龙品 9601、龙品 02 - 246、龙丰 998、龙丰 41、龙丰 42、龙丰 43、龙丰 46、龙丰 47、龙育 99 - 390、龙育 99 - 115、龙育 98 - 195、龙糯 98 - 325、龙育 99 - 206、龙育 99 - 622、龙育 03 - 1336、龙育 03 - 1271、龙育 03 - 1126、龙育 03 - 1663、龙花 96 - 1513、龙花 96 - 1484、龙 D99709、龙 D99 - 904、龙 D99 - 713、龙花 00290 - 3、龙花 00 - 233、龙花 99 - 454、龙 D99 - 688 - 1、龙 D99 - 711、龙 D99713、龙花 00410、龙交 96053 - 4 - 2、龙交 96082 - 2 - 3、龙交 96057 - 6、龙交 96103、龙交 96053 - 4 - 2、龙选 99215、龙交 95100、龙交 99 - 196、龙交 01B - 1330、龙交 00B - 2862、龙选 99157、龙选 02 - 372、龙交 03 - 1441、龙交 03 - 1402、龙交 03 - 1302、龙交 M9551、龙交 03 - 1205、龙交 03 - 1238、龙交 02B - 1298、龙交 03 - 1506、龙交 02A - 794、牡丹江 19、龙优 220、普优 9 号、龙粳 10、龙粳 12、龙杂 91023 - 1、龙杂 9304 - 7 - 4 - 1 - 10、莎莎尼、松 98 - 131、松 99 - 133、航稻 97 - 2、东农 415、松粳 2 号、松粳 3 号。

### 五、低温对黑龙江省水稻品种抗稻瘟病力影响研究

王桂玲、宋成艳等于 2005—2006 年研究了低温条件下水稻品种稻瘟病发生变化规律,水稻品种的主要经济性状与稻瘟病的相关性,并筛选低温条件下抗稻瘟病性强的材料。结果表明:

①通过对抗病品种及感病品种进行低水温和低气温处理调查病斑面积,低水温病斑面积增加的值高于低气温,说明低水温更有利于稻瘟病的发生,低水温是导致我省稻作区稻瘟病流行的重要原因之一。

②低温对抗病品种及感病品种稻瘟病的发生均有一定的影响,在气温≤20 ℃时,稻瘟病叶瘟发生严重。稻瘟病叶瘟严重主要是由短时间内病斑数目迅速增多、病斑面积急剧扩大造成的。

③水稻在分蘖期、孕穗期、抽穗期 3 个时期经低水温处理后,均出现病斑面积增大、病斑数目增多和穗颈瘟加重现象。

④低温与千粒重、穗粒数、实粒数、产量显著正相关;病斑面积增长率与千粒重、结实率、实粒数、产量显著负相关;病斑数目增长率与穗粒数极显著负相关;穗颈瘟与千粒重、实粒数、产量显著负相关。

⑤在低水温与常温下,叶瘟、穗颈瘟表现抗病的材料有 15 份,占供鉴总数的 10.0%,包括龙粳 14、龙粳 16、龙粳 17、龙粳 10、绥 02 - 6173、龙花 99 - 711、龙花 00233、龙花 00290、东农 424、龙品 9601、品交 9805、绥 SP97 - 4068、阿 93 - 10、北 992、东农 423。

### 六、黑龙江省纹枯病的鉴定与研究

纹枯病是黑龙江省水稻生产中的主要病害,造成产量损失仅次于稻瘟病,1999—2000 年,由李桦主持,孟庆忠、宋成艳、王桂玲等对此进行了研究。结果表明:

①利用病组织的菌丝在培养基上生长快速的特点对其进行分离,在 PDA 试管斜面内保存,扩大培养时用新鲜稻草加 5% 蔗糖作培养基。

②鉴定的 486 份材料中无免疫品种,在人工接种和自然感病 2 圃均表现抗或中抗的材料共 11 份,为龙盾 95 - 579、龙杂 8817 - 2、龙杂 9227 - 3、菰 2408、通 36、巨粒粘、辽 454 选、五 962、菰 2210、丽江新团黑谷、延 8742,可作抗源亲本或直接在生产上应用。

③致病性测定:a. 黑龙江稻区 AG1 - IA、AGX 群菌株致病性最强;b. 10 000 μg/kg 和 12 000 μg/kg 浓度的粗毒素对 4 叶期稻苗有致病作用,而 500 μg/kg 和 2 000 μg/kg 处理未见致病;c. 在寒地稻区纹枯病菌侵染水稻时,先以菌丝体在寄主表面生长蔓延,然后直接穿过表皮细胞或细胞间隙侵入稻体内部,有时形成侵入垫或附着孢,并由此产生侵入钉,再穿透细胞壁;d. 透射电镜观察表明,病菌侵入稻体后,可在寄主细胞间隙内扩展,破坏细胞壁,使之变薄甚至断裂,也可以进入细胞内,破坏细胞膜、叶绿体膜、线粒体膜等结构。

④a. 病级与空瘪率、千粒重、产量损失率显著相关,空瘪率 $y_空$、千粒重 $y_千$、产量损失率

$y_产$ 与病级 $x$ 的关系用公式表式分别为 $y_空 = 26.25 + 1.823 \, xr = 0.931\,7^{**}$，$y_千 = 23.12 - 0.216\,1 \, xr = -0.818^{*}$，$y_产 = -0.245\,6 + 5.767 \, xr = 0.875^{*}$，其中 $r_{0.05} = 0.754$，$r_{0.01} = 0.874$。b. 牡丹江 21、品鉴 1、品鉴 3、松 94 - 7、龙粳 5 号产量损失小，耐病，可在生产上直接应用。c. 当病斑伸展到倒 2 叶时，产量损失率为 16.6% ~ 33.4%，达到剑叶时为 31.0% ~ 51.6%。

### 七、其他特性鉴定

1986—1990 年，由中国水稻研究所主持的"稻种资源抗病虫鉴定""稻种资源抗逆性鉴定"等课题，从供种参加鉴定的地方品种 113 份中筛选出一批抗源。

（1）抗白叶枯病鉴定

在供鉴的 113 份地方品种中，抗白叶枯病达到 1 级的有小白芒、有芒紫叶稻、王保稻 3 份材料。

（2）抗稻飞虱鉴定

在供鉴的 113 份地方品种中，抗褐飞虱达到 1 级的有小白毛、汤源 6 号（京租）、海伦光头、红芒、秃芒稻等 8 份材料；抗白背稻飞虱达到 1 级的有黑眼圈、无名珠、无芒紫叶稻、老头稻 4 份材料。

（3）耐盐碱性鉴定

在供鉴的 117 份地方品种中，耐盐性较强的有小白芒、老光头 83、丁旭稻、红芒、小田代 5 号、铁力 1 号等 7 份材料，中抗 9 份，敏感 101 份。这将为黑龙江省稻作提供耐盐品种，为育种工作者提供耐盐亲本起到重要作用。

### 参考文献

[1]　张矢.黑龙江水稻[M].8 版.哈尔滨:黑龙江科学技术出版社,1998.

[2]　王桂玲,宋成艳,梅丽艳,等.寒地水稻优质米抗稻瘟病性鉴定研究[J].中国农学通报,2004(4):252 - 253,255.

# 第三章 黑龙江省水稻核心种质资源

## 第一节 黑龙江省水稻核心种质

黑龙江省在水稻种质资源创新及新品种选育等方面取得了巨大成就,在近十年间,形成了以五优稻1号(松93-8)、绥粳4号、绥粳3号、空育131、藤系138、上育397等核心种质为骨干亲本的寒地水稻种质资源库,极大地拓宽了寒地水稻育种材料的遗传基础,其中具有代表性的有五优稻4号(稻花香2号)、龙稻18、绥粳18、龙粳31等。

从近十年水稻主要种质资源的育成主体来看,黑龙江省在水稻种质资源创新上仍然以科研单位及高校为主,占所有主要种质资源的62.4%;大型科技种业在近十年间对推动黑龙江省水稻种质资源创新也起到了重要作用,占所有主要种质资源的37.6%。

### 一、黑龙江省水稻主要种质资源系谱分析

对黑龙江省近十年水稻主要种质资源的系谱及骨干亲本进行分析可得到插页图3-1。由图3-1可知,其主要来源于6个骨干亲本,形成了6条主干系,分别是松93-8干系、空育131干系、上育397干系、龙花84-106干系、绥粳3号干系、绥粳4号干系。由这6个骨干亲本育成和衍生的品种占黑龙江省近十年水稻主要种质资源的66.3%。在这些骨干亲本中,松93-8主要育成松粳、东农系列水稻品种,空育131、上育397、龙花84-106主要育成龙粳系列水稻品种;绥粳3号主要育成绥粳系列、绥稻系列水稻品种;绥粳4号是黑龙江省香粳型水稻的主要骨干亲本。绥粳4号是"十二五"以来黑龙江省水稻育种新产生的骨干亲本,特别是2014年以后,全省水稻育种中育成的香稻品种逐年增多,说明随着黑龙江省水稻产业向"转方式、调结构"发展,香型水稻作为全省优质水稻发展一个重点方向,已经越来越受到育种家的重视,但同时也说明黑龙江省水稻育种的遗传基础仍十分狭窄,近十年来骨干亲本总体没有发生较大变化。

### 二、近十年黑龙江省水稻骨干亲本育成种质的地域划分

图3-1中,五优稻1号(松93-8)育成的种质资源主要适宜在黑龙江省第一积温带种植,如五优稻4号、松粳19、松粳22、龙稻26、东农430等;空育131、上育397、龙花84-106、绥粳3号、绥粳4号育成的种质资源主要适宜在黑龙江省第二至第五积温带种植,如绥粳18、龙粳31、龙粳47、黑粳9号等,其中空育131、绥粳3号育成的种质资源适宜在第

四、第五积温带种植的较多。

### 三、黑龙江省水稻骨干亲本及其育成或衍生的种质

1. 五优稻1号(松93-8)育成或衍生的种质

五优稻1号(松93-8)是五常市种子公司及黑龙江省农业科学院五常水稻研究所于1999年选育的水稻品种。

特征特性:生育日数143 d左右,需活动积温2 750 ℃,株高97 cm,穗长22 cm左右,每穗粒数120粒左右,千粒重25 g,颖壳淡黄,粒型较长,偶有淡黄色芒,叶绿色,剑叶上举,抽穗集中,后熟快,活秆成熟,苗期耐冷性强,分蘖力强而且集中,长势旺,田间抗稻瘟病性强,比较耐肥,秆强抗倒。品质分析结果:糙米率73.3%,整精米率68.2%,垩白粒率2.8%,垩白度0.3%,胶稠度61.3 mm,直链淀粉含量17.21%。

近十年,松93-8育成或衍生的种质包括龙香稻2号、松粳21、东农429、五优稻4号、松粳22、绥粳25等53个,见表3-1、图3-2。

表3-1　松93-8育成或衍生的种质

| 骨干亲本 | 育成或衍生种质 | | | | | |
|---|---|---|---|---|---|---|
| 松93-8 | 龙香稻2号 | 松粳21 | 东农429 | 五优稻4号 | 松粳22 | 绥粳25 |
| | 东农430 | 松粳13 | 东农428 | 龙洋1号 | 龙稻31 | 中龙香粳1号 |
| | 东农431 | 松粳17 | 龙稻14 | 北稻5号 | 绿珠3号 | 龙稻26 |
| | 龙稻25 | 松粳20 | 松粳18 | 绿珠1号 | 松粳香2号 | 龙粳58 |
| | 龙庆稻23 | 松836 | 龙稻16 | 绿珠2号 | 松粳19 | 中科902 |
| | 龙洋16 | 富尔稻1号 | 哈粳稻3号 | 龙桦1号 | 哈粳稻2号 | 龙庆稻2号 |
| | 龙洋11 | 中龙粳2号 | 龙稻22 | 北稻7号 | 哈粳稻4号 | 中科902 |
| | 中龙粳1号 | 育龙2号 | 龙稻30 | 利元5号 | 东富101 | 龙庆稻2号 |
| | 松粳香1号 | 松粳16 | 龙稻27 | 绥稻2号 | 东富108 | |

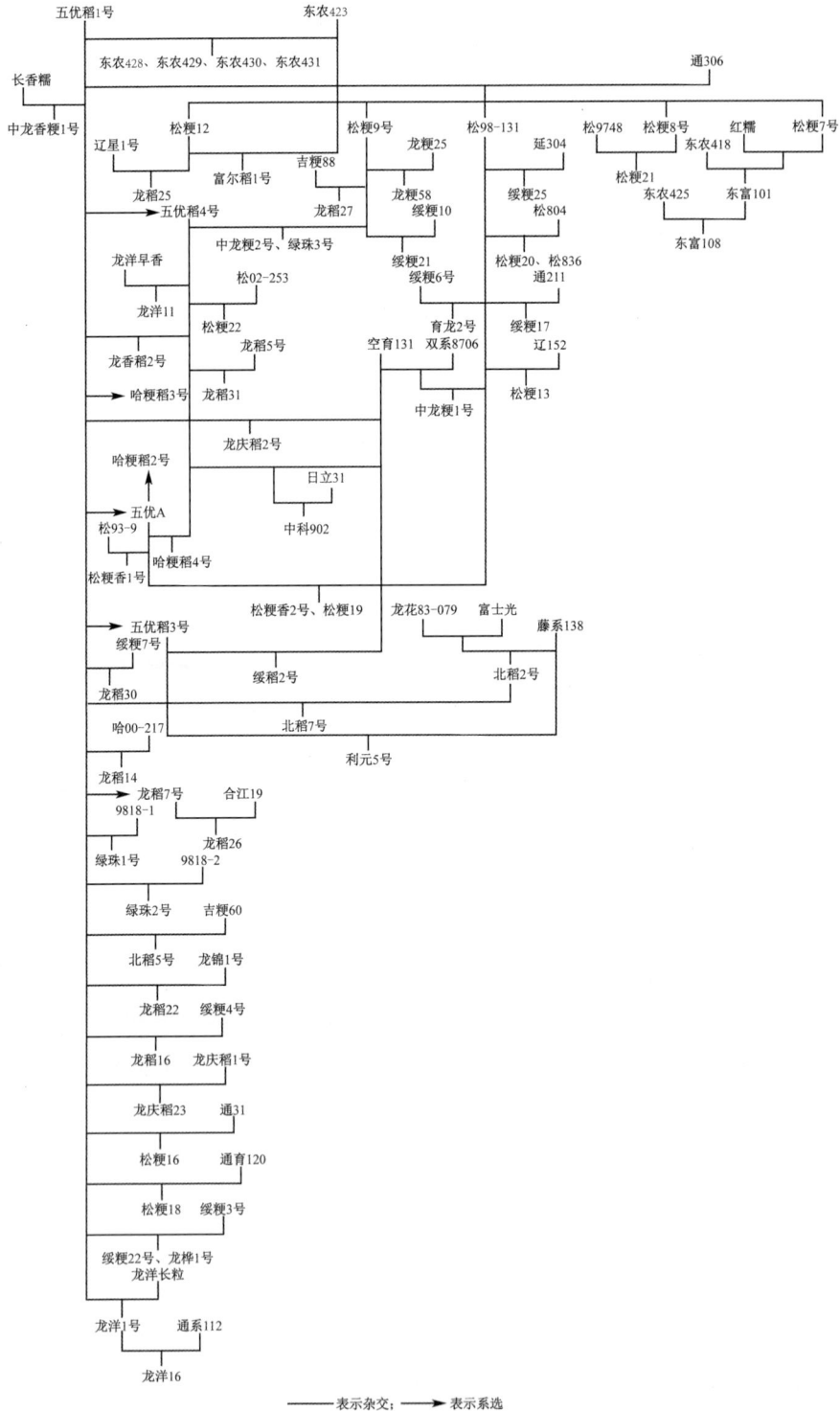

```
————表示杂交；  ——→表示系选
```

**图 3-2  松 93-8 育成或衍生的种质系谱**

2. 空育 131 育成或衍生的种质

空育 131 原产于日本,于 1990 年由黑龙江省农垦科学院水稻研究所从吉林省农业科学院引进并选育而成。

特征特性:早熟品种,生育日数 127 d,需活动积温 2 320 ℃,株高 80 cm,穗长 14 cm,每穗 80 粒,千粒重 26.5 g,分蘖力强,成穗率高,耐肥抗倒,耐冷性强。品质分析结果:糙米率 83.1%,整精米率 73.3%,米粒透明,无垩白,胶稠度 50.2 mm,直链淀粉含量 17.2%;1996 年抗病性鉴定结果:人工接种苗瘟 9 级、叶瘟 7 级、穗颈瘟 9 级;自然感病苗瘟 9 级、叶瘟 7 级、穗颈瘟 7 级。

近十年,空育 131 育成或衍生的种质包括龙粳 29、龙粳 46、龙粳 47、龙庆稻 4 号、绥稻 5 号、育龙 1 号等 28 个,见表 3-2、图 3-3。

表 3-2　空育 131 育成或衍生的种质

| 骨干亲本 | 育成或衍生种质 | | | | | |
|---|---|---|---|---|---|---|
| 空育 131 | 绥稻 6 号 | 龙粳 42 | 育龙 7 号 | 龙粳 59 | 龙粳 51 | 龙庆稻 2 号 |
| | 龙庆稻 4 号 | 龙粳 50 | 龙粳 35 | 龙粳 54 | 龙粳 52 | 龙粳 57 |
| | 龙稻 11 | 龙粳 65 | 中科 902 | 龙粳 48 | 龙粳 53 | 龙粳 47 |
| | 龙粳 29 | 龙粳 66 | 龙粳 46 | 龙粳 60 | 绥稻 5 号 | |
| | 龙粳 33 | 富合 3 号 | 龙粳 43 | 龙联 1 号 | 育龙 1 号 | |

3. 上育 397 育成或衍生的种质

上育 397 由延边朝鲜族自治州农业科学研究院于 1993 年从日本引进,黑龙江省于 2009 年审定推广。

特征特性:生育日数 133 d,从出苗到成熟需活动积温 2 350～2 400 ℃,株高 85.0 cm,穗长 16 cm,平均每穗粒数 80 粒,千粒重 26 g,幼苗长势强,叶色浓绿,活秆成熟,着粒较密,分布均匀,结实率好,籽粒长圆型,颖壳淡黄色。品质分析结果:糙米率 82.8%～84.1%,整精米率 68.6%～74.7%,垩白粒率 7%～10.5%,垩白度 0.3%～0.8%,直链淀粉含量 16.61%～19.03%,胶稠度 72.5～82.5 mm,碱消值 7 级,粗蛋白质 6.93%～7.42%,食味 86～87 分。抗病性鉴定结果:人工接种苗瘟 7 级、叶瘟 5 级、穗颈瘟 3～5 级;自然感病苗瘟 3 级、叶瘟 5 级、穗颈瘟 3 级。耐冷性鉴定结果:处理空壳率 19.64%,自然空壳率 6.23%。

近十年,上育 397 育成或衍生的种质包括龙稻 12、龙稻 18、牡丹江 30、牡丹江 35、龙粳 27、龙粳 38 等 14 个,见表 3-3、图 3-4。

空育131

东农424

松03-271

龙庆稻4号
东农416

富合3号
龙育98-195          龙粳12

绥稻6号

龙交92020-7

龙粳53          绥936165    龙粳21

龙花00-233

龙交02-192

龙粳50

龙粳60

龙交04-109

龙粳43
龙萝02-143

松99-135

龙粳57
龙交05-4087

龙粳51
松粳4号

龙粳33

龙粳46

龙粳54

龙交07092    龙粳25

IR73689-76-2

育龙7号
上育418

龙粳52
龙花96-1253

龙糯2号

五优稻1号

龙粳35

龙庆稻2号
五优稻4号

龙粳29、龙粳59、龙粳66
龙交04-2637

日立31

龙粳65

龙粳57
龙盾20-240

中科902    龙粳2号

龙粳42
龙粳17

龙联1号
普粘7号

龙粳48
龙稻2号

绥稻5号
九稻16号

育龙1号

龙稻11

──── 表示杂交；  ──➤ 表示系选

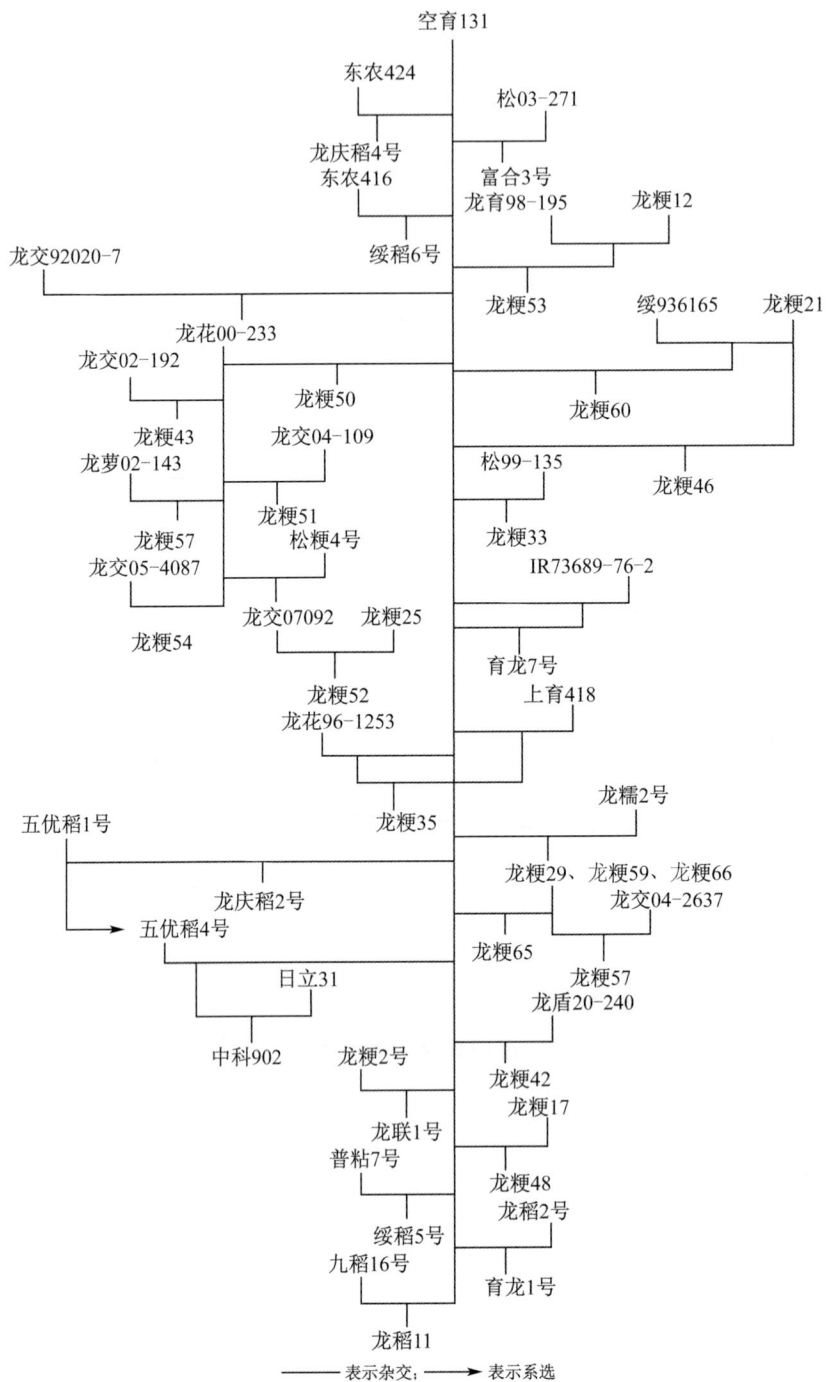

**图 3-3  空育131育成或衍生的种质系谱**

表 3－3　上育 397 育成或衍生的种质

| 骨干亲本 | 育成或衍生种质 | | | | | |
|---|---|---|---|---|---|---|
| 上育 397 | 龙稻 18 | 牡丹江 30 | 龙粳 38 | 龙粳 30 | 绥粳 16 | 龙粳 55 |
| | 牡丹江 35 | 北稻 6 号 | 龙稻 29 | 龙稻 19 | 稼禾 1 号 | 龙粳 27 |
| | 龙粳 35 | 龙稻 12 | | | | |

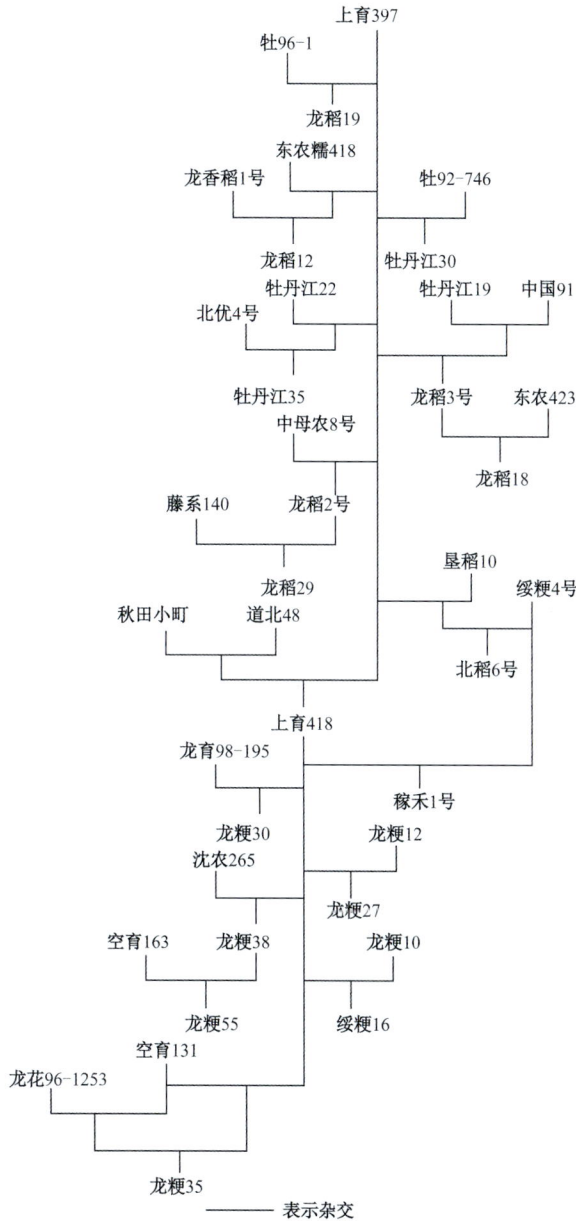

图 3－4　上育 397 育成或衍生的种质系谱

### 4.龙花84-106育成或衍生的种质

龙花84-106是黑龙江省农业科学院佳木斯水稻研究所育成的主要中间材料。

特征特性:生育日数136 d,从出苗到成熟需活动积温2 550 ℃,株高105.0 cm,穗长17 cm,平均每穗粒数95粒,千粒重26.5 g,籽粒圆粒型,颖尖色紫色。品质分析结果:糙米率82.5%~83.2%,整精米率72.7%,垩白粒率3.0%~6.5%,垩白度0.2%~0.5%,直链淀粉含量17.62%~18.03%,胶稠度77.5~81.3 mm,食味评分83分。人工接种抗病性鉴定结果:叶瘟1级,穗颈瘟1级。耐冷性鉴定结果:处理空壳率10.74%。

近十年,龙花84-106育成或衍生的种质包括龙粳31、龙粳60、龙粳61、龙粳63、龙粳64、莲育1013、莲汇631等20个,见表3-4、图3-5。

**表3-4 龙花84-106育成或衍生的种质**

| 骨干亲本 | 育成或衍生种质 | | | | | |
|---|---|---|---|---|---|---|
| 龙花<br>84-106 | 龙粳64 | 龙粳香1号 | 龙粳46 | 龙粳63 | 龙粳34 | 龙粳31 |
| | 莲育1013 | 莲汇631 | 龙粳61 | 龙粳60 | 龙粳41 | 龙粳41 |
| | 龙粳45 | 龙粳27 | 龙粳48 | 绥粳16 | 莲育124 | 龙粳36 |
| | 龙粳39 | 龙粳32 | | | | |

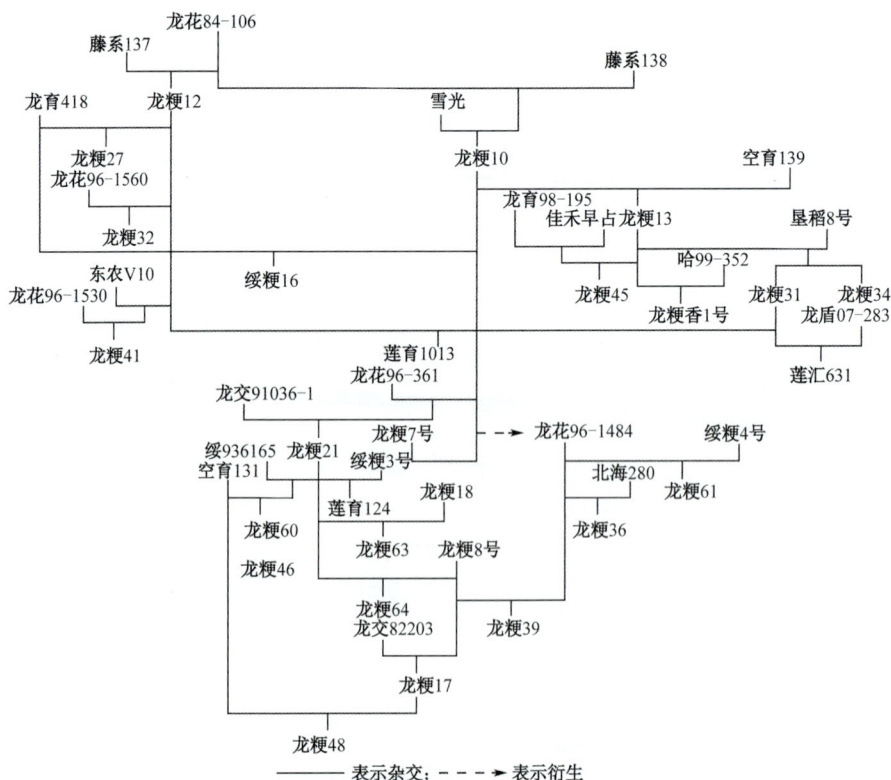

**图3-5 龙花84-106育成或衍生的种质系谱**

5.绥粳3号育成或衍生的种质

绥粳3号由黑龙江省农业科学院绥化分院于1990年从黑龙江省农垦科学院水稻研究所引入藤系138×垦87-239的$F_3$材料育成,于1999年审定推广。

特征特性:生育日数129 d,需活动积温2 350 ℃,株高79 cm,偏矮秆,穗长15.7 cm,每穗97粒,千粒重27.0 g,稻谷偶有黄色稀短芒,抗倒伏,抗稻瘟病,活秆成熟。品质分析结果:糙米率82.1%,精米率73.9%,整精米率71.7%,胶稠度42.8 mm,垩白度2.05%,直链淀粉含量17.46%。

近十年,绥粳3号育成或衍生的种质包括绥粳12、绥粳14、绥粳20、龙庆稻20、龙庆稻21等23个,见表3-5、图3-6。

表3-5　绥粳3号育成或衍生的种质

| 骨干亲本 | 育成或衍生种质 | | | | | |
|---|---|---|---|---|---|---|
| 绥粳3号 | 三江16 | 绥粳12 | 绥粳21 | 绥稻9号 | 龙粳61 | 绥粳18 |
| | 绥粳14 | 绥粳20 | 盛誉1号 | 田裕9516 | 育农粳1号 | 龙庆稻3号 |
| | 绥粳13 | 龙庆稻20 | 兴盛1号 | 龙庆稻22 | 中农粳179 | 龙庆稻5号 |
| | 绥稻1号 | 莲稻2号 | 绥粳22 | 龙庆稻21 | 莲育124 | |

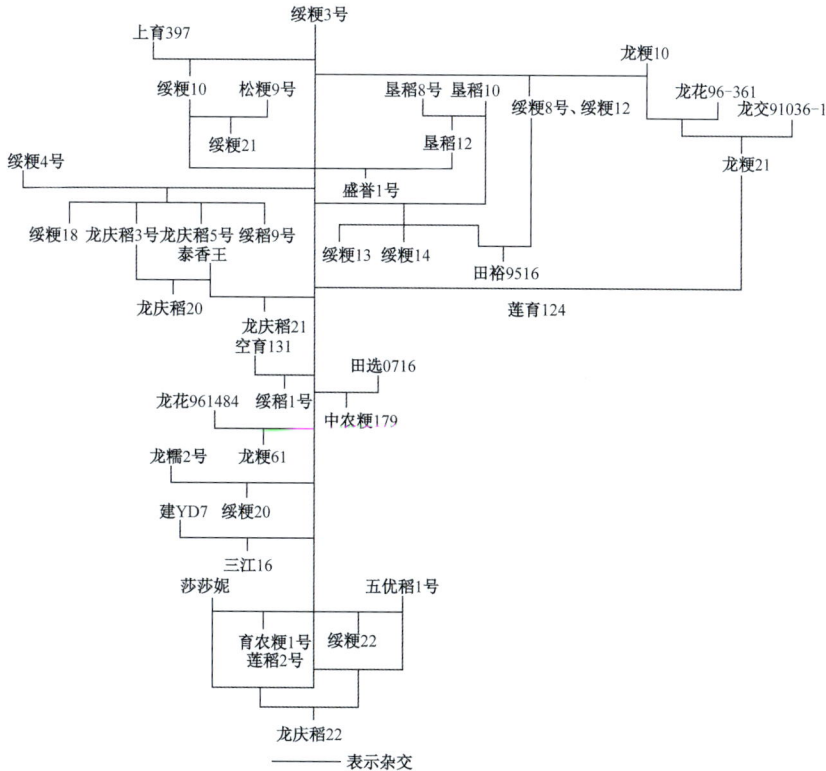

图3-6　绥粳3号育成或衍生的种质系谱

### 6. 绥粳 4 号育成或衍生的种质

绥粳 4 号由黑龙江省农业科学院绥化分院、绥化市优特水稻综合开发研究所于 1985 年以莲香 1 号 × (R12 - 34 - 1)F$_2$ 为母本、以(松前 × 吉粘 2 号)F$_5$ 为父本杂交育成,于 1999 年审定推广。

特征特性:香粳品种,生育日数 134 d,需活动积温 2 540 ℃,株高 95 cm,穗长 17.6 cm,千粒重 27.7 g,穗粒数 98 粒,有短芒,空瘪率 5%,幼苗生长健壮,田间抗稻瘟病性好,耐寒性强,秆强抗倒,耐盐碱。品质分析结果:糙米率 84%,整精米率 74%,胶稠度 64.2 mm,直链淀粉含量 14.86%,无垩白,有光泽,米质优。

近十年,绥粳 4 号育成或衍生的种质包括绥粳 18、绥粳 28、绥粳 15、龙庆稻 20、龙庆稻 3 号等 19 个,见表 3 - 6、图 3 - 7。

表 3 - 6　绥粳 4 号育成或衍生的种质

| 骨干亲本 | 育成或衍生种质 | | | | | |
|---|---|---|---|---|---|---|
| 绥粳 4 号 | 绥粳 18 | 绥粳 28 | 绥稻 3 号 | 龙庆稻 3 号 | 龙稻 16 | 龙桦 2 号 |
| | 广稻 1 号 | 绥粳 27 | 绥稻 4 号 | 龙庆稻 5 号 | 稼禾 1 号 | 绥粳 15 |
| | 黑粳 9 号 | 苗香粳 1 号 | 苗稻 2 号 | 金禾 1 号 | 龙庆稻 20 | 绥稻 9 号 |
| | 中龙粳 3 号 | | | | | |

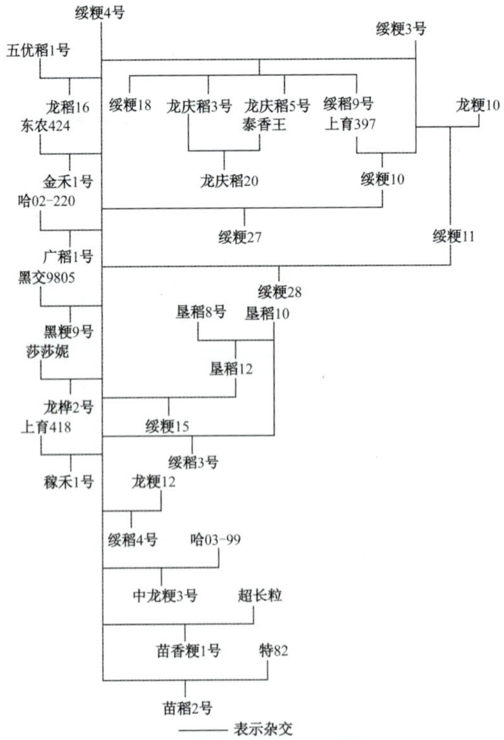

图 3 - 7　绥粳 4 号育成或衍生的种质系谱

同时,在近十年黑龙江省水稻主要种质资源中,有相当一部分组合由多个骨干亲本直接育成,或是多个骨干亲本的间接利用(如绥粳18、龙庆稻3号、龙庆稻5号、绥稻9号都是以绥粳4号与绥粳3号为亲本选育而成的),说明骨干亲本在水稻种质资源创新上发挥着巨大作用。

## 四、黑龙江省代表性水稻种质资源

1. 五优稻4号(稻花香2号)

五优稻4号由黑龙江省五常市中粮美裕长粒香水稻研究所由松93-8变异株系选而出,原代号稻花香2号,于2009年通过黑龙江省农作物品种审定委员会审定推广。该品种是目前黑龙江省优质高端水稻的主打品牌,成为黑龙江粮食产业的一张知名"名片",以其独特的食味在国内外市场受到极大欢迎,是黑龙江省首届优质粳稻品种品评会评定的特优米品种。

特征特性:在适应区出苗至成熟生育日数147 d左右,需≥10 ℃活动积温2 800 ℃左右,主茎15片叶,株高105 cm左右,穗长21.6 cm左右,每穗粒数120粒左右,千粒重26.8 g左右。品质分析结果:出糙率83.4% ～84.1%,整精米率67.1% ～67.9%,垩白粒率0,垩白度0,直链淀粉含量(干基)17.3% ～17.6%,胶稠度76.0 ～79.0 mm,食味品质87 ～88分。

2. 龙稻18

龙稻18由黑龙江省农业科学院耕作栽培研究所以东农423为母本、以龙稻3号为父本经系谱方法选育而成,于2014年通过黑龙江省农作物品种审定委员会审定推广。该品种的成功选育填补了黑龙江省长期以来没有国家《优质稻谷》标准一级米的空白,是黑龙江省首届优质粳稻品种品评会评定的特优米品种,并于2018年入选中国"十大优质稻品种"。

特征特性:在适应区出苗至成熟生育日数140 d左右,需≥10 ℃活动积温2 600 ℃左右,主茎13片叶,长粒型,株高98 cm左右,穗长22 cm左右,每穗粒数140粒左右,千粒重27 g左右。两年品质分析结果:出糙率81.3%,整精米率70.5% ～70.6%,垩白粒率2.0% ～7.0%,垩白度0.2% ～0.9%,直链淀粉含量(干基)17.12% ～17.23%,胶稠度80.5 ～81.0 mm,达到国家《优质稻谷》标准一级。三年人工接种抗病性鉴定结果:叶瘟0 ～1级,穗颈瘟0级。三年耐冷性鉴定结果:处理空壳率1.81% ～6.11%。

3. 松粳22

松粳22由黑龙江省农业科学院五常水稻研究所、黑龙江省龙科种业集团有限公司以五优稻4号为母本、以松02-253为父本通过系谱方法选育而成,于2017年通过黑龙江省农作物品种审定委员会审定推广,是黑龙江省首届优质粳稻品种品评会评定的特优米品种。

特征特性:香稻品种,在适应区出苗至成熟生育日数144 d左右,需≥10 ℃活动积温2 700 ℃左右,主茎14片叶,长粒型,株高110 cm左右,穗长20.3 cm左右,每穗粒数104粒左右,千粒重27 g左右。两年品质分析结果:出糙率80.4% ～82.5%,整精米率63.0% ～69.5%,垩白粒率1.0% ～7.0%,垩白度0.1% ～2.9%,直链淀粉含量(干基)

17.33% ~17.84%,胶稠度73.5~79.0 mm,食味品质86~87分,达到国家《优质稻谷》标准二级。三年人工接种抗病性鉴定结果:叶瘟1~2级,穗颈瘟1~5级。三年耐冷性鉴定结果:处理空壳率10.9%~14.53%。

4. 绥粳18

绥粳18由黑龙江省农业科学院绥化分院于2000年以绥粳4号为母本、以绥粳3号为父本有性杂交经系谱法选育而成,于2014年经黑龙江省农作物品种审定委员会审定推广。它是当前黑龙江省推广面积最大、单品种转化金额最大的水稻品种,2014—2018年在黑龙江省、吉林省、内蒙古自治区累计推广3 275.7万亩,累计增收稻谷17.7亿kg,新增社会效益60.2亿元,为黑龙江省首届优质粳稻品种品评会评定的特优米品种。

特征特性:香稻品种,在适应区出苗至成熟生育日数134 d左右,需≥10 ℃活动积温2 450 ℃左右,主茎12片叶,长粒型,株高104 cm左右,穗长18.1 cm左右,每穗粒数109粒左右,千粒重26.0 g左右。两年品质分析结果:出糙率80.9%~82.2%,整精米率67.2%~72.3%,垩白粒率4.0%~10.0%,垩白度0.8%~2.6%,直链淀粉含量(干基)17.67%~19.11%,胶稠度70.0~73.0 mm,达到国家《优质稻谷》标准二级。三年人工接种抗病性鉴定结果:叶瘟1~3级,穗颈瘟1级。三年耐冷性鉴定结果:处理空壳率4.94%~8.59%。

5. 龙粳31

龙粳31由黑龙江省农业科学院佳木斯水稻研究所、黑龙江省龙粳高科有限责任公司以龙花96-1513为母本、以垦稻8号为父本接种其$F_1$花药离体培养,后经系谱方法选育而成,于2011年经黑龙江省农作物品种审定委员会审定推广。该品种的成功选育彻底改变了日本品种空育131十多年来一直主导黑龙江省水稻生产的局面,2012—2014年连续3年居全国推广面积第一位,累计推广面积3 901.8万亩。

特征特性:在适应区出苗至成熟生育日数130 d左右,需≥10 ℃活动积温2 350 ℃左右,主茎11片叶,株高92 cm左右,穗长15.7 cm左右,每穗粒数86粒左右,千粒重26.3 g左右。品质分析结果:出糙率81.1%~81.2%,整精米率71.6%~71.8%,垩白粒率0.0%~2.0%,垩白度0.0%~0.1%,直链淀粉含量(干基)16.89%~17.43%,胶稠度70.5~71.0 mm,食味品质79~82分。人工接种抗病性鉴定结果:叶瘟3~5级,穗颈瘟1~5级。耐冷性鉴定结果:处理空壳率11.39%~14.1%。


# 第二节 黑龙江省水稻核心种质农艺性状


种质资源是开展育种工作的基础,黑龙江省各水稻科研育种单位均建有水稻种质资源圃。为了便于种质资源的交流与利用,黑龙江省于1956年、1963年和1980年先后三次组织开展了全省统一农作物品种的征集工作,至1996年,全省共保存各类稻种资源2 058份,为黑龙江省水稻育种提供了丰富的优良等位基因来源。

近十年来,黑龙江省各水稻科研育种单位创制出了 205 份优质、高产、抗逆的水稻种质资源,并广泛地应用于寒地水稻育种工作中。为了便于更直观地了解这些水稻种质的特性,本书对这 205 份种质资源的主要农艺性状进行了总结和评价,见表 3 – 7。

表 3 – 7  黑龙江省水稻核心种质农艺性状

| 编号 | 种质名称 | 全生育期/d | 株高/cm | 穗长/cm | 穗粒数/粒 | 千粒重/g | 类型 |
| --- | --- | --- | --- | --- | --- | --- | --- |
| 1 | 东农 429 | 145 | 90.2 | 19.8 | 113.0 | 26.1 | 普通粳稻 |
| 2 | 东农 430 | 146 | 89.8 | 18.8 | 98.0 | 26.2 | 普通粳稻 |
| 3 | 牡丹江 30 | 141 | 96.2 | 16.2 | 95.2 | 26.7 | 普通粳稻 |
| 4 | 松粳香 1 号 | 145 | 113.0 | 19.4 | 110.0 | 24.9 | 香稻 |
| 5 | 五优稻 4 号 | 143 | 122.1 | 19.5 | 115.8 | 27.7 | 香稻 |
| 6 | 北稻 4 号 | 134 | 98.6 | 16.8 | 108.4 | 26.0 | 普通粳稻 |
| 7 | 东农 428 | 138 | 95.2 | 19.8 | 115.0 | 26.5 | 普通粳稻 |
| 8 | 龙粳 26 | 135 | 94.0 | 17.0 | 86.0 | 27.0 | 普通粳稻 |
| 9 | 龙粳 25 | 135 | 89.0 | 14.5 | 80.0 | 24.6 | 普通粳稻 |
| 10 | 龙粳 27 | 134 | 89.9 | 16.2 | 86.5 | 25.6 | 普通粳稻 |
| 11 | 龙粳 28 | 135 | 88.0 | 18.0 | 88.0 | 28.0 | 普通粳稻 |
| 12 | 垦稻 19 | 133 | 91.3 | 18.8 | 93.2 | 26.9 | 普通粳稻 |
| 13 | 绥粳 12 | 133 | 87.5 | 17.5 | 84.7 | 26.0 | 普通粳稻 |
| 14 | 龙稻 9 号 | 144 | 95.0 | 18.6 | 103.0 | 26.0 | 糯稻 |
| 15 | 龙糯 3 号 | 132 | 91.0 | 17.0 | 90.0 | 26.0 | 糯稻 |
| 16 | 龙洋 1 号 | 146 | 105.0 | 22.0 | 135.0 | 27.0 | 普通粳稻 |
| 17 | 龙稻 10 | 142 | 92.0 | 21.0 | 120.0 | 26.5 | 普通粳稻 |
| 18 | 龙稻 11 | 142 | 107.4 | 19.6 | 111.0 | 25.5 | 普通粳稻 |
| 19 | 牡丹江 31 | 142 | 100.4 | 17.7 | 113.0 | 25.5 | 普通粳稻 |
| 20 | 绥粳 13 | 137 | 89.8 | 18.1 | 111.0 | 25.5 | 普通粳稻 |
| 21 | 北稻 5 号 | 138 | 108.8 | 20.9 | 147.0 | 26.5 | 普通粳稻 |
| 22 | 龙庆稻 1 号 | 138 | 100.7 | 18.2 | 117.0 | 25.1 | 普通粳稻 |
| 23 | 龙联 1 号 | 134 | 91.6 | 16.5 | 100.0 | 25.4 | 普通粳稻 |
| 24 | 松粳 13 | 134 | 93.1 | 16.0 | 112.0 | 23.3 | 普通粳稻 |
| 25 | 龙粳 29 | 127 | 89.4 | 16.6 | 99.0 | 26.2 | 普通粳稻 |
| 26 | 龙盾 107 | 128 | 96.4 | 17.4 | 100.0 | 25.4 | 普通粳稻 |
| 27 | 莲惠 1 号 | 123 | 82.0 | 16.6 | 72.0 | 26.0 | 普通粳稻 |
| 28 | 苗香粳 1 号 | 142 | 104.0 | 19.6 | 113.0 | 26.0 | 香稻 |
| 29 | 龙香稻 2 号 | 146 | 110.0 | 21.7 | 108.0 | 26.0 | 香稻 |

表 3 – 7（续 1）

| 编号 | 种质名称 | 全生育期/d | 株高/cm | 穗长/cm | 穗粒数/粒 | 千粒重/g | 类型 |
|---|---|---|---|---|---|---|---|
| 30 | 龙粳香 1 号 | 130 | 90.0 | 16.8 | 82.0 | 27.6 | 香稻 |
| 31 | 稼禾 1 号 | 127 | 94.0 | 19.5 | 105.0 | 27.0 | 香稻 |
| 32 | 松粳 15 | 146 | 95.0 | 15.5 | 150.0 | 24.0 | 普通粳稻 |
| 33 | 松粳 14 | 142 | 100.0 | 21.0 | 120.0 | 25.0 | 普通粳稻 |
| 34 | 龙粳 30 | 134 | 87.1 | 17.7 | 116.0 | 25.1 | 普通粳稻 |
| 35 | 龙粳 31 | 130 | 92.0 | 15.7 | 86.0 | 26.3 | 普通粳稻 |
| 36 | 莲稻 1 号 | 131 | 85.0 | 19.0 | 100.0 | 26.5 | 普通粳稻 |
| 37 | 龙粳 32 | 127 | 91.0 | 15.2 | 90.0 | 25.2 | 普通粳稻 |
| 38 | 龙庆稻 2 号 | 123 | 95.7 | 15.5 | 108.0 | 26.7 | 普通粳稻 |
| 39 | 松粳香 2 号 | 146 | 110.0 | 20.0 | 110.0 | 25.5 | 香稻 |
| 40 | 龙稻 12 | 134 | 90.0 | 17.0 | 90.0 | 26.0 | 软米 |
| 41 | 东农 431 | 146 | 100.0 | 21.0 | 130.0 | 25.0 | 普通粳稻 |
| 42 | 松粳 16 | 146 | 102.0 | 21.0 | 125.0 | 25.0 | 普通粳稻 |
| 43 | 利元 5 号 | 148 | 100.0 | 20.0 | 130.0 | 25.0 | 普通粳稻 |
| 44 | 绿珠 1 号 | 147 | 92.0 | 19.0 | 135.0 | 25.5 | 普通粳稻 |
| 45 | 龙稻 13 | 139 | 105.0 | 20.5 | 125.0 | 25.5 | 普通粳稻 |
| 46 | 龙稻 14 | 142 | 105.0 | 20.0 | 124.0 | 25.0 | 普通粳稻 |
| 47 | 龙粳 33 | 134 | 94.0 | 15.7 | 105.0 | 26.5 | 普通粳稻 |
| 48 | 龙粳 34 | 134 | 92.0 | 16.5 | 104.0 | 26.0 | 普通粳稻 |
| 49 | 绥稻 1 号 | 134 | 96.0 | 17.5 | 99.0 | 25.7 | 普通粳稻 |
| 50 | 龙粳 35 | 130 | 90.5 | 15.7 | 91.3 | 25.0 | 普通粳稻 |
| 51 | 龙粳 36 | 127 | 91.0 | 16.0 | 86.0 | 26.3 | 普通粳稻 |
| 52 | 育龙 1 号 | 123 | 85.0 | 16.0 | 75.0 | 26.5 | 普通粳稻 |
| 53 | 龙粳 37 | 123 | 94.0 | 17.6 | 80.0 | 28.0 | 普通粳稻 |
| 54 | 龙粳 38 | 136 | 91.0 | 16.6 | 114.0 | 26.7 | 软米 |
| 55 | 中龙香粳 1 号 | 136 | 100.0 | 19.0 | 100.0 | 25.0 | 香稻 |
| 56 | 松粳 17 | 142 | 104.0 | 21.0 | 127.0 | 25.0 | 普通粳稻 |
| 57 | 绿珠 2 号 | 143 | 95.0 | 19.5 | 110.0 | 25.6 | 普通粳稻 |
| 58 | 中龙粳 2 号 | 142 | 110.0 | 19.5 | 150.0 | 24.0 | 普通粳稻 |
| 59 | 松粳 18 | 142 | 103.0 | 20.0 | 150.0 | 24.0 | 普通粳稻 |
| 60 | 牡丹江 32 | 139 | 97.9 | 17.5 | 109.2 | 25.2 | 普通粳稻 |
| 61 | 绥粳 14 | 138 | 107.3 | 20.0 | 119.0 | 26.7 | 普通粳稻 |
| 62 | 绥稻 2 号 | 138 | 103.0 | 16.7 | 116.0 | 25.5 | 普通粳稻 |

表 3 – 7（续 2）

| 编号 | 种质名称 | 全生育期/d | 株高/cm | 穗长/cm | 穗粒数/粒 | 千粒重/g | 类型 |
|------|----------|-----------|---------|---------|-----------|----------|------|
| 63 | 牡响 1 号 | 136 | 90.4 | 17.7 | 89.0 | 24.6 | 普通粳稻 |
| 64 | 育龙 2 号 | 134 | 95.0 | 18.0 | 110.0 | 25.0 | 普通粳稻 |
| 65 | 中龙粳 1 号 | 134 | 93.7 | 18.5 | 100.0 | 25.2 | 普通粳稻 |
| 66 | 龙粳 39 | 130 | 93.3 | 15.1 | 96.8 | 26.9 | 普通粳稻 |
| 67 | 龙粳 40 | 127 | 90.0 | 16.1 | 77.0 | 26.3 | 普通粳稻 |
| 68 | 龙稻 16 | 146 | 95.0 | 22.0 | 140.0 | 25.5 | 香稻 |
| 69 | 松粳 19 | 146 | 110.0 | 20.0 | 105.0 | 26.0 | 香稻 |
| 70 | 龙稻 15 | 142 | 95.0 | 21.0 | 120.0 | 25.0 | 糯稻 |
| 71 | 东富 101 | 138 | 95.0 | 16.5 | 100.0 | 26.0 | 糯稻 |
| 72 | 金禾 1 号 | 138 | 92.0 | 17.8 | 90.0 | 26.5 | 香稻 |
| 73 | 苗稻 1 号 | 138 | 90.0 | 17.5 | 105.0 | 28.5 | 香糯稻 |
| 74 | 中龙粳 3 号 | 134 | 96.0 | 17.0 | 98.0 | 24.5 | 香稻 |
| 75 | 龙粳 41 | 130 | 94.3 | 15.9 | 99.0 | 26.0 | 软米 |
| 76 | 龙庆稻 3 号 | 127 | 87.0 | 16.1 | 90.0 | 27.2 | 香稻 |
| 77 | 东富 102 | 146 | 95.0 | 21.0 | 120.0 | 25.4 | 普通粳稻 |
| 78 | 松粳 20 | 146 | 95.0 | 16.7 | 149.0 | 24.5 | 普通粳稻 |
| 79 | 龙稻 19 | 144 | 98.0 | 20.0 | 130.0 | 26.0 | 普通粳稻 |
| 80 | 龙稻 17 | 142 | 98.0 | 19.7 | 110.0 | 26.3 | 普通粳稻 |
| 81 | 龙稻 18 | 140 | 98.0 | 22.0 | 140.0 | 27.0 | 普通粳稻 |
| 82 | 哈粳稻 1 号 | 142 | 100.0 | 21.8 | 130.0 | 24.4 | 普通粳稻 |
| 83 | 东富 103 | 138 | 100.0 | 20.0 | 110.0 | 25.4 | 普通粳稻 |
| 84 | 绥粳 17 | 134 | 93.0 | 17.7 | 97.0 | 26.6 | 普通粳稻 |
| 85 | 龙粳 42 | 134 | 93.0 | 15.1 | 100.0 | 25.3 | 普通粳稻 |
| 86 | 绥粳 16 | 134 | 94.0 | 16.4 | 95.0 | 25.8 | 普通粳稻 |
| 87 | 兴盛 1 号 | 134 | 99.0 | 18.9 | 113.0 | 26.5 | 普通粳稻 |
| 88 | 龙粳 43 | 130 | 89.0 | 14.4 | 104.0 | 25.6 | 普通粳稻 |
| 89 | 龙桦 1 号 | 130 | 100.0 | 17.8 | 116.0 | 26.3 | 普通粳稻 |
| 90 | 龙庆稻 4 号 | 127 | 92.0 | 17.5 | 92.0 | 26.2 | 普通粳稻 |
| 91 | 明科 1 号 | 123 | 85.0 | 15.0 | 110.0 | 28.0 | 普通粳稻 |
| 92 | 绿珠 3 号 | 146 | 110.0 | 24.7 | 210.0 | 26.0 | 香稻 |
| 93 | 哈粳稻 2 号 | 142 | 110.0 | 22.0 | 135.0 | 26.5 | 香稻 |
| 94 | 苗稻 2 号 | 136 | 90.0 | 20.0 | 120.0 | 24.0 | 香稻 |
| 95 | 金禾 2 号 | 136 | 95.0 | 17.5 | 108.0 | 26.1 | 香稻 |

表3-7(续3)

| 编号 | 种质名称 | 全生育期/d | 株高/cm | 穗长/cm | 穗粒数/粒 | 千粒重/g | 类型 |
|------|----------|-----------|---------|---------|----------|----------|------|
| 96 | 绥稻3号 | 136 | 97.0 | 17.6 | 102.0 | 26.5 | 香稻 |
| 97 | 绥粳18 | 134 | 104.0 | 18.1 | 109.0 | 26.0 | 香稻 |
| 98 | 北稻6号 | 134 | 103.0 | 18.4 | 107.0 | 25.6 | 香稻 |
| 99 | 龙粳44 | 130 | 96.0 | 17.4 | 96.0 | 25.8 | 糯稻 |
| 100 | 绥粳15 | 130 | 99.0 | 18.5 | 94.0 | 26.3 | 香稻 |
| 101 | 绥稻4号 | 123 | 99.0 | 18.5 | 94.0 | 26.3 | 香稻 |
| 102 | 哈粳稻3号 | 146 | 111.0 | 20.2 | 132.0 | 25.6 | 普通粳稻 |
| 103 | 松粳21 | 146 | 95.6 | 16.9 | 135.0 | 23.6 | 普通粳稻 |
| 104 | 龙稻21 | 142 | 84.8 | 20.3 | 116.0 | 26.0 | 普通粳稻 |
| 105 | 龙稻20 | 139 | 95.5 | 21.2 | 140.0 | 26.3 | 普通粳稻 |
| 106 | 龙稻23 | 139 | 91.6 | 24.3 | 120.0 | 28.2 | 普通粳稻 |
| 107 | 广稻1号 | 138 | 93.5 | 17.7 | 96.0 | 26.2 | 普通粳稻 |
| 108 | 绥粳19 | 138 | 96.7 | 17.0 | 94.0 | 26.6 | 普通粳稻 |
| 109 | 北稻7号 | 134 | 95.0 | 19.0 | 95.5 | 27.2 | 普通粳稻 |
| 110 | 莲稻2号 | 134 | 88.0 | 19.0 | 100.0 | 26.0 | 普通粳稻 |
| 111 | 龙粳45 | 130 | 87.9 | 14.2 | 90.0 | 26.6 | 普通粳稻 |
| 112 | 富合2号 | 131 | 90.0 | 16.2 | 100.0 | 26.5 | 普通粳稻 |
| 113 | 龙粳46 | 127 | 91.6 | 15.8 | 108.0 | 26.9 | 普通粳稻 |
| 114 | 龙粳47 | 123 | 83.9 | 14.5 | 77.0 | 25.7 | 普通粳稻 |
| 115 | 龙粳48 | 123 | 83.2 | 15.1 | 78.0 | 26.8 | 普通粳稻 |
| 116 | 绿珠4号 | 144 | 102.0 | 20.0 | 174.0 | 24.4 | 糯稻 |
| 117 | 绥稻5号 | 136 | 102.0 | 17.0 | 105.0 | 25.5 | 糯稻 |
| 118 | 龙粳49 | 134 | 94.6 | 18.1 | 99.0 | 25.5 | 糯稻 |
| 119 | 龙稻22 | 142 | 93.8 | 18.2 | 107.0 | 25.9 | 香稻 |
| 120 | 龙桦2号 | 134 | 94.5 | 17.4 | 88.5 | 27.5 | 香稻 |
| 121 | 龙稻24 | 145 | 99.2 | 17.5 | 130.0 | 24.0 | 普通粳稻 |
| 122 | 龙稻25 | 143 | 105.2 | 18.9 | 128.0 | 25.6 | 普通粳稻 |
| 123 | 松粳22 | 144 | 110.0 | 20.3 | 104.0 | 27.0 | 香稻 |
| 124 | 龙稻26 | 140 | 94.3 | 18.6 | 119.0 | 25.0 | 普通粳稻 |
| 125 | 龙庆稻6号 | 136 | 99.0 | 18.3 | 120.0 | 27.3 | 普通粳稻 |
| 126 | 牡丹江35 | 133 | 95.9 | 17.4 | 93.0 | 27.0 | 普通粳稻 |
| 127 | 北稻1号 | 134 | 92.0 | 17.6 | 110.0 | 25.8 | 普通粳稻 |
| 128 | 龙粳50 | 130 | 94.3 | 15.4 | 114.0 | 26.1 | 普通粳稻 |

表 3-7(续 4)

| 编号 | 种质名称 | 全生育期/d | 株高/cm | 穗长/cm | 穗粒数/粒 | 千粒重/g | 类型 |
|------|----------|-----------|---------|---------|-----------|----------|------|
| 129 | 龙粳 51 | 130 | 91.9 | 15.7 | 102.0 | 27.6 | 普通粳稻 |
| 130 | 龙粳 52 | 130 | 88.3 | 14.0 | 97.0 | 24.4 | 普通粳稻 |
| 131 | 龙粳 53 | 130 | 95.8 | 15.6 | 110.0 | 26.3 | 普通粳稻 |
| 132 | 三江 16 | 131 | 90.3 | 16.0 | 113.0 | 25.1 | 普通粳稻 |
| 133 | 龙富 1 号 | 127 | 93.8 | 16.3 | 91.0 | 24.8 | 普通粳稻 |
| 134 | 龙粳 54 | 123 | 86.5 | 14.9 | 78.0 | 26.0 | 普通粳稻 |
| 135 | 龙庆稻 5 号 | 125 | 88.0 | 16.5 | 100.0 | 27.0 | 香稻 |
| 136 | 黑粳 10 | 120 | 90.1 | 15.3 | 86.0 | 24.6 | 普通粳稻 |
| 137 | 龙稻 28 | 144 | 110.5 | 19.4 | 123.0 | 25.8 | 普通粳稻 |
| 138 | 龙稻 27 | 146 | 100.9 | 18.7 | 152.0 | 25.3 | 普通粳稻 |
| 139 | 吉宏 6 号 | 147 | 104.0 | 17.3 | 101.0 | 24.0 | 普通粳稻 |
| 140 | 通梅 892 | 147 | 99.3 | 20.4 | 122.0 | 24.3 | 普通粳稻 |
| 141 | 东富 108 | 140 | 93.8 | 18.7 | 122.0 | 24.7 | 普通粳稻 |
| 142 | 育龙 7 号 | 142 | 99.7 | 17.9 | 123.0 | 25.0 | 普通粳稻 |
| 143 | 龙洋 16 | 142 | 115.0 | 25.0 | 150.0 | 26.0 | 普通粳稻 |
| 144 | 莲育 3213 | 138 | 99.3 | 20.2 | 102.0 | 31.8 | 普通粳稻 |
| 145 | 龙绥 1 号 | 136 | 98.9 | 18.7 | 95.0 | 26.2 | 普通粳稻 |
| 146 | 龙庆稻 21 | 132 | 92.0 | 17.5 | 100.0 | 27.5 | 普通粳稻 |
| 147 | 莲汇 2 号 | 134 | 92.6 | 17.0 | 118.0 | 26.7 | 普通粳稻 |
| 148 | 绥粳 22 | 134 | 94.0 | 16.8 | 109.0 | 26.8 | 普通粳稻 |
| 149 | 田裕 9516 | 132 | 95.8 | 17.0 | 106.0 | 26.3 | 普通粳稻 |
| 150 | 绥粳 21 | 135 | 97.1 | 17.0 | 106.0 | 24.9 | 普通粳稻 |
| 151 | 盛誉 1 号 | 132 | 102.9 | 17.7 | 111.0 | 26.6 | 普通粳稻 |
| 152 | 鸿源 15 | 133 | 95.2 | 19.7 | 109.0 | 27.7 | 普通粳稻 |
| 153 | 莲育 3252 | 130 | 90.2 | 17.3 | 110.0 | 26.9 | 普通粳稻 |
| 154 | 龙粳 56 | 130 | 95.5 | 16.4 | 114.0 | 26.2 | 普通粳稻 |
| 155 | 龙粳 58 | 127 | 91.1 | 14.4 | 89.0 | 25.0 | 普通粳稻 |
| 156 | 田裕 9861 | 127 | 92.0 | 17.3 | 104.0 | 26.9 | 普通粳稻 |
| 157 | 龙粳 59 | 127 | 90.6 | 16.5 | 101.0 | 26.5 | 普通粳稻 |
| 158 | 龙粳 60 | 127 | 92.1 | 14.3 | 85.0 | 26.0 | 普通粳稻 |
| 159 | 绥稻 6 号 | 127 | 90.0 | 14.8 | 97.1 | 26.0 | 普通粳稻 |
| 160 | 莲育 1496 | 123 | 88.0 | 17.9 | 84.7 | 27.7 | 普通粳稻 |
| 161 | 莲汇 3 号 | 123 | 95.0 | 17.0 | 98.0 | 24.0 | 普通粳稻 |

表 3 - 7(续 5)

| 编号 | 种质名称 | 全生育期/d | 株高/cm | 穗长/cm | 穗粒数/粒 | 千粒重/g | 类型 |
|------|----------|-----------|---------|---------|-----------|----------|------|
| 162 | 龙粳 61 | 123 | 90.3 | 15.2 | 90.0 | 24.7 | 普通粳稻 |
| 163 | 龙庆稻 20 | 124 | 94.0 | 17.7 | 100.0 | 27.8 | 普通粳稻 |
| 164 | 中农粳 179 | 120 | 86.6 | 15.1 | 80.0 | 25.6 | 普通粳稻 |
| 165 | 中科 902 | 127 | 90.8 | 14.9 | 87.0 | 25.7 | 香稻 |
| 166 | 龙粳 55 | 134 | 95.7 | 16.3 | 104.0 | 26.9 | 软米 |
| 167 | 方圆 3 号 | 146 | 105.0 | 18.1 | 108.0 | 26.7 | 糯稻 |
| 168 | 绥粳 20 | 138 | 99.5 | 18.1 | 100.0 | 26.7 | 糯稻 |
| 169 | 龙粳 57 | 130 | 92.2 | 16.0 | 90.0 | 25.5 | 糯稻 |
| 170 | 哈粳稻 4 号 | 144 | 108.0 | 21.0 | 127.0 | 24.5 | 香稻 |
| 171 | 松 836 | 145 | 114.3 | 19.5 | 125.0 | 25.2 | 普通粳稻 |
| 172 | 龙稻 30 | 145 | 97.5 | 17.6 | 113.0 | 26.0 | 普通粳稻 |
| 173 | 桦优 1 号 | 146 | 101.8 | 16.5 | 138.0 | 25.6 | 杂交粳稻 |
| 174 | 龙稻 31 | 142 | 96.0 | 17.8 | 117.0 | 25.4 | 普通粳稻 |
| 175 | 龙稻 29 | 141 | 95.0 | 17.0 | 111.0 | 26.4 | 普通粳稻 |
| 176 | 垦粳 8 号 | 142 | 94.3 | 17.9 | 124.0 | 23.8 | 普通粳稻 |
| 177 | 富尔稻 1 号 | 140 | 90.0 | 18.0 | 120.0 | 26.9 | 香稻 |
| 178 | 东农 456 | 142 | 85.4 | 17.3 | 115.0 | 25.6 | 普通粳稻 |
| 179 | 绥粳 29 | 136 | 100.3 | 18.4 | 94.0 | 27.0 | 普通粳稻 |
| 180 | 龙庆稻 23 | 137 | 100.8 | 18.1 | 102.0 | 27.2 | 普通粳稻 |
| 181 | 育农粳 1 号 | 136 | 97.0 | 18.5 | 112.0 | 26.0 | 普通粳稻 |
| 182 | 莲汇 4 号 | 138 | 94.0 | 17.0 | 95.0 | 26.2 | 普通粳稻 |
| 183 | 绥稻 9 号 | 132 | 101.9 | 17.3 | 104.0 | 26.8 | 香稻 |
| 184 | 绥粳 26 | 132 | 95.4 | 18.0 | 110.0 | 24.8 | 普通粳稻 |
| 185 | 绥粳 23 | 134 | 92.4 | 17.7 | 106.0 | 27.5 | 普通粳稻 |
| 186 | 绥粳 28 | 134 | 99.4 | 17.3 | 94.0 | 27.8 | 香稻 |
| 187 | 莲育 1013 | 130 | 96.0 | 16.5 | 117.0 | 25.9 | 普通粳稻 |
| 188 | 龙粳 63 | 130 | 101.4 | 16.8 | 105.0 | 27.8 | 普通粳稻 |
| 189 | 莲汇 631 | 130 | 90.0 | 16.0 | 97.0 | 25.0 | 普通粳稻 |
| 190 | 莲育 124 | 130 | 90.0 | 16.0 | 90.0 | 28.0 | 普通粳稻 |
| 191 | 龙粳 64 | 130 | 96.8 | 15.0 | 101.0 | 25.5 | 普通粳稻 |
| 192 | 龙粳 65 | 127 | 92.5 | 15.0 | 89.0 | 25.1 | 普通粳稻 |
| 193 | 龙粳 66 | 127 | 95.4 | 16.6 | 107.0 | 27.0 | 普通粳稻 |
| 194 | 富合 3 号 | 126 | 86.0 | 14.0 | 90.0 | 26.0 | 普通粳稻 |

表 3 – 7（续 6）

| 编号 | 种质名称 | 全生育期/d | 株高/cm | 穗长/cm | 穗粒数/粒 | 千粒重/g | 类型 |
| --- | --- | --- | --- | --- | --- | --- | --- |
| 195 | 创优 31 | 129 | 100.0 | 19.0 | 130.0 | 26.5 | 杂交粳稻 |
| 196 | 绥粳 27 | 130 | 94.4 | 16.9 | 84.0 | 26.7 | 香稻 |
| 197 | 龙粳 67 | 123 | 91.4 | 16.5 | 78.0 | 26.3 | 普通粳稻 |
| 198 | 绥粳 25 | 123 | 90.4 | 16.9 | 93.0 | 24.5 | 普通粳稻 |
| 199 | 龙粳 69 | 123 | 92.4 | 15.1 | 81.0 | 26.9 | 普通粳稻 |
| 200 | 育龙 9 号 | 123 | 91.5 | 17.5 | 88.0 | 27.2 | 普通粳稻 |
| 201 | 莲育 625 | 123 | 89.4 | 16.5 | 93.0 | 26.0 | 普通粳稻 |
| 202 | 龙庆稻 22 | 125 | 97.0 | 18.1 | 82.9 | 27.1 | 普通粳稻 |
| 203 | 黑粳 9 号 | 120 | 100.3 | 18.2 | 109.6 | 26.4 | 普通粳稻 |
| 204 | 龙粳 62 | 134 | 93.7 | 17.7 | 105.0 | 25.6 | 糯稻 |
| 205 | 龙洋 11 | 132 | 93.8 | 21.2 | 125.0 | 25.3 | 香稻 |

# 第三节　黑龙江省水稻核心种质耐冷性状

水稻耐冷性状（水稻耐冷性）属于典型的数量性状，其遗传机制极其复杂，在育种上改良该性状的难度很大。在早期育种过程中，我国没有把水稻耐冷性作为单独的育种目标开展相关研究工作，而开展育种工作必须考虑水稻品种的耐冷性。长期以来，黑龙江省种质资源受到严酷气候条件的自然选择以及人工选择，因此育成水稻种质资源和品种具有较强的耐冷性。

进入 21 世纪以来，水稻抗障碍性冷害成为主要育种目标，因此水稻耐冷性引起了育种家的高度重视。黑龙江省自 2004 年开始将水稻耐冷性列入品种审定标准，并由指定的鉴定单位进行统一、系统的耐冷性鉴定。其具体检测方法为：建立耐冷鉴定圃，F₃开始进行耐冷鉴定，在剑叶和倒二叶叶枕距 −4 ~ 2 cm 时，用 17 ~ 18 ℃ 的 20 cm 深冷水处理 10 天。经过多年实践，黑龙江省选育出了一系列抗冷品种，总结出一些宝贵的育种经验。

近十年来，在前期育种工作的基础上，随着栽培技术的改进和冷寒鉴定设施的完善，对水稻芽期、苗期耐冷性强及低温灌浆速度快的材料进行筛选已成常规化趋势，障碍性冷害的抗性水平有所增强。经过多年的田间深冷水鉴定，从 2009 年至今，黑龙江省已经选育出 205 份优异种质资源，这些材料的耐冷性较强，在极端低温天气下，籽粒的空瘪粒率较低，大部分品种处理空壳率均低于 20%，见表 3 – 8。

表 3-8 近十年水稻主要种质资源耐冷性调查

| 编号 | 种质名称 | 处理空壳率/% |
|---|---|---|
| 1 | 东农 429 | 11.53 ~ 24.62 |
| 2 | 东农 430 | 10.22 ~ 15.12 |
| 3 | 牡丹江 30 | 15.40 ~ 16.60 |
| 4 | 松粳香 1 号 | 7.42 ~ 18.42 |
| 5 | 五优稻 4 号 | 15.20 ~ 17.40 |
| 6 | 北稻 4 号 | 5.29 ~ 9.74 |
| 7 | 东农 428 | 7.93 ~ 9.00 |
| 8 | 龙粳 26 | 5.20 ~ 8.10 |
| 9 | 龙粳 25 | 6.40 ~ 8.10 |
| 10 | 龙粳 27 | 12.70 ~ 12.90 |
| 11 | 龙粳 28 | 5.20 ~ 9.60 |
| 12 | 垦稻 19 | 6.40 ~ 15.80 |
| 13 | 绥粳 12 | 7.70 ~ 9.80 |
| 14 | 龙稻 9 号 | 12.36 ~ 20.86 |
| 15 | 龙糯 3 号 | 7.84 ~ 9.33 |
| 16 | 龙洋 1 号 | 12.43 ~ 12.49 |
| 17 | 龙稻 10 | 7.93 ~ 21.25 |
| 18 | 龙稻 11 | 10.20 ~ 10.69 |
| 19 | 牡丹江 31 | 5.38 ~ 5.91 |
| 20 | 绥粳 13 | 8.93 ~ 9.04 |
| 21 | 北稻 5 号 | 10.65 ~ 12.60 |
| 22 | 龙庆稻 1 号 | 6.22 ~ 6.28 |
| 23 | 龙联 1 号 | 8.05 ~ 10.58 |
| 24 | 松粳 13 | 6.57 ~ 13.26 |
| 25 | 龙粳 29 | 15.20 ~ 21.20 |
| 26 | 龙盾 107 | 7.50 ~ 14.50 |
| 27 | 莲惠 1 号 | 12.20 ~ 12.90 |
| 28 | 苗香粳 1 号 | 4.74 ~ 6.56 |
| 29 | 龙香稻 2 号 | 7.55 ~ 15.75 |
| 30 | 龙粳香 1 号 | 17.50 ~ 17.80 |
| 31 | 稼禾 1 号 | 5.30 ~ 17.70 |
| 32 | 松粳 15 | 7.56 ~ 16.59 |
| 33 | 松粳 14 | 5.20 ~ 22.14 |

表 3－8（续 1）

| 编号 | 种质名称 | 处理空壳率/% |
|---|---|---|
| 34 | 龙粳 30 | 7.85 ~ 12.70 |
| 35 | 龙粳 31 | 11.39 ~ 14.10 |
| 36 | 莲稻 1 号 | 26.10 ~ 13.70 |
| 37 | 龙粳 32 | 6.10 ~ 15.39 |
| 38 | 龙庆稻 2 号 | 11.10 ~ 20.90 |
| 39 | 松粳香 2 号 | 7.03 ~ 28.34 |
| 40 | 龙稻 12 | 4.87 ~ 23.21 |
| 41 | 东农 431 | 18.96 ~ 19.12 |
| 42 | 松粳 16 | 5.99 ~ 20.80 |
| 43 | 利元 5 号 | 13.11 ~ 18.06 |
| 44 | 绿珠 1 号 | 12.51 ~ 19.32 |
| 45 | 龙稻 13 | 1.46 ~ 11.28 |
| 46 | 龙稻 14 | 5.55 ~ 9.03 |
| 47 | 龙粳 33 | 2.36 ~ 13.34 |
| 48 | 龙粳 34 | 1.68 ~ 15.02 |
| 49 | 绥稻 1 号 | 3.74 ~ 10.56 |
| 50 | 龙粳 35 | 7.10 ~ 15.39 |
| 51 | 龙粳 36 | 10.58 ~ 20.50 |
| 52 | 育龙 1 号 | 11.72 ~ 16.70 |
| 53 | 龙粳 37 | 10.90 ~ 18.80 |
| 54 | 龙粳 38 | 11.54 |
| 55 | 中龙香粳 1 号 | 10.30 ~ 15.80 |
| 56 | 松粳 17 | 1.23 ~ 5.68 |
| 57 | 绿珠 2 号 | 7.08 ~ 14.80 |
| 58 | 中龙粳 2 号 | 2.07 ~ 7.71 |
| 59 | 松粳 18 | 1.95 ~ 12.56 |
| 60 | 牡丹江 32 | 0.81 ~ 14.41 |
| 61 | 绥粳 14 | 2.06 ~ 6.79 |
| 62 | 绥稻 2 号 | 1.40 ~ 3.15 |
| 63 | 牡响 1 号 | 0.99 ~ 3.54 |
| 64 | 育龙 2 号 | 2.22 ~ 11.06 |
| 65 | 中龙粳 1 号 | 15.63 ~ 19.85 |
| 66 | 龙粳 39 | 8.33 ~ 14.70 |

表 3 - 8 (续 2)

| 编号 | 种质名称 | 处理空壳率/% |
|---|---|---|
| 67 | 龙粳 40 | 10.70 ~ 15.05 |
| 68 | 龙稻 16 | 2.36 ~ 6.97 |
| 69 | 松粳 19 | 4.11 ~ 11.11 |
| 70 | 龙稻 15 | 2.13 ~ 5.24 |
| 71 | 东富 101 | 3.77 ~ 8.88 |
| 72 | 金禾 1 号 | 3.69 ~ 8.65 |
| 73 | 苗稻 1 号 | 2.26 ~ 11.75 |
| 74 | 中龙粳 3 号 | 2.74 ~ 24.45 |
| 75 | 龙粳 41 | 10.97 ~ 15.90 |
| 76 | 龙庆稻 3 号 | 9.68 ~ 17.74 |
| 77 | 东富 102 | 3.28 ~ 10.32 |
| 78 | 松粳 20 | 1.54 ~ 10.05 |
| 79 | 龙稻 19 | 3.37 ~ 6.39 |
| 80 | 龙稻 17 | 4.54 ~ 10.05 |
| 81 | 龙稻 18 | 1.81 ~ 6.11 |
| 82 | 哈粳稻 1 号 | 5.18 ~ 15.56 |
| 83 | 东富 103 | 1.33 ~ 9.42 |
| 84 | 绥粳 17 | 9.76 ~ 11.63 |
| 85 | 龙粳 42 | 1.89 ~ 10.12 |
| 86 | 绥粳 16 | 5.11 ~ 9.40 |
| 87 | 兴盛 1 号 | 3.24 ~ 11.73 |
| 88 | 龙粳 43 | 15.90 ~ 22.40 |
| 89 | 龙桦 1 号 | 11.87 ~ 17.60 |
| 90 | 龙庆稻 4 号 | 3.67 ~ 18.00 |
| 91 | 明科 1 号 | 12.65 ~ 13.99 |
| 92 | 绿珠 3 号 | 6.00 ~ 15.66 |
| 93 | 哈粳稻 2 号 | 7.45 ~ 14.00 |
| 94 | 苗稻 2 号 | 5.51 ~ 12.38 |
| 95 | 金禾 2 号 | 3.03 ~ 11.92 |
| 96 | 绥稻 3 号 | 1.92 ~ 8.67 |
| 97 | 绥粳 18 | 4.94 ~ 8.59 |
| 98 | 北稻 6 号 | 10.61 ~ 16.94 |
| 99 | 龙粳 44 | 12.10 ~ 18.70 |

表 3－8（续 3）

| 编号 | 种质名称 | 处理空壳率/% |
|------|----------|--------------|
| 100 | 绥粳 15 | 9.67～17.40 |
| 101 | 绥稻 4 号 | 19.60～26.90 |
| 102 | 哈粳稻 3 号 | 1.75～9.26 |
| 103 | 松粳 21 | 1.82～16.86 |
| 104 | 龙稻 21 | 5.00～19.30 |
| 105 | 龙稻 20 | 2.03～8.13 |
| 106 | 龙稻 23 | 3.24～6.46 |
| 107 | 广稻 1 号 | 3.62～14.32 |
| 108 | 绥粳 19 | 4.62～27.34 |
| 109 | 北稻 7 号 | 12.90～23.07 |
| 110 | 莲稻 2 号 | 2.78～13.16 |
| 111 | 龙粳 45 | 18.40～20.60 |
| 112 | 富合 2 号 | 12.80～16.12 |
| 113 | 龙粳 46 | 4.40～15.80 |
| 114 | 龙粳 47 | 12.50～19.50 |
| 115 | 龙粳 48 | 8.10～15.30 |
| 116 | 绿珠 4 号 | 5.42～9.62 |
| 117 | 绥稻 5 号 | 7.93～26.44 |
| 118 | 龙粳 49 | 5.52～25.91 |
| 119 | 龙稻 22 | 2.82～13.47 |
| 120 | 龙桦 2 号 | 1.49～27.93 |
| 121 | 龙稻 24 | 6.21～21.00 |
| 122 | 龙稻 25 | 6.94～11.20 |
| 123 | 松粳 22 | 10.90～14.53 |
| 124 | 龙稻 26 | 6.89～11.18 |
| 125 | 龙庆稻 6 号 | 11.70～24.51 |
| 126 | 牡丹江 35 | 7.44～27.92 |
| 127 | 北稻 1 号 | 9.28～27.77 |
| 128 | 龙粳 50 | 15.80～19.81 |
| 129 | 龙粳 51 | 17.60～24.23 |
| 130 | 龙粳 52 | 9.85～17.70 |
| 131 | 龙粳 53 | 12.77～18.00 |
| 132 | 三江 16 | 16.90～21.10 |

表 3-8(续 4)

| 编号 | 种质名称 | 处理空壳率/% |
|---|---|---|
| 133 | 龙富 1 号 | 6.78 ~ 26.30 |
| 134 | 龙粳 54 | 8.50 ~ 17.50 |
| 135 | 龙庆稻 5 号 | 16.00 ~ 24.50 |
| 136 | 黑粳 10 号 | 3.71 ~ 13.50 |
| 137 | 龙稻 28 | 4.00 ~ 17.56 |
| 138 | 龙稻 27 | 14.93 ~ 24.22 |
| 139 | 吉宏 6 号 | 9.02 ~ 16.85 |
| 140 | 通梅 892 | 9.55 ~ 14.56 |
| 141 | 东富 108 | 2.81 ~ 12.62 |
| 142 | 育龙 7 号 | 8.23 ~ 13.87 |
| 143 | 龙洋 16 | 13.05 ~ 18.16 |
| 144 | 莲育 3213 | 8.97 ~ 11.43 |
| 145 | 龙绥 1 号 | 18.20 ~ 20.98 |
| 146 | 龙庆稻 21 | 11.78 ~ 23.82 |
| 147 | 莲汇 2 号 | 8.74 ~ 25.53 |
| 148 | 绥粳 22 | 8.13 ~ 16.92 |
| 149 | 田裕 9516 | 7.78 ~ 16.11 |
| 150 | 绥粳 21 | 7.84 ~ 20.94 |
| 151 | 盛誉 1 号 | 14.48 ~ 23.58 |
| 152 | 鸿源 15 | 3.40 ~ 9.54 |
| 153 | 莲育 3252 | 25.20 ~ 28.10 |
| 154 | 龙粳 56 | 21.31 ~ 24.30 |
| 155 | 龙粳 58 | 5.91 ~ 13.00 |
| 156 | 田裕 9861 | 8.69 ~ 22.80 |
| 157 | 龙粳 59 | 13.80 ~ 26.80 |
| 158 | 龙粳 60 | 8.69 ~ 23.70 |
| 159 | 绥稻 6 号 | 10.10 ~ 27.70 |
| 160 | 莲育 1496 | 13.20 ~ 25.90 |
| 161 | 莲汇 3 号 | 3.80 ~ 17.50 |
| 162 | 龙粳 61 | 17.60 ~ 24.69 |
| 163 | 龙庆稻 20 | 11.70 ~ 24.30 |
| 164 | 中农粳 179 | 3.08 ~ 23.00 |
| 165 | 中科 902 | 13.35 ~ 22.10 |

表 3 –8(续 5)

| 编号 | 种质名称 | 处理空壳率/% |
|------|----------|--------------|
| 166 | 龙粳 55 | 7.37 ~ 16.87 |
| 167 | 方圆 3 号 | 16.59 ~ 20.39 |
| 168 | 绥粳 20 | 6.42 ~ 22.11 |
| 169 | 龙粳 57 | 16.60 ~ 21.67 |
| 170 | 哈粳稻 4 号 | 5.23 ~ 19.31 |
| 171 | 松 836 | 5.00 ~ 14.19 |
| 172 | 龙稻 30 | 7.47 ~ 15.91 |
| 173 | 桦优 1 号 | 3.91 ~ 8.25 |
| 174 | 龙稻 31 | 2.57 ~ 9.27 |
| 175 | 龙稻 29 | 2.76 ~ 6.45 |
| 176 | 垦粳 8 号 | 1.89 ~ 19.14 |
| 177 | 富尔稻 1 号 | 4.80 ~ 19.41 |
| 178 | 东农 456 | 13.57 ~ 26.29 |
| 179 | 绥粳 29 | 7.17 ~ 22.20 |
| 180 | 龙庆稻 23 | 9.55 ~ 20.90 |
| 181 | 育农粳 1 号 | 11.11 ~ 20.60 |
| 182 | 莲汇 4 号 | 7.40 ~ 18.88 |
| 183 | 绥稻 9 号 | 10.39 ~ 19.40 |
| 184 | 绥粳 26 | 7.83 ~ 11.15 |
| 185 | 绥粳 23 | 4.28 ~ 16.54 |
| 186 | 绥粳 28 | 7.88 ~ 11.40 |
| 187 | 莲育 1013 | 6.67 ~ 28.30 |
| 188 | 龙粳 63 | 3.74 ~ 27.52 |
| 189 | 莲汇 631 | 4.74 ~ 23.20 |
| 190 | 莲育 124 | 7.17 · 21.02 |
| 191 | 龙粳 64 | 3.28 ~ 15.47 |
| 192 | 龙粳 65 | 4.40 ~ 7.790 |
| 193 | 龙粳 66 | 3.44 ~ 11.20 |
| 194 | 富合 3 号 | 4.43 ~ 6.20 |
| 195 | 创优 31 | 2.88 ~ 24.60 |
| 196 | 绥粳 27 | 20.20 ~ 21.40 |
| 197 | 龙粳 67 | 3.17 ~ 9.40 |
| 198 | 绥粳 25 | 9.50 ~ 15.62 |

表 3 - 8（续 6）

| 编号 | 种质名称 | 处理空壳率/% |
|---|---|---|
| 199 | 龙粳 69 | 3.51 ~ 16.40 |
| 200 | 育龙 9 号 | 4.41 ~ 18.00 |
| 201 | 莲育 625 | 3.01 ~ 10.80 |
| 202 | 龙庆稻 22 | 4.36 ~ 14.90 |
| 203 | 黑粳 9 号 | 6.98 ~ 11.20 |
| 204 | 龙粳 62 | 9.79 ~ 19.60 |
| 205 | 龙洋 11 | 6.13 ~ 8.92 |

# 第四节　黑龙江省水稻核心种质抗病性状

　　黑龙江省种植的水稻品种材料的抗病基因来源主要为石狩白毛、爱知旭、虾夷、手稻、福锦、下北和滨旭等日本抗病品种。在此基础上，黑龙江省多家水稻育种单位育成了抗瘟性较强的品种，如早期的东北农业大学选育出的东农 413、东农 415 和东农 416 等优良新品种，黑龙江省农业科学院绥化分院选育出的绥粳 3 号、绥粳 8 号，黑龙江省农业科学院佳木斯水稻研究所选育出的龙粳 21、龙粳 27，以及黑龙江省农业科学院牡丹江分院选育出的牡丹江 18、牡丹江 19，等等。

　　进一步分析发现，目前黑龙江省水稻品种已有的抗病基因包括 Pi - a、Pi - i、Pi - k、Pi - k$^m$、Pi - k$^s$、Pi - ta、Pi - z$^5$、Pi - z$^t$ 等，见表 3 - 9。

### 表 3 - 9　黑龙江省部分品种基因型推断

| 已知抗瘟基因 | 品种名称 |
|---|---|
| Pi - a | 东农 419、绥粳 7 号、垦稻 10 |
| Pi - a、k | 牡丹江 27、龙粳 17、空育 131 |
| Pi - a、z$^5$ | 龙粳 18 |
| Pi - a、k、t | 龙粳 23 |
| Pi - a、k、19 | 垦稻 17 |
| Pi - a、k、7 | 东农 428 |
| Pi - a、k、19、7 | 龙稻 8 号 |
| Pi - a、k、k$^s$、z$^t$ | 龙粳 12 |
| Pi - k | 龙盾 02 - 242、松粳 1 号、松粳 3 号、龙粳 19、北稻 2 号、绥粳 4 号 |
| Pi - k、ta$^2$ | 绥粳 8 号 |
| Pi - k、7 | 东农 428 |

表 3 - 9（续）

| 已知抗瘟基因 | 品种名称 |
|---|---|
| Pi - k、i | 龙粳 13 |
| Pi - k、19 | 龙粳 27 |
| Pi - k、19、7 | 五优稻 4 号 |
| Pi - k、kˢ | 垦稻 12、龙糯 2 号 |
| Pi - kˢ | 龙盾 102、东农 418、龙稻 5 号 |
| Pi - kˢ、19、sh | 龙稻 4 号 |
| Pi - 19 | 东农 426、龙稻 3 号、龙粳 21、垦鉴稻 605 - 158、龙盾 104 |
| Pi - 19、12 | 龙粳 14 |
| Pi - 19、12、b、sh | 龙粳 22 |
| Pi - 19、sh | 垦稻 18 |
| Pi - sh | 牡丹江 28 |
| Pi - 1、kᵐ | 龙粳 39 |
| Pi - 1、19、20、sh | 龙粳 40 |
| Pi - 20 | 普粘 7 号 |
| Pi - 3、1、z⁵、sh | 龙粳 31 |
| Pi - a、sh | 松粳 9 号 |
| Pi - 9、36、sh | 绥粳 3 号 |
| Pi - 9、36、sh、k1 | 绥粳 18 |
| Pi - ta | 龙盾 105 |

按照叶瘟、穗瘟和节瘟等稻瘟的调查标准对黑龙江省近十年水稻主要种质资源抗病性进行分析,可得出表 3 - 10。由表 3 - 10 可知,近十年来,黑龙江省水稻主要种质资源的叶瘟和穗颈瘟的抗性分布范围绝大部分为 0 级 ~7 级,其中龙稻 23 的抗病性强,叶瘟抗性为 0 级,穗颈瘟抗性也为 0 级;此外,还有一些穗颈瘟抗性为 0 级的抗病材料,如龙稻12、龙稻 18、龙香稻 2 号、龙洋 1 号、松粳香 1 号、东农 430、东农 429;同时,龙粳 31、绥粳 18 等因其优良的水平抗性为黑龙江省水稻育种及生产创造了巨大的社会、经济效益。这些优良抗性材料可进一步应用于今后的抗性育种,提高黑龙江省水稻抗性水平。

表 3 - 10　近十年黑龙江省水稻主要种质资源稻瘟病抗性调查

| 编号 | 种质名称 | 叶瘟抗性 | 穗颈瘟抗性 |
|---|---|---|---|
| 1 | 东农 429 | 0 级 ~3 级 | 0 级 |
| 2 | 东农 430 | 0 级 ~3 级 | 0 级 |
| 3 | 牡丹江 30 | 0 级 ~3 级 | 0 级 ~1 级 |

表 3 – 10（续 1）

| 编号 | 种质名称 | 叶瘟抗性 | 穗颈瘟抗性 |
|------|----------|----------|------------|
| 4 | 松粳香 1 号 | 1 级 ~ 3 级 | 0 级 |
| 5 | 五优稻 4 号 | 3 级 | 5 级 |
| 6 | 北稻 4 号 | 1 级 | 0 级 ~ 1 级 |
| 7 | 东农 428 | 1 级 | 0 级 |
| 8 | 龙粳 26 | 3 级 ~ 4 级 | 1 级 ~ 3 级 |
| 9 | 龙粳 25 | 4 级 ~ 5 级 | 1 级 |
| 10 | 龙粳 27 | 3 级 ~ 4 级 | 1 级 |
| 11 | 龙粳 28 | 3 级 | 3 级 |
| 12 | 垦稻 19 | 3 级 | 1 级 ~ 3 级 |
| 13 | 绥粳 12 | 3 级 ~ 5 级 | 1 级 ~ 3 级 |
| 14 | 龙稻 9 号 | 1 级 ~ 5 级 | 0 级 ~ 5 级 |
| 15 | 龙糯 3 号 | 1 级 ~ 5 级 | 3 级 ~ 5 级 |
| 16 | 龙洋 1 号 | 1 级 ~ 5 级 | 0 级 |
| 17 | 龙稻 10 | 1 级 | 0 级 ~ 5 级 |
| 18 | 龙稻 11 | 1 级 ~ 3 级 | 0 级 ~ 3 级 |
| 19 | 牡丹江 31 | 1 级 ~ 5 级 | 3 级 |
| 20 | 绥粳 13 | 1 级 ~ 5 级 | 0 级 ~ 5 级 |
| 21 | 北稻 5 号 | 3 级 | 0 级 ~ 5 级 |
| 22 | 龙庆稻 1 号 | 3 级 | 0 级 ~ 5 级 |
| 23 | 龙联 1 号 | 1 级 ~ 3 级 | 1 级 ~ 3 级 |
| 24 | 松粳 13 | 1 级 ~ 5 级 | 0 级 ~ 3 级 |
| 25 | 龙粳 29 | 3 级 | 1 级 ~ 5 级 |
| 26 | 龙盾 107 | 5 级 ~ 7 级 | 1 级 ~ 3 级 |
| 27 | 莲惠 1 号 | 3 级 | 1 级 |
| 28 | 苗香粳 1 号 | 1 级 ~ 5 级 | 0 级 ~ 3 级 |
| 29 | 龙香稻 2 号 | 1 级 | 0 级 |
| 30 | 龙粳香 1 号 | 3 级 ~ 4 级 | 1 级 |
| 31 | 稼禾 1 号 | 7 级 | 1 级 ~ 3 级 |
| 32 | 松粳 15 | 0 级 ~ 5 级 | 0 级 ~ 3 级 |
| 33 | 松粳 14 | 1 级 ~ 3 级 | 1 级 ~ 5 级 |
| 34 | 龙粳 30 | 0 级 ~ 5 级 | 0 级 ~ 3 级 |
| 35 | 龙粳 31 | 3 级 ~ 5 级 | 1 级 ~ 5 级 |
| 36 | 莲稻 1 号 | 3 级 ~ 5 级 | 1 级 ~ 3 级 |

表 3 - 10（续 2）

| 编号 | 种质名称 | 叶瘟抗性 | 穗颈瘟抗性 |
|------|----------|----------|------------|
| 37 | 龙粳 32 | 3 级 | 1 级 ~ 3 级 |
| 38 | 龙庆稻 2 号 | 5 级 ~ 6 级 | 3 级 ~ 7 级 |
| 39 | 松粳香 2 号 | 0 级 ~ 3 级 | 0 级 ~ 3 级 |
| 40 | 龙稻 12 | 0 级 ~ 5 级 | 0 级 |
| 41 | 东农 431 | 0 级 ~ 5 级 | 0 级 ~ 5 级 |
| 42 | 松粳 16 | 0 级 ~ 5 级 | 0 级 ~ 3 级 |
| 43 | 利元 5 号 | 1 级 ~ 3 级 | 1 级 ~ 3 级 |
| 44 | 绿珠 1 号 | 3 级 | 1 级 ~ 5 级 |
| 45 | 龙稻 13 | 0 级 ~ 3 级 | 0 级 ~ 5 级 |
| 46 | 龙稻 14 | 1 级 ~ 3 级 | 3 级 |
| 47 | 龙粳 33 | 0 级 ~ 1 级 | 1 级 ~ 3 级 |
| 48 | 龙粳 34 | 0 级 ~ 3 级 | 1 级 ~ 3 级 |
| 49 | 绥稻 1 号 | 0 级 ~ 3 级 | 1 级 ~ 3 级 |
| 50 | 龙粳 35 | 3 级 ~ 5 级 | 1 级 ~ 3 级 |
| 51 | 龙粳 36 | 3 级 ~ 5 级 | 1 级 ~ 3 级 |
| 52 | 育龙 1 号 | 3 级 ~ 5 级 | 1 级 ~ 3 级 |
| 53 | 龙粳 37 | 3 级 ~ 5 级 | 1 级 ~ 5 级 |
| 54 | 龙粳 38 | 0 级 | 3 级 |
| 55 | 中龙香粳 1 号 | 0 级 | 0 级 ~ 1 级 |
| 56 | 松粳 17 | 0 级 ~ 5 级 | 0 级 ~ 5 级 |
| 57 | 绿珠 2 号 | 0 级 ~ 5 级 | 3 级 ~ 5 级 |
| 58 | 中龙粳 2 号 | 0 级 ~ 5 级 | 0 级 ~ 3 级 |
| 59 | 松粳 18 | 3 级 ~ 5 级 | 1 级 ~ 3 级 |
| 60 | 牡丹江 32 | 0 级 ~ 3 级 | 0 级 ~ 3 级 |
| 61 | 绥粳 14 | 0 级 ~ 1 级 | 0 级 ~ 1 级 |
| 62 | 绥稻 2 号 | 0 级 ~ 3 级 | 1 级 ~ 3 级 |
| 63 | 牡响 1 号 | 3 级 | 1 级 ~ 3 级 |
| 64 | 育龙 2 号 | 3 级 ~ 5 级 | 3 级 |
| 65 | 中龙粳 1 号 | 3 级 ~ 5 级 | 3 级 ~ 5 级 |
| 66 | 龙粳 39 | 3 级 | 3 级 |
| 67 | 龙粳 40 | 3 级 | 1 级 ~ 5 级 |
| 68 | 龙稻 16 | 1 级 ~ 3 级 | 0 级 ~ 3 级 |
| 69 | 松粳 19 | 1 级 ~ 3 级 | 0 级 ~ 3 级 |

表 3－10（续3）

| 编号 | 种质名称 | 叶瘟抗性 | 穗颈瘟抗性 |
|------|---------|---------|-----------|
| 70 | 龙稻 15 | 0 级 ~3 级 | 0 级 ~3 级 |
| 71 | 东富 101 | 0 级 ~5 级 | 0 级 ~5 级 |
| 72 | 金禾 1 号 | 0 级 ~5 级 | 0 级 ~1 级 |
| 73 | 苗稻 1 号 | 0 级 ~1 级 | 0 级 ~1 级 |
| 74 | 中龙粳 3 号 | 3 级 ~5 级 | 3 级 |
| 75 | 龙粳 41 | 3 级 ~5 级 | 1 级 ~5 级 |
| 76 | 龙庆稻 3 号 | 1 级 ~3 级 | 1 级 ~3 级 |
| 77 | 东富 102 | 0 级 ~1 级 | 0 级 ~1 级 |
| 78 | 松粳 20 | 1 级 ~3 级 | 1 级 ~3 级 |
| 79 | 龙稻 19 | 0 级 ~1 级 | 0 级 ~1 级 |
| 80 | 龙稻 17 | 1 级 ~3 级 | 1 级 ~3 级 |
| 81 | 龙稻 18 | 0 级 ~1 级 | 0 级 |
| 82 | 哈粳稻 1 号 | 1 级 ~5 级 | 1 级 ~3 级 |
| 83 | 东富 103 | 0 级 ~3 级 | 1 级 ~3 级 |
| 84 | 绥粳 17 | 1 级 ~3 级 | 1 级 ~3 级 |
| 85 | 龙粳 42 | 3 级 | 1 级 ~5 级 |
| 86 | 绥粳 16 | 0 级 ~5 级 | 0 级 ~3 级 |
| 87 | 兴盛 1 号 | 1 级 ~5 级 | 1 级 ~5 级 |
| 88 | 龙粳 43 | 3 级 ~5 级 | 1 级 ~5 级 |
| 89 | 龙桦 1 号 | 3 级 ~5 级 | 1 级 ~5 级 |
| 90 | 龙庆稻 4 号 | 3 级 ~5 级 | 1 级 ~5 级 |
| 91 | 明科 1 号 | 5 级 | 5 级 |
| 92 | 绿珠 3 号 | 1 级 ~5 级 | 0 级 ~5 级 |
| 93 | 哈粳稻 2 号 | 1 级 ~5 级 | 3 级 ~5 级 |
| 94 | 苗稻 2 号 | 1 级 ~3 级 | 0 级 ~3 级 |
| 95 | 金禾 2 号 | 1 级 ~5 级 | 0 级 ~1 级 |
| 96 | 绥稻 3 号 | 0 级 ~3 级 | 0 级 ~3 级 |
| 97 | 绥粳 18 | 1 级 ~3 级 | 1 级 |
| 98 | 北稻 6 号 | 0 级 ~5 级 | 1 级 ~3 级 |
| 99 | 龙粳 44 | 3 级 ~5 级 | 3 级 ~5 级 |
| 100 | 绥粳 15 | 3 级 | 3 级 |
| 101 | 绥稻 4 号 | 3 级 ~5 级 | 3 级 ~5 级 |
| 102 | 哈粳稻 3 号 | 3 级 ~4 级 | 1 级 ~5 级 |

表 3 – 10（续 4）

| 编号 | 种质名称 | 叶瘟抗性 | 穗颈瘟抗性 |
|---|---|---|---|
| 103 | 松粳 21 | 0 级 ~ 4 级 | 0 级 ~ 5 级 |
| 104 | 龙稻 21 | 3 级 ~ 5 级 | 1 级 ~ 3 级 |
| 105 | 龙稻 20 | 0 级 ~ 2 级 | 0 级 ~ 3 级 |
| 106 | 龙稻 23 | 0 级 | 0 级 |
| 107 | 广稻 1 号 | 1 级 ~ 3 级 | 1 级 ~ 3 级 |
| 108 | 绥粳 19 | 0 级 ~ 3 级 | 0 级 ~ 3 级 |
| 109 | 北稻 7 号 | 1 级 ~ 4 级 | 1 级 ~ 3 级 |
| 110 | 莲稻 2 号 | 1 级 ~ 5 级 | 0 级 ~ 3 级 |
| 111 | 龙粳 45 | 2 级 ~ 3 级 | 3 级 ~ 5 级 |
| 112 | 富合 2 号 | 3 级 ~ 5 级 | 1 级 ~ 5 级 |
| 113 | 龙粳 46 | 4 级 ~ 5 级 | 1 级 ~ 5 级 |
| 114 | 龙粳 47 | 3 级 ~ 5 级 | 1 级 ~ 5 级 |
| 115 | 龙粳 48 | 3 级 ~ 4 级 | 1 级 ~ 3 级 |
| 116 | 绿珠 4 号 | 2 级 ~ 3 级 | 1 级 ~ 3 级 |
| 117 | 绥稻 5 号 | 1 级 ~ 3 级 | 0 级 ~ 1 级 |
| 118 | 龙粳 49 | 0 级 ~ 5 级 | 0 级 ~ 3 级 |
| 119 | 龙稻 22 | 1 级 ~ 3 级 | 1 级 ~ 3 级 |
| 120 | 龙桦 2 号 | 0 级 ~ 5 级 | 1 级 ~ 5 级 |
| 121 | 龙稻 24 | 1 级 ~ 2 级 | 0 级 ~ 1 级 |
| 122 | 龙稻 25 | 1 级 ~ 6 级 | 0 级 ~ 3 级 |
| 123 | 松粳 22 | 1 级 ~ 2 级 | 1 级 ~ 5 级 |
| 124 | 龙稻 26 | 4 级 ~ 5 级 | 1 级 ~ 3 级 |
| 125 | 龙庆稻 6 号 | 0 级 ~ 5 级 | 0 级 ~ 5 级 |
| 126 | 牡丹江 35 | 1 级 ~ 5 级 | 1 级 ~ 5 级 |
| 127 | 北稻 1 号 | 1 级 ~ 5 级 | 1 级 ~ 5 级 |
| 128 | 龙粳 50 | 3 级 | 1 级 ~ 5 级 |
| 129 | 龙粳 51 | 3 级 | 3 级 ~ 5 级 |
| 130 | 龙粳 52 | 5 级 | 1 级 ~ 5 级 |
| 131 | 龙粳 53 | 3 级 ~ 5 级 | 1 级 |
| 132 | 三江 16 | 3 级 ~ 5 级 | 5 级 |
| 133 | 龙富 1 号 | 3 级 ~ 4 级 | 1 级 ~ 5 级 |
| 134 | 龙粳 54 | 3 级 ~ 5 级 | 1 级 ~ 5 级 |
| 135 | 龙庆稻 5 号 | 3 级 | 1 级 ~ 9 级 |

表 3 - 10（续 5）

| 编号 | 种质名称 | 叶瘟抗性 | 穗颈瘟抗性 |
|------|---------|---------|-----------|
| 136 | 黑粳 10 | 3 级 ~ 7 级 | 3 级 ~ 9 级 |
| 137 | 龙稻 28 | 3 级 ~ 5 级 | 1 级 ~ 3 级 |
| 138 | 龙稻 27 | 1 级 ~ 5 级 | 0 级 ~ 3 级 |
| 139 | 吉宏 6 号 | 2 级 ~ 3 级 | 1 级 ~ 3 级 |
| 140 | 通梅 892 | 2 级 ~ 5 级 | 1 级 ~ 3 级 |
| 141 | 东富 108 | 1 级 ~ 5 级 | 1 级 ~ 3 级 |
| 142 | 育龙 7 号 | 0 级 ~ 5 级 | 0 级 ~ 3 级 |
| 143 | 龙洋 16 | 3 级 ~ 5 级 | 3 级 |
| 144 | 莲育 3213 | 1 级 ~ 5 级 | 1 级 ~ 3 级 |
| 145 | 龙绥 1 号 | 0 级 ~ 3 级 | 0 级 ~ 3 级 |
| 146 | 龙庆稻 21 | 2 级 ~ 4 级 | 5 级 |
| 147 | 莲汇 2 号 | 1 级 ~ 5 级 | 3 级 ~ 5 级 |
| 148 | 绥粳 22 | 1 级 ~ 4 级 | 3 级 ~ 5 级 |
| 149 | 田裕 9516 | 1 级 ~ 5 级 | 1 级 ~ 3 级 |
| 150 | 绥粳 21 | 0 级 ~ 3 级 | 1 级 ~ 3 级 |
| 151 | 盛誉 1 号 | 3 级 ~ 5 级 | 1 级 ~ 3 级 |
| 152 | 鸿源 15 | 3 级 ~ 5 级 | 3 级 ~ 5 级 |
| 153 | 莲育 3252 | 3 级 ~ 5 级 | 1 级 ~ 5 级 |
| 154 | 龙粳 56 | 3 级 | 1 级 ~ 3 级. |
| 155 | 龙粳 58 | 3 级 ~ 5 级 | 1 级 ~ 5 级 |
| 156 | 田裕 9861 | 3 级 | 3 级 ~ 5 级 |
| 157 | 龙粳 59 | 3 级 ~ 5 级 | 1 级 ~ 5 级 |
| 158 | 龙粳 60 | 3 级 ~ 5 级 | 1 级 ~ 5 级 |
| 159 | 绥稻 6 号 | 3 级 ~ 6 级 | 1 级 ~ 5 级 |
| 160 | 莲育 1496 | 5 级 | 5 级 ~ 7 级 |
| 161 | 莲汇 3 号 | 3 级 ~ 6 级 | 3 级 ~ 7 级 |
| 162 | 龙粳 61 | 3 级 ~ 5 级 | 1 级 ~ 5 级 |
| 163 | 龙庆稻 20 | 3 级 ~ 6 级 | 1 级 ~ 7 级 |
| 164 | 中农粳 179 | 3 级 ~ 5 级 | 5 级 ~ 7 级 |
| 165 | 中科 902 | 3 级 ~ 5 级 | 3 级 ~ 5 级 |
| 166 | 龙粳 55 | 0 级 ~ 5 级 | 0 级 ~ 1 级 |
| 167 | 方圆 3 号 | 2 级 ~ 5 级 | 1 级 ~ 3 级 |
| 168 | 绥粳 20 | 0 级 ~ 2 级 | 0 级 ~ 1 级 |

表 3 – 10（续 6）

| 编号 | 种质名称 | 叶瘟抗性 | 穗颈瘟抗性 |
|---|---|---|---|
| 169 | 龙粳 57 | 3 级 | 1 级 ~ 3 级 |
| 170 | 哈粳稻 4 号 | 3 级 ~ 5 级 | 1 级 ~ 5 级 |
| 171 | 松 836 | 1 级 ~ 5 级 | 0 级 ~ 5 级 |
| 172 | 龙稻 30 | 1 级 ~ 5 级 | 1 级 ~ 5 级 |
| 173 | 桦优 1 号 | 1 级 ~ 5 级 | 1 级 ~ 3 级 |
| 174 | 龙稻 31 | 3 级 ~ 5 级 | 1 级 ~ 3 级 |
| 175 | 龙稻 29 | 2 级 ~ 5 级 | 1 级 ~ 3 级 |
| 176 | 垦粳 8 号 | 5 级 ~ 6 级 | 1 级 ~ 5 级 |
| 177 | 富尔稻 1 号 | 1 级 ~ 5 级 | 1 级 ~ 3 级 |
| 178 | 东农 456 | 5 级 ~ 7 级 | 5 级 |
| 179 | 绥粳 29 | 0 级 ~ 2 级 | 0 级 ~ 3 级 |
| 180 | 龙庆稻 23 | 0 级 ~ 4 级 | 0 级 ~ 3 级 |
| 181 | 育农粳 1 号 | 0 级 ~ 2 级 | 1 级 ~ 3 级 |
| 182 | 莲汇 4 号 | 0 级 ~ 5 级 | 1 级 ~ 3 级 |
| 183 | 绥稻 9 号 | 1 级 ~ 6 级 | 1 级 ~ 5 级 |
| 184 | 绥粳 26 | 0 级 ~ 2 级 | 0 级 ~ 1 级 |
| 185 | 绥粳 23 | 1 级 ~ 3 级 | 3 级 |
| 186 | 绥粳 28 | 1 级 | 0 级 ~ 1 级 |
| 187 | 莲育 1013 | 3 级 | 1 级 ~ 5 级 |
| 188 | 龙粳 63 | 3 级 ~ 5 级 | 1 级 ~ 3 级 |
| 189 | 莲汇 631 | 3 级 | 1 级 ~ 5 级 |
| 190 | 莲育 124 | 3 级 | 1 级 ~ 5 级 |
| 191 | 龙粳 64 | 3 级 ~ 5 级 | 1 级 ~ 5 级 |
| 192 | 龙粳 65 | 3 级 ~ 4 级 | 1 级 ~ 5 级 |
| 193 | 龙粳 66 | 3 级 ~ 5 级 | 1 级 ~ 5 级 |
| 194 | 富合 3 号 | 3 级 | 1 级 ~ 3 级 |
| 195 | 创优 31 | 3 级 ~ 5 级 | 1 级 ~ 3 级 |
| 196 | 绥粳 27 | 3 级 ~ 5 级 | 3 级 ~ 5 级 |
| 197 | 龙粳 67 | 5 级 ~ 6 级 | 5 级 |
| 198 | 绥粳 25 | 3 级 ~ 6 级 | 1 级 ~ 3 级 |
| 199 | 龙粳 69 | 5 级 ~ 7 级 | 1 级 ~ 7 级 |
| 200 | 育龙 9 号 | 3 级 | 3 级 ~ 5 级 |
| 201 | 莲育 625 | 3 级 ~ 4 级 | 1 级 ~ 5 级 |

表 3 – 10（续 7）

| 编号 | 种质名称 | 叶瘟抗性 | 穗颈瘟抗性 |
|---|---|---|---|
| 202 | 龙庆稻 22 | 3 级 ~ 4 级 | 1 级 ~ 5 级 |
| 203 | 黑粳 9 号 | 4 级 ~ 7 级 | 5 级 |
| 204 | 龙粳 62 | 0 级 ~ 3 级 | 1 级 ~ 3 级 |
| 205 | 龙洋 11 | 2 级 ~ 5 级 | 1 级 ~ 3 级 |

注:叶瘟调查标准——0 级:无病;1 级:仅有小的针尖大小的褐点;2 级:较大褐点;3 级:小而圆以至稍长的褐色的坏死灰斑,直径 1 ~ 2 mm;4 级:典型的稻瘟病斑或椭圆形,长 1 ~ 2 cm,常限于两条叶脉间,病斑面积不足叶面积的 2%;5 级:典型的稻瘟病斑,受害面积小于 10%;6 级:典型的稻瘟病斑,受害面积为 10% ~ 25%;7 级:典型的稻瘟病斑,受害面积为 26% ~ 50%;8 级:典型的稻瘟病斑,受害面积为 51% ~ 75%;9 级:全部叶片死亡。穗瘟和节瘟调查标准——0 级:无病;1 级:发病率低于 1%;3 级:发病率为 1% ~ 5%;5 级:发病率为 6% ~ 25%;7 级:发病率为 26% ~ 50%;9 级:发病率为 51 ~ 100%。

# 第五节　黑龙江省水稻主要种质资源品质评价

近年来,随着消费水平的提升,人们对稻米品质的要求也日益提高。"九五"以来,黑龙江省育成的水稻品种品质有了明显改善,期间育成的优质新品种有龙粳 8 号、龙粳 13、龙粳 14、龙粳 19、龙粳 20、龙粳 21、龙粳 25、垦稻 10、垦稻 12、五优稻 1 号、松粳 6 号、松粳 9 号、松粳 12、龙稻 3 号、龙稻 4 号、牡丹江 28、牡丹江 29、绥粳 9 号、绥粳 10、东农 419、东农 428 等。黑龙江省在"十一五"期间选育的优质品种有 20 余个,包括龙粳 21、龙粳香 1 号、垦稻 12、龙稻 11、龙香稻 2 号、东农 428、松粳 12、绥粳 10、莎莎妮、五优稻 4 号、龙洋 1 号、龙庆稻 1 号等。

2018 年 5 月,"国家优质稻品种攻关推进暨鉴评推介会"在广州举行,会上公布了首届全国优质稻品种食味品质鉴评金奖名单。在 10 个获奖粳稻品种中,黑龙江省农业科学院育成的龙稻 18、松粳 28、松粳 22 以及黑龙江省育成的五优稻 4 号名列其中。"龙稻 18"由黑龙江省农业科学院耕作栽培研究所历时 11 年选育而成,填补了黑龙江省国标一级米水稻品种的空白,成为黑龙江省首个达到国家标准的一级米粳稻品种。该品种采用有性杂交育成,长粒,高抗稻瘟病,耐冷性极强。这些优良品种的育成和大面积推广应用,极大地增强了黑龙江省水稻的市场竞争力,提高了农民的收入,改善了人民的生活,创造了良好的社会、经济效益。

影响寒地稻米食味的主要因子包括外观品质、直链淀粉及蛋白质含量等。黑龙江省近十年育成品种的等级以国家《优质稻谷》标准二级为主,达标率达 78.0%。对黑龙江省近十年审定的水稻新品种的品质进行测定可得到表 3 – 11。由表 3 – 11 可知,除糯稻外,黑龙江省水稻品种直链淀粉含量多集中在 14.76% ~ 19.92%。

表 3 - 11 近十年黑龙江省水稻主要种质资源品质性状

| 序号 | 种质名称 | 出糙率/% | 整精米率/% | 垩白粒率/% | 垩白度/% | 直链淀粉含量/% | 胶稠度/mm | 食味评分/分 | 品质等级 |
|---|---|---|---|---|---|---|---|---|---|
| 1 | 东农429 | 81.2~83.2 | 55.8~69.7 | 0~0.1 | 0 | 18.00~18.10 | 74.5~79.5 | 86~90 | 国家《优质稻谷》标准二级 |
| 2 | 东农430 | 79.9~82.3 | 60.8~68.7 | 0~2.0 | 0~0.5 | 16.70~18.00 | 73.5~77.0 | 78~84 | 国家《优质稻谷》标准二级 |
| 3 | 牡丹江30 | 79.7~82.6 | 64.3~73.3 | 0~5.5 | 0~0.4 | 16.60~17.00 | 66.5~77.5 | 79~87 | 国家《优质稻谷》标准二级 |
| 4 | 松粳香1号 | 80.8~82.6 | 64.4~69.5 | 0 | 0 | 17.00~18.80 | 75.5~81.0 | 78~83 | 国家《优质稻谷》标准二级 |
| 5 | 五优稻4号 | 83.4~84.1 | 67.1~67.9 | 0 | 7.0 | 17.30~17.60 | 76.0~79.0 | 87~88 | 国家《优质稻谷》标准二级 |
| 6 | 北稻4号 | 79.8~81.9 | 59.7~69.9 | 0~1.0 | 0~0.1 | 17.13~17.60 | 67.5~77.3 | 81~89 | 国家《优质稻谷》标准二级 |
| 7 | 东农428 | 80.9~83.2 | 64.4~70.0 | 0~1.5 | 0~0.1 | 17.10~17.20 | 71.5~79.5 | 86~90 | 国家《优质稻谷》标准二级 |
| 8 | 龙粳26 | 81.1~82.7 | 65.6~70.3 | 0~7.0 | 0~0.5 | 18.20~19.30 | 73.5~75.5 | 81~87 | 国家《优质稻谷》标准二级 |
| 9 | 龙粳25 | 83.8~84.6 | 65.7~70.8 | 0~2.0 | 0~0.2 | 16.30~17.70 | 75.5~81.0 | 80~87 | 国家《优质稻谷》标准二级 |
| 10 | 龙粳27 | 81.6~82.7 | 63.8~68.9 | 0~3.0 | 0~0.6 | 17.20~18.20 | 66.0~80.0 | 81~84 | 国家《优质稻谷》标准二级 |
| 11 | 龙粳28 | 82.6~83.9 | 67.7~70.5 | 0~14.5 | 0~1.6 | 16.30~17.40 | 66.5~77.5 | 76~78 | 国家《优质稻谷》标准二级 |
| 12 | 垦稻19 | 80.6~82.8 | 66.1~71.4 | 0~7.5 | 0~1.2 | 17.50~18.70 | 76.3~78.5 | 78~84 | 国家《优质稻谷》标准二级 |
| 13 | 绥粳12 | 79.6~81.7 | 66.8~70.6 | 0~9.5 | 0~1.1 | 17.30~18.80 | 66.0~73.0 | 75~77 | 国家《优质稻谷》标准二级 |
| 14 | 龙稻9号 | 80.2~81.3 | 64.1~69.3 | 100 | 100 | 0~1.7 | 100.0 | — | 国家《优质稻谷》糯稻标准 |
| 15 | 龙糯3号 | 80.5~82.6 | 67.4~69.1 | 100 | 100 | 0~0.6 | 100.0 | — | 国家《优质稻谷》糯稻标准 |
| 16 | 龙洋1号 | 78.1~81.2 | 56.2~67.0 | 0~1.5 | 0~0.1 | 16.50~19.18 | 78.0~84.0 | 83~89 | 国家《优质稻谷》标准二级 |
| 17 | 龙稻10 | 80.8~81.0 | 63.5~68.5 | 2.5~9.5 | 0.2~1.0 | 16.50~17.73 | 72.0~83.5 | 81~84 | 国家《优质稻谷》标准二级 |
| 18 | 龙稻11 | 80.2~81.7 | 67.8~68.4 | 0~1 | 0~0.1 | 17.96~18.60 | 70.5~72.5 | 77~80 | 国家《优质稻谷》标准二级 |
| 19 | 牡丹江31 | 82.5~83.5 | 63.7~72.1 | 0~2.5 | 0~0.2 | 16.50~18.91 | 73.0~81.0 | 78~84 | 国家《优质稻谷》标准二级 |
| 20 | 绥粳13 | 78.7~79.8 | 62.0~66.7 | 0~1.0 | 0~0.1 | 16.70~17.28 | 77.0~81.5 | 79~83 | 国家《优质稻谷》标准二级 |

表 3-11（续1）

| 序号 | 种质名称 | 出糙率/% | 整精米率/% | 垩白粒率/% | 垩白度/% | 直链淀粉含量/% | 胶稠度/mm | 食味评分/分 | 品质等级 |
|---|---|---|---|---|---|---|---|---|---|
| 21 | 北稻5号 | 78.4~80.8 | 62.9~65.4 | 0 | 0 | 17.30~18.57 | 71.5~73.0 | 85~87 | 国家《优质稻谷》标准二级 |
| 22 | 龙庆稻1号 | 79.1~81 | 63.3~68.3 | 0~1 | 0~0.1 | 17.82~18.7 | 65.5~77.5 | 87~88 | 国家《优质稻谷》标准二级 |
| 23 | 龙联1号 | 81.0~82.8 | 70.0~70.3 | 4.0~6.5 | 0.3~0.5 | 16.70~17.98 | 67.0~83.5 | 80~81 | 国家《优质稻谷》标准三级 |
| 24 | 松粳13 | 79.2~80.4 | 62.4~66.7 | 0 | 0 | 16.10~17.28 | 72.0~81.0 | 79~81 | 国家《优质稻谷》标准二级 |
| 25 | 龙粳29 | 80.4~81.6 | 62.1~70.3 | 2.0~4.0 | 0.4~0.6 | 17.56~19.1 | 67.0~74.0 | 80~84 | 国家《优质稻谷》标准二级 |
| 26 | 龙盾107 | 80.1~81.6 | 64.5~68.6 | 1.0~8.5 | 0.1~0.9 | 16.89~17.9 | 69.0~78.5 | 78~82 | 国家《优质稻谷》标准二级 |
| 27 | 莲惠1号 | 80.7~82.2 | 66.1~71.8 | 1.0~6.0 | 0.1~0.6 | 17.30~17.62 | 68.5~78.5 | 73~81 | 国家《优质稻谷》标准三级 |
| 28 | 苗香粳1号 | 79.9~80.6 | 62.3~68.3 | 0 | 0 | 17.08~18.6 | 68.5~75.0 | 85 | 国家《优质稻谷》标准二级 |
| 29 | 龙香稻2号 | 80.5~81.8 | 66.2~69.2 | 1.0 | 0.1~0.2 | 16.20~17.68 | 73.5~76.5 | 82~84 | 国家《优质稻谷》标准二级 |
| 30 | 龙粳香1号 | 76.1~81.2 | 62.8~66.8 | 3.0~8.0 | 0.4~0.6 | 17.80~18.02 | 73.0~75.5 | 80~86 | 国家《优质稻谷》标准三级 |
| 31 | 稼禾1号 | 74.6~81.8 | 62.4~64.0 | 0~9.5 | 0~0.8 | 16.90~17.48 | 67.0~81.5 | 76~80 | 国家《优质稻谷》标准三级 |
| 32 | 松粳15 | 77.1~77.8 | 62.0~66.2 | 1.0~3.0 | 0.1~0.4 | 18.27~18.76 | 72.5~85.0 | 80~83 | 国家《优质稻谷》标准二级 |
| 33 | 松粳14 | 79.1~80.0 | 62.6~70.4 | 0 | 0 | 17.57~18.31 | 70.0~74.0 | 82~84 | 国家《优质稻谷》标准二级 |
| 34 | 龙粳30 | 80.4~81.6 | 61.8~65.0 | 3.5~7.0 | 0.3~1.0 | 16.48~18.54 | 71.0~79.0 | 80~81 | 国家《优质稻谷》标准三级 |
| 35 | 松粳31 | 81.1~81.2 | 71.6~71.8 | 0.0~2.0 | 0.0~0.1 | 16.89~17.43 | 70.5~71.0 | 79~82 | 国家《优质稻谷》标准二级 |
| 36 | 莲稻1号 | 77.0~81.6 | 62.8~67 | 2.0~9.0 | 0.1~1.6 | 17.60~17.99 | 67.0~72.5 | 76~86 | 国家《优质稻谷》标准三级 |
| 37 | 龙粳32 | 79.0~80.5 | 62.4~69.1 | 1.0 | 0.1 | 17.82~18.38 | 69.0~74.5 | 77~80 | 国家《优质稻谷》标准二级 |
| 38 | 龙庆稻2号 | 81.0~81.7 | 69.6~71.1 | 0~2.0 | 0~0.2 | 17.48~18.73 | 66.5~70.0 | 76~79 | 国家《优质稻谷》标准二级 |
| 39 | 松粳香2号 | 79.5~81.6 | 60.2~66.4 | 0~2.0 | 0~0.1 | 18.60~18.86 | 70.0~80.0 | 84~87 | 国家《优质稻谷》标准二级 |
| 40 | 龙稻12 | 80.6~81.8 | 66.7~66.9 | 1.0~4.5 | 0.1~0.3 | 9.79~15.47 | 73.0~88.0 | 81~82 | 国家《优质稻谷》标准二级 |

表 3 – 11（续 2）

| 序号 | 种质名称 | 出糙率/% | 整精米率/% | 垩白粒率/% | 垩白度/% | 直链淀粉含量/% | 胶稠度/mm | 食味评分/分 | 品质等级 |
|---|---|---|---|---|---|---|---|---|---|
| 41 | 东农 431 | 78.1~79.3 | 64.4~67.2 | 0.0~1.0 | 0.0~0.1 | 17.28~17.92 | 70.0 | 83~85 | 国家《优质稻谷》标准二级 |
| 42 | 松粳 16 | 79.7~81.2 | 67.2~68.9 | 1.0~5.0 | 0.1~0.8 | 17.30~18.98 | 70.0~75.0 | 83~84 | 国家《优质稻谷》标准二级 |
| 43 | 利元 5 号 | 79.2~80.2 | 68.8~69.0 | 2.0~3.0 | 0.3~0.5 | 17.57~18.10 | 67.5~70.0 | 83~86 | 国家《优质稻谷》标准三级 |
| 44 | 绿珠 1 号 | 80.5~80.6 | 64.3~66.1 | 1.0~4.5 | 0.2~1.4 | 18.63~19.92 | 72.5 | 79~80 | 国家《优质稻谷》标准三级 |
| 45 | 龙稻 13 | 80.1~81.7 | 65.6~69.8 | 0 | 0 | 16.92~18.82 | 66.5~80.0 | 84 | 国家《优质稻谷》标准二级 |
| 46 | 龙稻 14 | 80.6~81.8 | 67.5~69.7 | 0~1.0 | 0.0~0.2 | 17.42~18.15 | 65.0~80.0 | 84 | 国家《优质稻谷》标准二级 |
| 47 | 龙粳 33 | 81.75~83.1 | 69.1~69.3 | 2.0~11.0 | 0.1~1.6 | 16.10~16.32 | 70.0~71.5 | 86 | 国家《优质稻谷》标准二级 |
| 48 | 龙粳 34 | 80.8~81.4 | 64.0~68.8 | 2.0 | 0.1~0.3 | 17.70~19.97 | 70.0~76.0 | 79~81 | 国家《优质稻谷》标准二级 |
| 49 | 绥稻 1 号 | 80.3~81.6 | 68.3~69.2 | 3.0~5.0 | 0.4~1.1 | 16.23~16.39 | 70.0~71.0 | 80 | 国家《优质稻谷》标准二级 |
| 50 | 龙粳 35 | 80.6~81.2 | 66.5 | 4.0~5.0 | 0.5~1.1 | 16.84~17.86 | 70.0~79.5 | 79~82 | 国家《优质稻谷》标准二级 |
| 51 | 龙粳 36 | 81.4~81.6 | 54.3~69.3 | 2.0~3.0 | 0.2 | 17.74~18.18 | 70.0~70.5 | 80~82 | 国家《优质稻谷》标准二级 |
| 52 | 育龙 1 号 | 81.0~81.8 | 68.4~71.4 | 2.0~4.0 | 0.2~0.7 | 17.52~19.50 | 70.0~72.5 | 81~82 | 国家《优质稻谷》标准二级 |
| 53 | 龙粳 37 | 81.0~81.1 | 69.2~70.9 | 8.0~22.0 | 1.1~2.9 | 16.10~17.60 | 70.0~77.5 | 82~84 | 国家《优质稻谷》标准二级 |
| 54 | 龙粳 38 | 81.9 | 68.7 | 0.4 | 2.0 | 15.77 | 95.5 | 84 | 国家《优质稻谷》标准二级 |
| 55 | 中龙香粳 1 号 | 79.6~79.8 | 64.7~67.9 | 1.0~4.5 | 0.1~0.9 | 16.36~17.01 | 72.5~80.0 | 87~89 | 国家《优质稻谷》标准二级 |
| 56 | 松粳 17 | 80.5~80.6 | 64.0~70.6 | 2.0~3.0 | 0.4~0.6 | 16.27~17.25 | 77.0~77.5 | 84~86 | 国家《优质稻谷》标准二级 |
| 57 | 绿珠 2 号 | 79.0~79.6 | 62.3~66.3 | 1.0 | 0.2~0.3 | 17.72~18.30 | 70.0~82.5 | 81~82 | 国家《优质稻谷》标准二级 |
| 58 | 中龙粳 2 号 | 81.0~81.1 | 66.0~67.4 | 2~3.5 | 0.4~0.8 | 16.91~17.70 | 70.0~81.5 | 82 | 国家《优质稻谷》标准二级 |
| 59 | 松粳 18 | 79.6~80.5 | 64.2~68.5 | 3.5~9.0 | 0.8~1.6 | 16.25~16.91 | 70.0~77.5 | 84~86 | 国家《优质稻谷》标准二级 |
| 60 | 牡丹江 32 | 80.2~83.1 | 59.1~72.4 | 2.0~6.0 | 0.5~1.8 | 17.49~18.59 | 71.0~80.0 | 85~86 | 国家《优质稻谷》标准二级 |

表3-11(续3)

| 序号 | 种质名称 | 出糙率/% | 整精米率/% | 垩白粒率/% | 垩白度/% | 直链淀粉含量/% | 胶稠度/mm | 食味评分/分 | 品质等级 |
|---|---|---|---|---|---|---|---|---|---|
| 61 | 绥粳14 | 79.8~81.0 | 62.0~71.9 | 2.0~3.5 | 0.4~0.5 | 17.00~18.30 | 68.5~71.5 | 82~87 | 国家《优质稻谷》标准二级 |
| 62 | 绥稻2号 | 80.6~82.8 | 62.4~72.0 | 1.0 | 0.2 | 17.84~18.44 | 71.5~75.0 | 76~83 | 国家《优质稻谷》标准三级 |
| 63 | 牡响1号 | 81.0~81.7 | 61.9~70.5 | 2.5~8.0 | 0.8~3.4 | 16.78~18.00 | 73.0~75.0 | 84~85 | 国家《优质稻谷》标准二级 |
| 64 | 育龙2号 | 80.8~81.0 | 65.5~69.2 | 1.0~2.0 | 0.1~0.6 | 17.01~17.68 | 71.0~76.5 | 80~82 | 国家《优质稻谷》标准二级 |
| 65 | 中龙粳1号 | 80.5~81.7 | 64.1~69.7 | 2.0~4.5 | 0.1~1.1 | 16.92~17.87 | 70.0~76.5 | 83~86 | 国家《优质稻谷》标准二级 |
| 66 | 龙粳39 | 82.0~82.1 | 65.5~68.0 | 6.0~14.5 | 0.5~2.8 | 15.93~16.93 | 73.0~76.0 | 82~84 | 国家《优质稻谷》标准二级 |
| 67 | 龙粳40 | 80.8~82.5 | 65.7~72.0 | 1.0~7.5 | 0.1~2.1 | 15.30~15.90 | 70.0~80.0 | 79~83 | 国家《优质稻谷》标准二级 |
| 68 | 龙稻16 | 81.0 | 66.0~68.4 | 1.0~5.5 | 0.1~0.6 | 17.84~17.86 | 70.0~81.5 | 82~83 | 国家《优质稻谷》标准二级 |
| 69 | 松粳19 | 80.0~80.5 | 66.0~69.6 | 1.0 | 0.1~0.2 | 17.55~17.82 | 70.0~72.5 | 82~84 | 国家《优质稻谷》标准二级 |
| 70 | 龙稻15 | 81.0~81.3 | 64.0~67.6 | 100 | 100 | 0.28~0.46 | 100.0 | — | 国家《优质稻谷》糯稻标准 |
| 71 | 东稻101 | 81.0~82.4 | 67.7~71.1 | 100 | 100 | 0.22~0.67 | 100.0 | — | 国家《优质稻谷》糯稻标准 |
| 72 | 金禾1号 | 81.6~82.2 | 64.9~70.6 | 4.5~8.0 | 0.9 | 17.95~17.98 | 72.5~82.5 | 82~89 | 国家《优质稻谷》标准二级 |
| 73 | 苗稻1号 | 82.5~83 | 67.8~71.6 | 100 | 100 | 0.63~1.33 | 100.0 | 82~84 | 国家《优质稻谷》糯稻标准 |
| 74 | 中龙粳3号 | 80.3~81.2 | 64.2~69.6 | 1.0~6.0 | 0.2~1.6 | 16.18~16.29 | 67.5~81.0 | 82 | 国家《优质稻谷》标准二级 |
| 75 | 龙粳41 | 81.3~82.0 | 63.7~71.2 | 6.5~8.5 | 1.9~3.0 | 15.23~15.40 | 82.0~87.0 | 82~83 | 国家《优质稻谷》标准二级 |
| 76 | 龙庆稻3号 | 80.8~81.3 | 63.9~70.2 | 6.0~14.5 | 0.85~3.2 | 17.50~17.65 | 65.5~70.0 | 77~79 | 国家《优质稻谷》标准三级 |
| 77 | 东富102 | 79.6~79.8 | 64.3~65.8 | 1.0~5.0 | 0.1~1.6 | 17.15~17.34 | 73.5~80.0 | 82 | 国家《优质稻谷》标准二级 |
| 78 | 松粳20 | 79.1~81.0 | 63.0~69.3 | 2.5~11.0 | 0.3~3.7 | 17.03~17.46 | 76.5~81.0 | 80~82 | 国家《优质稻谷》标准二级 |
| 79 | 龙稻19 | 81.4~82.4 | 67.2~70.8 | 1.0~6.0 | 0.3~0.9 | 17.26~17.68 | 80.0~81.0 | 82 | 国家《优质稻谷》标准二级 |
| 80 | 龙稻17 | 81.2~81.9 | 66.0~67.3 | 3.5~6.5 | 0.4~0.6 | 17.75~17.93 | 80.0~81.5 | 84 | 国家《优质稻谷》标准二级 |

表 3 - 11（续 4）

| 序号 | 种质名称 | 出糙率 /% | 整精米率 /% | 垩白粒率 /% | 垩白度 /% | 直链淀粉 含量/% | 胶稠度/mm | 食味评分/分 | 品质等级 |
|---|---|---|---|---|---|---|---|---|---|
| 81 | 龙稻18 | 81.3 | 70.5~70.6 | 2.0~7.0 | 0.2~0.9 | 17.12~17.23 | 80.5~81.0 | 90 | 国家《优质稻谷》标准一级 |
| 82 | 哈粳稻1号 | 80.4~81.4 | 69.4~71.3 | 2.0~3.5 | 0.4~0.5 | 17.06~18.72 | 71.0~80.0 | 85~86 | 国家《优质稻谷》标准二级 |
| 83 | 东富103 | 78.1~80.0 | 62.5~64.7 | 1.0~3.0 | 0.1~0.6 | 16.93~17.66 | 72.5~78.0 | 83 | 国家《优质稻谷》标准二级 |
| 84 | 绥粳17 | 81.4~81.6 | 64.7~66.5 | 2.5~5.5 | 0.9~1.2 | 17.52~17.96 | 71.5~75.0 | 80 | 国家《优质稻谷》标准二级 |
| 85 | 龙粳42 | 81.4~82.4 | 68.5~69.8 | 4.0~10.0 | 0.8~0.9 | 17.57~17.85 | 73.5~80.0 | 81~84 | 国家《优质稻谷》标准二级 |
| 86 | 绥粳16 | 81.6~81.7 | 65.0~70.3 | 3.5 | 1.0~1.4 | 17.32~17.73 | 74.0~75.0 | 79~82 | 国家《优质稻谷》标准二级 |
| 87 | 兴盛1号 | 81.3~82.1 | 68.0~70.1 | 4.0~14.5 | 1.3~9.6 | 16.95~18.18 | 72.5~74.0 | 80 | 国家《优质稻谷》标准三级 |
| 88 | 龙稻43 | 81.4~82.1 | 66.2~68.8 | 6.0~10.0 | 0.9~2.3 | 14.20~17.31 | 84.5~86.5 | 81~84 | 国家《优质稻谷》标准三级 |
| 89 | 龙梓1号 | 81.6~82.0 | 52.1~65.5 | 4.5~17.0 | 1.2~1.7 | 17.77~17.80 | 73.0~75.0 | 80 | 国家《优质稻谷》标准二级 |
| 90 | 龙庆稻4号 | 81.7~82.4 | 59.1~71.7 | 4.0~12.0 | 1.0~2.4 | 18.20~18.95 | 70.0~72.5 | 80 | 国家《优质稻谷》标准二级 |
| 91 | 明科1号 | 82.3~83.1 | 67.8~71.2 | 3.5~19 | 0.6~4.5 | 16.92~18.17 | 70.5~73.5 | 80 | 国家《优质稻谷》标准二级 |
| 92 | 绿珠3号 | 78.8~81.0 | 63.5~64.6 | 5.5~8.0 | 0.9~1.1 | 16.79~18.41 | 70.0~71.5 | 80 | 国家《优质稻谷》标准二级 |
| 93 | 哈粳稻2号 | 80.8~81.6 | 63.8~67.0 | 1.0~2.0 | 0.2~0.3 | 17.21~17.34 | 73.0~80.0 | 81~83 | 国家《优质稻谷》标准二级 |
| 94 | 苗稻2号 | 79.4~80.7 | 67.5~68.5 | 2.0~11 | 0.2~0.5 | 17.44~17.56 | 73.5~81.0 | 81~82 | 国家《优质稻谷》标准二级 |
| 95 | 金禾2号 | 78.7~80.6 | 64.8~66.1 | 2.0~13.5 | 0.2~4.2 | 17.94~17.98 | 71.0~76.5 | 80.5 | 国家《优质稻谷》标准二级 |
| 96 | 绥稻3号 | 82.2~82.6 | 66.5~71.5 | 2.0~7.5 | 2.0~2.8 | 17.92~18.41 | 71.5~81.0 | 80 | 国家《优质稻谷》标准二级 |
| 97 | 绥粳18 | 80.9~82.2 | 67.2~72.3 | 4.0~10.0 | 0.8~2.6 | 17.67~19.11 | 70.0~73.0 | 80 | 国家《优质稻谷》标准二级 |
| 98 | 北稻6号 | 80.0~82.0 | 65.1~72.1 | 2.0~6.5 | 0.3~1.1 | 17.95~19.39 | 65.0~76.5 | 80 | 国家《优质稻谷》标准二级 |
| 99 | 龙粳44 | 80.3~81.1 | 64.3~68.1 | 100 | 100 | 0.93~1.64 | 100.0 | — | 国家《糯稻标准 |
| 100 | 绥粳15 | 81.6~81.7 | 67.7~68.1 | 9.5~14.0 | 2.2~4.5 | 17.41~17.63 | 73.5~76.5 | 81~85 | 国家《优质稻谷》标准三级 |

表3-11(续5)

| 序号 | 种质名称 | 出糙率/% | 整精米率/% | 垩白粒率/% | 垩白度/% | 直链淀粉含量/% | 胶稠度/mm | 食味评分/分 | 品质等级 |
|---|---|---|---|---|---|---|---|---|---|
| 101 | 绥稻4号 | 80.9~82.1 | 68.0~69.9 | 9.0~26.0 | 2.3~4.3 | 17.71~18.11 | 70.0~73.0 | 80 | 国家《优质稻谷》标准三级 |
| 102 | 哈粳稻3号 | 81.4~81.6 | 68.6~69.9 | 0.0~3.0 | 0.0~0.6 | 16.67~17.73 | 79.0~80.0 | 87~89 | 国家《优质稻谷》标准二级 |
| 103 | 松粳21 | 79.4~81.3 | 61.7~68.0 | 3.0~9.5 | 0.2~3.6 | 17.70~18.63 | 71.0~80.5 | 78~81 | 国家《优质稻谷》标准二级 |
| 104 | 龙稻21 | 81.2~81.2 | 64.3~66.3 | 1.0~5.0 | 0.6~0.9 | 16.20~16.60 | 73.5~81.0 | 82~84 | 国家《优质稻谷》标准二级 |
| 105 | 龙稻20 | 81.3~81.7 | 64.1~68.5 | 3.0~6.0 | 0.9~1.7 | 17.45~17.53 | 76.0~80.5 | 84~87 | 国家《优质稻谷》标准二级 |
| 106 | 龙稻23 | 81.1~82.0 | 66.2~67.7 | 1.0~6.5 | 0.1~0.8 | 16.31~17.48 | 82.5~83.5 | 82~83 | 国家《优质稻谷》标准二级 |
| 107 | 广稻1号 | 79.5~81.3 | 64.5~67.5 | 4.5~5.5 | 0.8~1.0 | 16.13~18.66 | 70.0~76.5 | 83~85 | 国家《优质稻谷》标准二级 |
| 108 | 绥粳19 | 81.2~81.3 | 61.3~67.6 | 3.0~4.5 | 0.7~2.6 | 17.55~18.27 | 70.0~79.0 | 76~85 | 国家《优质稻谷》标准二级 |
| 109 | 北稻7号 | 80.1~80.9 | 64.9~65.1 | 6.5~7.0 | 1.7~3.1 | 16.79~17.88 | 72.5~76.5 | 78~86 | 国家《优质稻谷》标准二级 |
| 110 | 莲稻2号 | 80.2~81.6 | 65.4~70.4 | 2.0~8.5 | 0.3~1.4 | 17.36~18.50 | 70.8~76.5 | 78~82 | 国家《优质稻谷》标准二级 |
| 111 | 龙粳45 | 81.9~82.6 | 68.7~70.9 | 3.0~15.0 | 0.4~2.4 | 18.48~18.62 | 73.5~76.5 | 82~83 | 国家《优质稻谷》标准二级 |
| 112 | 富合2号 | 81.2~82.1 | 67.7~70.5 | 3.0~32.0 | 0.4~2.7 | 16.88~17.65 | 70.5~75.0 | 81~83 | 国家《优质稻谷》标准二级 |
| 113 | 龙粳46 | 82.8~83.0 | 69.1~69.5 | 4.5~9.0 | 0.6~1.8 | 17.14~17.97 | 75.5~76.0 | 81 | 国家《优质稻谷》标准二级 |
| 114 | 龙稻47 | 82.2~83.3 | 63.0~68.5 | 5.5~11.0 | 1.0~3.5 | 18.22~18.35 | 75.5~78.0 | 74~80 | 国家《优质稻谷》标准三级 |
| 115 | 龙稻48 | 81.2~81.9 | 66.0~69.2 | 3.0~3.5 | 0.5~1.0 | 17.89~18.22 | 71.5~73.5 | 79~80 | 国家《优质稻谷》标准二级 |
| 116 | 绿珠4号 | 79.6~80.3 | 68.9~70.2 | 100 | 100 | 0.17~1.07 | 100.0 | — | 国家《糯稻标准》 |
| 117 | 绥稻5号 | 80.3~80.6 | 67.8~68.3 | 100 | 100 | 0.58~1.12 | 100.0 | — | 国家《糯稻标准》 |
| 118 | 龙粳49 | 79.0~81.2 | 69.6~70.9 | 100 | 100 | 0.94~1.40 | 100.0 | — | 国家《糯稻标准》 |
| 119 | 龙稻22 | 81.0~83.1 | 64.3~66.8 | 2.0~10.0 | 0.1~1.6 | 17.38~17.71 | 71.5~80.0 | 82~84 | 国家《优质稻谷》标准二级 |
| 120 | 龙粳2号 | 81.3~81.7 | 62.8~69.9 | 5.0~15.5 | 2.2~5.7 | 16.28~18.19 | 74.0~76.0 | 77~84 | 国家《优质稻谷》标准二级 |

表 3-11（续 6）

| 序号 | 种质名称 | 出糙率/% | 整精米率/% | 垩白粒率/% | 垩白度/% | 直链淀粉含量/% | 胶稠度/mm | 食味评分/分 | 品质等级 |
|---|---|---|---|---|---|---|---|---|---|
| 121 | 龙稻 24 | 82.6~83.3 | 70.1~72.6 | 4.0~8.0 | 1.0~1.9 | 16.88~17.13 | 80.5~81.0 | 82~85 | 国家《优质稻谷》标准二级 |
| 122 | 龙稻 25 | 81.0~81.4 | 65.2~68.9 | 1.5~5.0 | 0.4~0.9 | 17.06~18.11 | 78.5~80.5 | 85~86 | 国家《优质稻谷》标准二级 |
| 123 | 松粳 22 | 80.4~82.5 | 63.0~69.5 | 1.0~7.0 | 0.1~2.9 | 17.33~17.84 | 73.5~79.0 | 86~87 | 国家《优质稻谷》标准二级 |
| 124 | 龙稻 26 | 81.2~81.3 | 66.5~68.0 | 7.5~16.0 | 1.9~2.4 | 16.69~17.86 | 80.5~81.0 | 84~88 | 国家《优质稻谷》标准二级 |
| 125 | 龙庆稻 6 号 | 81.2~81.4 | 68.2~68.8 | 1.5~5.5 | 0.2~1.8 | 17.67~18.20 | 74.5~81 | 83~85 | 国家《优质稻谷》标准二级 |
| 126 | 牡丹江 35 | 80.2~80.4 | 64.9~69.5 | 6.0~8.5 | 1.6~2.2 | 17.22~17.40 | 72.5 | 84~86 | 国家《优质稻谷》标准二级 |
| 127 | 北稻 1 号 | 81.2~81.5 | 66.8~68.9 | 4.5~10.5 | 1.8~2.9 | 16.67~17.60 | 72.5~77.0 | 78~81 | 国家《优质稻谷》标准二级 |
| 128 | 龙粳 50 | 81.4~83.6 | 69.9~72.2 | 9.5~16.5 | 2.0~2.5 | 17.18~17.35 | 73.0~75.0 | 80 | 国家《优质稻谷》标准二级 |
| 129 | 龙粳 51 | 81.8~82.8 | 71.2~71.8 | 4.5~8.0 | 0.6~2.1 | 16.40~17.85 | 73.5~80.0 | 80 | 国家《优质稻谷》标准二级 |
| 130 | 龙粳 52 | 81.7~82.7 | 72.1~72.4 | 6.0~19.0 | 1.4~3.0 | 15.93~17.00 | 73.5~78.0 | 81~82 | 国家《优质稻谷》标准二级 |
| 131 | 龙粳 53 | 82.6~83.0 | 68.4~71.8 | 6.5~14.5 | 0.9~2.4 | 16.23~18.05 | 70.0~78.5 | 80~82 | 国家《优质稻谷》标准二级 |
| 132 | 三江 16 | 79.1~82.7 | 68.1~71.0 | 13.0~18.5 | 3.0~3.9 | 18.18~18.68 | 75.0~78.5 | 80~81 | 国家《优质稻谷》标准二级 |
| 133 | 龙富 1 号 | 82.0~82.8 | 71.8~72.0 | 8.0~10.5 | 1.9~2.5 | 17.84~19.14 | 76.5~77.0 | 80 | 国家《优质稻谷》标准二级 |
| 134 | 龙粳 54 | 82.7~83.0 | 56.7~70.9 | 10.5~12.5 | 1.9~3.0 | 17.09~17.51 | 72.0~73.0 | 73~80 | 国家《优质稻谷》标准二级 |
| 135 | 龙庆稻 5 号 | 80.8~81.3 | 62.3~67.9 | 6.5~24.0 | 0.1~6.5 | 16.88~17.67 | 71.0~75.0 | 78~85 | 国家《优质稻谷》标准二级 |
| 136 | 黑粳 10 | 81.5~82.5 | 70.5~71.8 | 7.0~8.0 | 0.9 | 17.12~18.77 | 72.5~77.5 | 78~84 | 国家《优质稻谷》标准二级 |
| 137 | 龙稻 28 | 80.8~81.5 | 66.0~68.9 | 4.0 | 0.5~1.1 | 17.68~17.74 | 73.5~81.0 | 87~90 | 国家《优质稻谷》标准二级 |
| 138 | 龙稻 27 | 83.1~83.2 | 72.3~72.4 | 3.0~9.0 | 0.5~1.1 | 17.22~17.41 | 79.0~81.0 | 82~91 | 国家《优质稻谷》标准二级 |
| 139 | 吉宏 6 号 | 82.1~82.3 | 70.3~70.7 | 6.5~12.5 | 1.1~2.7 | 15.11~18.00 | 71.4~79.5 | 86 | 国家《优质稻谷》标准二级 |
| 140 | 通梅 892 | 82.0~83.2 | 68.1~70.1 | 1.5~10.0 | 0.2~1.5 | 16.41~16.69 | 81.0~83.5 | 80~89 | 国家《优质稻谷》标准二级 |

表 3－11（续 7）

| 序号 | 种质名称 | 出糙率 /% | 整精米率 /% | 垩白粒率 /% | 垩白度 /% | 直链淀粉含量/% | 胶稠度/mm | 食味评分/分 | 品质等级 |
|---|---|---|---|---|---|---|---|---|---|
| 141 | 东富 108 | 79.5～80.3 | 64.1～66.4 | 8.0～10.0 | 1.5～2.0 | 16.32～18.69 | 73.5～74.5 | 80～82 | 国家《优质稻谷》标准二级 |
| 142 | 育龙 7 号 | 82.9～83.9 | 70.4～70.9 | 9.5～16.5 | 2.3～2.4 | 17.13～18.51 | 76.5～77.0 | 78～82 | 国家《优质稻谷》标准二级 |
| 143 | 龙洋 16 | 79.7～80.3 | 64.2～64.4 | 3.5～10.0 | 1.5～1.8 | 17.64～18.20 | 72.5～76.5 | 84～90 | 国家《优质稻谷》标准二级 |
| 144 | 莲育 3213 | 80.7～82.0 | 69.0～71.8 | 1.0～10.5 | 0.3～2.1 | 16.28～16.64 | 73.0～76.5 | 80～84 | 国家《优质稻谷》标准二级 |
| 145 | 龙绥 1 号 | 79.0～80.0 | 64.3～66.0 | 4.5～19.5 | 2.2～3.0 | 18.35～18.58 | 73.5～75.0 | 82～85 | 国家《优质稻谷》标准二级 |
| 146 | 龙庆稻 21 | 80.6～81 | 68.5～70 | 4.0～6.0 | 0.8～1.0 | 16.90～17.50 | 78.5 | 82～84 | 国家《优质稻谷》标准二级 |
| 147 | 莲汇 2 号 | 82.2～82.4 | 71.3～73.4 | 4.0 | 0.6～1.1 | 15.12～16.17 | 73.0～79.5 | 80～82.4 | 国家《优质稻谷》标准二级 |
| 148 | 绥粳 22 | 80.4～80.7 | 66.3～69.8 | 5.0～15.5 | 1.3～2.9 | 16.99～18.94 | 73.5～79.5 | 80 | 国家《优质稻谷》标准二级 |
| 149 | 田育 9516 | 80.3～82.6 | 66.2～70.0 | 2.0～7.0 | 0.3～1.2 | 16.85～17.05 | 73.5～80.0 | 83～86 | 国家《优质稻谷》标准二级 |
| 150 | 绥粳 21 | 80.0～81.0 | 69.4～70.2 | 5.0 | 0.9～2.1 | 18.24～18.30 | 76.5～79.0 | 80～81 | 国家《优质稻谷》标准二级 |
| 151 | 盛誉 1 号 | 80.0～81.3 | 67.1～67.7 | 3.5～4.5 | 0.6～2.1 | 16.84～17.24 | 77.5～78.5 | 84～85 | 国家《优质稻谷》标准二级 |
| 152 | 鸿源 15 | 82.3～82.5 | 65.0～70.5 | 4.0～11.5 | 1.9～2.1 | 17.75～19.00 | 72.0～77.0 | 80～82 | 国家《优质稻谷》标准二级 |
| 153 | 莲育 3252 | 82.8～83.4 | 71.9～73.9 | 5.0～7.0 | 1.2～1.8 | 15.67～16.48 | 76.0～79.5 | 80～84 | 国家《优质稻谷》标准二级 |
| 154 | 龙粳 56 | 80.7～83.3 | 68.9～69.8 | 9.5～29.0 | 1.8～4.4 | 17.64～17.68 | 73.5～74.5 | 80～82 | 国家《优质稻谷》标准二级 |
| 155 | 龙粳 58 | 82.4～84.0 | 70.7～72.6 | 6.5～10.5 | 1.2～1.9 | 16.99～17.05 | 73.5～76.5 | 82～84 | 国家《优质稻谷》标准二级 |
| 156 | 田裕 9861 | 82.0～82.7 | 69.6～69.9 | 8.5～13.0 | 1.8～2.3 | 16.28～17.83 | 71.5～77.0 | 78～80 | 国家《优质稻谷》标准二级 |
| 157 | 龙粳 59 | 82.2～83.0 | 71.4～73.3 | 8.0～13.5 | 1.5～2.2 | 15.84～17.41 | 73.0～74.5 | 78～84 | 国家《优质稻谷》标准二级 |
| 158 | 龙粳 60 | 82.7～83.7 | 70.2～70.6 | 10.5～15.0 | 1.8～2.6 | 17.17～17.47 | 71.5～76.5 | 78～82 | 国家《优质稻谷》标准二级 |
| 159 | 绥稻 6 号 | 81.8～82.1 | 70.8～71.9 | 5.0～12.0 | 1.1～2.6 | 16.8～18.40 | 73.5～80.5 | 76～84 | 国家《优质稻谷》标准二级 |
| 160 | 莲育 1496 | 81.2～82.5 | 66.3～71.5 | 8.5～16.5 | 2.2～2.8 | 16.41～19.47 | 71.5～76.5 | 77～80 | 国家《优质稻谷》标准二级 |

表3-11(续8)

| 序号 | 种质名称 | 出糙率/% | 整精米率/% | 垩白粒率/% | 垩白度/% | 直链淀粉含量/% | 胶稠度/mm | 食味评分/分 | 品质等级 |
|---|---|---|---|---|---|---|---|---|---|
| 161 | 莲汇3号 | 81.0~81.4 | 70.7~71.7 | 3.0~8.0 | 0.2~1.5 | 17.87~18.48 | 62.5~75.5 | 78~83 | 国家《优质稻谷》标准二级 |
| 162 | 龙粳61 | 81.0 | 69.1~71.5 | 5.5~14.0 | 0.6~2.3 | 16.27~18.86 | 70.5~76.5 | 76~78 | 国家《优质稻谷》标准二级 |
| 163 | 龙庆稻20 | 81~82.3 | 64.1~69.3 | 8.0~15.0 | 1.7~2.1 | 16.52~18.85 | 68.0~83.5 | 80~85 | 国家《优质稻谷》标准二级 |
| 164 | 中农粳179 | 80.1~82.3 | 70.3~72.7 | 4.0~9.0 | 0.5~1.2 | 19.57~20.05 | 71.0~76.0 | 78~84 | 国家《优质稻谷》标准二级 |
| 165 | 中科902 | 83.6 | 71.9~73.6 | 14.0~16.5 | 2.7~3.0 | 15.22~16.85 | 82.5~84.0 | 82~86 | 国家《优质稻谷》标准二级 |
| 166 | 龙粳55 | 80.0~81.2 | 69.9~71.4 | 7.5~12.0 | 1.3~2.5 | 13.76~15.62 | 70.5~91.0 | 84 | 国家《优质稻谷》标准二级 |
| 167 | 方圆3号 | 80.2~80.9 | 64.5~65.6 | 100 | 100 | 0.58~1.70 | 100.0 | — | 国家《优质稻谷》糯稻标准 |
| 168 | 绥粳20 | 80.0~80.6 | 69.0~70.5 | 100 | 100 | 0.00~0.68 | 100.0 | — | 国家《优质稻谷》糯稻标准 |
| 169 | 龙粳57 | 81.3~82.3 | 71.4~72.1 | 100 | 100 | 0.10~0.58 | 100.0 | — | 国家《优质稻谷》糯稻标准 |
| 170 | 哈粳稻4号 | 82.0 | 67.6 | 3.5 | 0.7 | 18.94 | 80.5 | 80 | 国家《优质稻谷》标准二级 |
| 171 | 松836 | 80.8 | 64.6 | 5.0 | 0.6 | 18.09 | 75.0 | 81 | 国家《优质稻谷》标准二级 |
| 172 | 龙稻30 | 81.2 | 66.2 | 18.5 | 2.9 | 17.07 | 74.5 | 80 | 国家《优质稻谷》标准二级 |
| 173 | 桦优1号 | 83.5 | 72.5 | 4.5 | 0.6 | 14.76 | 73.5 | 83 | 国家《优质稻谷》标准二级 |
| 174 | 龙稻31 | 81.4 | 70.0 | 6.5 | 0.8 | 18.27 | 71.0 | 83 | 国家《优质稻谷》标准二级 |
| 175 | 龙稻29 | 81.0 | 66.3 | 12.0 | 2.9 | 16.63 | 72.5 | 85 | 国家《优质稻谷》标准二级 |
| 176 | 垦粳8号 | 83.8 | 71.8 | 17.0 | 2.9 | 15.86 | 74.5 | 81 | 国家《优质稻谷》标准二级 |
| 177 | 富尔稻1号 | 80.4 | 64.0 | 16.5 | 2.9 | 17.90 | 76.0 | 83 | 国家《优质稻谷》标准二级 |
| 178 | 东农456 | 81.3 | 66.0 | 20.0 | 2.9 | 15.90 | 70.5 | 82 | 国家《优质稻谷》标准二级 |
| 179 | 绥粳29 | 81.4 | 66.8 | 11.5 | 1.8 | 17.58 | 74.5 | 82 | 国家《优质稻谷》标准二级 |
| 180 | 龙庆稻23 | 82.6 | 65.9 | 12.5 | 2.1 | 17.71 | 74.0 | 82 | 国家《优质稻谷》标准二级 |

表 3 - 11 ( 续 9 )

| 序号 | 种质名称 | 出糙率/% | 整精米率/% | 垩白粒率/% | 垩白度/% | 直链淀粉含量/% | 胶稠度/mm | 食味评分/分 | 品质等级 |
|---|---|---|---|---|---|---|---|---|---|
| 181 | 育农粳 1 号 | 81.0 | 70.2 | 14.0 | 2.3 | 18.87 | 70.0 | 82 | 国家《优质稻谷》标准二级 |
| 182 | 莲汇 4 号 | 82.0 | 70.0 | 7.0 | 1.2 | 18.07 | 74.0 | 81 | 国家《优质稻谷》标准二级 |
| 183 | 绥稻 9 号 | 80.8 | 70.2 | 7.5 | 1.1 | 17.24 | 70.0 | 90 | 国家《优质稻谷》标准二级 |
| 184 | 绥粳 26 | 83.2 | 70.1 | 6.0 | 1.1 | 15.61 | 79.5 | 82 | 国家《优质稻谷》标准二级 |
| 185 | 绥粳 23 | 80.4 | 64.6 | 16.5 | 2.6 | 17.94 | 73.0 | 81 | 国家《优质稻谷》标准二级 |
| 186 | 绥粳 28 | 81.2 | 69.7 | 5.5 | 0.8 | 17.54 | 72.0 | 85 | 国家《优质稻谷》标准二级 |
| 187 | 莲育 1013 | 80.2 | 68.5 | 8.0 | 1.4 | 18.37 | 74.5 | 80 | 国家《优质稻谷》标准二级 |
| 188 | 龙粳 63 | 83.3 | 71.9 | 15.5 | 2.2 | 18.63 | 66.5 | 78 | 国家《优质稻谷》标准二级 |
| 189 | 莲汇 631 | 83.0 | 70.9 | 11.5 | 2.0 | 18.31 | 81.5 | 84 | 国家《优质稻谷》标准二级 |
| 190 | 莲育 124 | 84.3 | 73.8 | 9.0 | 1.2 | 16.59 | 73.0 | 86 | 国家《优质稻谷》标准二级 |
| 191 | 龙粳 64 | 83.1 | 71.1 | 7.0 | 1.0 | 16.30 | 80.5 | 83 | 国家《优质稻谷》标准二级 |
| 192 | 龙粳 65 | 82.5 | 67.8 | 14.5 | 2.7 | 18.48 | 73.5 | 83 | 国家《优质稻谷》标准二级 |
| 193 | 龙粳 66 | 82.7 | 70.7 | 6.0 | 0.8 | 17.48 | 73.5 | 82 | 国家《优质稻谷》标准二级 |
| 194 | 富合 3 号 | 82.2 | 68.7 | 9.0 | 1.6 | 17.27 | 71.5 | 83 | 国家《优质稻谷》标准二级 |
| 195 | 创优 31 | 82.2 | 68.6 | 16.5 | 2.8 | 18.78 | 80.0 | 83 | 国家《优质稻谷》标准二级 |
| 196 | 绥粳 27 | 80.6~81.7 | 65.3~68.3 | 10.0~13.5 | 1.7~2.6 | 16.63~17.40 | 71.0~75.5 | 80~81 | 国家《优质稻谷》标准二级 |
| 197 | 龙粳 67 | 81.5 | 68.9 | 24.5 | 4.6 | 18.77 | 76.5 | 79 | 国家《优质稻谷》标准二级 |
| 198 | 绥粳 25 | 78.1 | 67.1 | 3.5 | 0.5 | 18.74 | 77.0 | 72 | 国家《优质稻谷》标准二级 |
| 199 | 龙粳 69 | 82.0 | 71.8 | 4.0 | 0.8 | 17.73 | 78.0 | 82 | 国家《优质稻谷》标准二级 |
| 200 | 育龙 9 号 | 81.9 | 70.5 | 19.0 | 3.5 | 19.18 | 66.5 | 76 | 国家《优质稻谷》标准三级 |

表 3 - 11（续 10）

| 序号 | 种质名称 | 出糙率 /% | 整精米率 /% | 垩白粒率 /% | 垩白度 /% | 直链淀粉含量 /% | 胶稠度 /mm | 食味评分 /分 | 品质等级 |
|---|---|---|---|---|---|---|---|---|---|
| 201 | 莲育 625 | 80.8 | 68.8 | 10.5 | 1.8 | 17.21 | 77.0 | 84 | 国家《优质稻谷》标准二级 |
| 202 | 龙庆稻 22 | 80.6~81.3 | 65.1~69.2 | 3.0~7.5 | 0.41~2.1 | 16.50~18.22 | 73.5 | 76~88 | 国家《优质稻谷》标准二级 |
| 203 | 黑粳 9 号 | 83.7 | 72.7 | 10.0 | 1.8 | 17.05 | 71.0 | 80 | 国家《优质稻谷》标准二级 |
| 204 | 龙粳 62 | 81.2 | 71.9 | 100 | 100 | 0 | 100.0 | — | 国家《优质稻谷》糯稻标准 |
| 205 | 龙洋 11 | 80.0 | 68.9 | 14.0 | 2.9 | 16.95 | 80.0 | 88 | 国家《优质稻谷》标准二级 |

## 第六节　黑龙江省水稻主要种质资源利用进展

黑龙江省水稻育种早期主要以引进日本资源为主,其中丰产株型品种资源有滨旭、藤系 138;抗冷品种有石狩白毛、雪光、北海 PL3、寒 2 号等;优质品种有道黄金、上育 394、富士光、越光等;早熟、优质、耐冷新种质有道北 53、上育 393、上育 397、上育 418 等。黑龙江省利用这些品种,通过系统选育,培育出了一些适合本地区的品种,如北海 1 号、合江 1 号、合江 3 号、查哈阳 1 号、合江 6 号、老头稻、星火白毛等。

这一时期比较重要的种质资源为石狩白毛、藤系 138。石狩白毛由日本北海道立农业试验场上川支场于 1933 年以关山 8 号为母本、以早生富国为父本杂交育成,于 1936 年引入我国,原佳木斯农事场(现黑龙江省农业科学院水稻研究所)从尚志市对其收集整理并鉴定,于 1956 年确定推广。该品种株高 90 cm,穗长 16 cm,每穗 75 ~ 85 粒,千粒重 27 g 左右。籽粒椭圆形,中芒,直播栽培生育日数 110 ~ 115 d,插秧栽培生育日数 130 ~ 135 d,较耐肥,秆强不倒,耐冷性强,为早粳育种的主要骨干亲本,利用其培育出的品种有合江 10、合江 12、合江 13 和合江 14 以及牡丹江 4 号、牡丹江 7 号、牡丹江 8 号、牡丹江 9 号、牡丹江 1 号、嫩江 1 号、牡丹江 2 号、牡丹江 3 号等。

藤系 138 是日本青森农试场藤坂支场于 1978 年以奥羽 301(秋丰)为母本、以藤 117 为父本杂交,于 1984 年育成的早粳品种,黑龙江省于 1984 年从日本引进,1991 年通过黑龙江省品种审定委员会审定。其配合力和遗传力表现突出,被省内多家单位用作杂交亲本,成为黑龙江省水稻育种最优秀的骨干亲本材料之一。利用其培育出的品种有绥粳 3 号、垦鉴稻 3 号、龙粳 25、龙粳 26、垦稻 13、垦稻 17、垦稻 18、垦鉴稻 8 号、垦鉴稻 11、垦粳 1 号、垦粳 3 号等。

进入 2000 年后,黑龙江省水稻育种快速发展,特别是近十年来,共审定品种 205 个,极大地丰富了寒地水稻种质资源,同时本土资源松 93 - 8、松粳 9 号、松 98131、龙稻 5 号、绥粳 3 号、绥粳 4 号、龙粳 10、龙粳 31 等作为亲本材料被越来越多的育种家引用,特别是在骨干亲本的应用上,本土亲本逐渐占据主导地位。这期间育成的五优稻 4 号、龙稻 18、龙粳 31 和绥粳 18 等品种在各大稻区适应区内大面积推广应用,创造了巨大的经济、社会效益,为水稻产业做出了巨大贡献。

### 参考文献

[1]　潘国君.寒地粳稻育种[M].北京:中国农业出版社,2014.

[2]　聂守军,高世伟,刘晴,等.黑龙江省香稻品种现状分析[J].中国稻米,2015,21(6):62 - 65.

[3]　关世武.黑龙江省"八五""九五"期间育成水稻品种的对比分析[J].作物杂志,2005(2):59 - 60.

［4］ 高世伟.黑龙江省"十五""十一五"育成水稻品种对比分析[J].北方水稻,2014,44(3):27－29.

［5］ 聂守军,史冬梅,高世伟,等.黑龙江省"十一五"审定水稻品种品质性状分析[J].中国稻米,2012,18(5):53－58.

［6］ 高世伟,聂守军,常汇琳,等.黑龙江省"十二五"期间育成的水稻品种基本情况分析[J].中国稻米,2018,24(1):33－37.

［7］ 高世伟,何云霞,刘晴,等.黑龙江省香粳型水稻遗传背景分析[J].黑龙江八一农垦大学学报,2015,27(1):6－9.

［8］ 刘宇强,刘晴,高世伟,等.黑龙江省主栽糯稻遗传背景研究[J].中国稻米,2016,22(1):22－24.

［9］ 聂守军,张广彬,高世伟,等.寒地水稻核心种质绥粳3号的创新与利用[J].北方水稻,2012,42(1):31－33.

［10］ NIE S J,LIU Y Q,WANG C C,et al. Assembly of an early－matured japonica(Geng) rice genome,Suijing18,based on PacBio and Illumina sequencing[J]. Scientific Data,2017(4):170－195.

［11］ 刘宝海,宋福金,高存启,等.黑龙江大面积推广水稻品种遗传基础研究[J].作物杂志,2004(2):48－52.

［12］ 刘化龙,王敬国,赵宏伟,等.黑龙江水稻育种骨干亲本及系谱分析[J].东北农业大学学报,2011,42(4):18－21.

［13］ 刘华招,杜欣宜,吴洪然,等.黑龙江省早熟粳稻育成品种亲本选配研究[J].北方水稻,2009,39(3):4－6.

［14］ 刘华招,刘延,陈温福.寒地水稻骨干亲本石狩白毛衍生品种的育成、推广及启示[J].黑龙江八一农垦大学学报,2011,23(2):8－12.

［15］ 赵一洲,王绍林,张战.水稻骨干亲本育种价值分析[J].垦殖与稻作,2006(4):6－9.

［16］ 李洪亮,孙玉友.黑龙江省特种稻研究现状及开发策略[J].黑龙江农业科学,2010(8):31－35.

［17］ 聂守军,史冬梅,高世伟,等.寒地水稻产量构成分析[J].黑龙江农业科学,2012(3):33－37.

［18］ 聂守军.寒地水稻产量稳定性分析[J].中国稻米,2009(3):18－20.

［19］ 刘晴,刘宇强,高世伟,等.黑龙江省第二积温带水稻新品种产量稳定性分析[J].中国稻米,2017,23(2):50－52.

［20］ 黄晓群,张淑华,赵海新,等.黑龙江省水稻品种现状分析及研发对策[J].黑龙江农业科学,2009(6):40－43.

［21］ 刘宝海.黑龙江省新审定水稻品种品质性状分析[J].中国农学通报,2006,22(2):171－175.

[22] 高世伟,聂守军,史淑春,等.黑龙江省第二积温带水稻产量性状分析[J].中国稻米,2016,22(5):44-47.

[23] 马军韬,张国民,辛爱华,等.哈尔滨地区抗瘟基因抗性分析水稻品种抗性评价与利用[J].植物保护学报,2015,42(2):160-168.

[24] 马军韬,张国民,辛爱华,等.水稻品种抗稻瘟病分析及基因聚合抗性改良[J].中国稻米,2016,43(2):177-183.

# 第四章　黑龙江省水稻种质创新

农作物种质资源蕴藏着各种性状遗传基因,是育种工作的物质基础。从 1949 年至今,黑龙江省水稻种质创新和新品种选育经过 70 余年的发展,先后有十几个科研单位(如黑龙江省农业科学院佳木斯水稻研究所、黑龙江省农业科学院五常水稻研究所、黑龙江省农业科学科院绥化分院、黑龙江省农业科学院耕作栽培研究所、东北农业大学、黑龙江八一农垦大学,以及各地、市、县的农业科学研究所和民营科学研究所及种业公司)分布在全省各个生态区,服务于所在地区的水稻种质创新、新品培育及生产。科研工作者在育种实践中创新种质资源,构建核心亲本,通过系统种育、杂交育种、花培育种、诱变育种、杂交稻育种、生物技术育种等方法,以高产、优质、抗病、耐冷和特用为育种目标,选育了适应黑龙江省不同积温带种植的优良水稻品种。据统计,目前黑龙江省共审(认)定水稻品种 424个,验收并通过确认的超级稻品种 10 个(包括龙粳 14、龙稻 5 号、松粳 9 号、龙粳 18、龙粳21、垦稻 11、龙粳 31、松粳 15、龙粳 39、莲稻 1 号),实现了黑龙江省水稻品种的多次更新换代,单产水平不断提高。

## 第一节　黑龙江省水稻种质创新方法

黑龙江省种稻历史短,稻作研究起步晚,水稻种质创新工作经历了引种试种、系统选育、杂交选育及多途径育种 4 个阶段,开展了系统选育、杂交选育、诱变选育、花培选育、杂交稻选育、外源 DNA 导入等选育方法的研究与应用,进入 21 世纪又开展了生物技术选育方面的研究。1949—2018 年,黑龙江省共审(认)定水稻品种 424 个,其中引入品种 25个,系选育成品种 33 个,杂交育成品种 334 个,花培育成品种 21 个,杂交稻(三系)育成品种 2 个,诱变育成品种 4 个,外源总 DNA 转导育成品种 4 个,分子标记辅助育种 1 个。在不同的水稻发展阶段,种质创新方法的不断改进和提高对品种改良均发挥了重要的作用。本节主要介绍黑龙江省水稻种质创新主要方法取得的成就。

### 一、系统选育法

黑龙江省水稻种质创新系统选育工作从 1954 年开始,最早由黑龙江省农业科学院佳木斯水稻研究所、牡丹江分院、齐齐哈尔分院和查哈阳农场试验站等单位的科研人员率先开展了以系统选种为中心的水稻选育工作(当时选育工作的目标是选育生育期 110～120 d 的早熟、耐冷和适应性强的直播高产品种),并在 1955 年率先推广了早熟青森,其后又系选育成了国光、北海 1 号、禹申龙白毛、合江 1 号、合江 3 号、合江 6 号、牡丹江 1 号、牡丹江 2 号、牡丹江 3 号、星火白毛、嫩江 1 号等。该阶段推广应用的品种主要有石狩白毛、青森 5 号、弥荣、兴国、富国、国主、朴洪根稻、永植、禹申龙白毛等。20 世纪 50 年代末，石狩白毛和国主种植面积均超过 6.7 万 hm²，其次是兴国、青森 5 号和弥荣等，对提高单产、稳定总产和发展水稻生产起到积极作用。近年来，随着杂交选育等多种选育方法的应用，利用系统选育的方式直接选育的水稻品种已经很少。2001—2018 年，黑龙江省审定水稻品种 284 个，其中只有 10 个水稻品种是利用系统育种方法选育的，占同期育成水稻品种的 3.5%，系统育种的比例极大地降低。事实证明，系统育种在黑龙江省水稻种质创新的前期工作中起到了重要作用，但通过系统选育的品种大多增产幅度较小，抗逆性也不够强。随着水稻生产的发展，生产上对水稻品种的要求也愈来愈高，早熟、丰产、抗病、优质相结合成为主要育种目标，仅仅沿用系统育种已不能满足生产需求，尤其是选育高抗和大幅度增产的新品种时，系统选育受到一定限制。因此，随着杂交选育和其他选育方法的兴起，系统选育逐渐过渡为一种辅助方法。

## 二、杂交选育法

杂交选育法是通过品种间杂交创造变异而选育新种质的方法，是现在国内外应用最普遍、成效最大的选育方法，通常称为常规选育方法。20 世纪 50 年代中期，科研单位开始开展品种间杂交选育工作。20 世纪 60 年代，随着黑龙江省第一、第二积温带保温湿润育苗插秧栽培方式的发展，简单的系统选育新品种已经很难适应当时水稻栽培技术发展的需要，这就促进了寒地水稻的育种方式由系统育种发展到品种间杂交育种。黑龙江省于 1962 年育成了第一个通过杂交选育的品种——合江 10，该品种在 20 世纪 70 年代的推广面积超过了 100 万亩，约占全省推广面积的 1/3。此阶段的杂交选育主要以单交为主。20 世纪 70 年代，黑龙江省加强了对品种耐肥性、抗倒性、抗稻瘟病性和耐冷性等综合性状的改良工作，简单的单交很难集合多个品种的优势性状，于是杂交方式由单交向三交、四交等复合杂交方式转变。此时期选育的品种主要有合江 14、合江 19、东农 4 号、东农 12、牡丹江 7 号、和牡丹江 8 号等。此阶段育成的水稻品种虽然在产量性状和抗倒性上均有了显著的提高，但对稻瘟病的抗性不稳定，并未达到选育高产、稳产品种的目标。20 世纪 80 年代，随着水稻旱育稀植技术的成熟和推广，以及黑龙江省水稻面积的迅速扩大，急需高产、优质、抗病和适应性广的品种应用于水稻生产。此阶段，黑龙江省在种质选育过程中广泛利用了广谱型的抗稻瘟病基因，并进行多亲本配组，极大地提高了寒地水稻抗病性，育成了很多高产、优质、抗病、适应性广的品种，如合江 22、东农 415 等。黑龙江省农业科学院五常水稻研究所以辽粳 5 号为母本、以合江 20 为父本选育的松粳 3 号是黑龙江省第一个直穗型高产品种，是黑龙江省株型育种的重大突破。20 世纪 90 年代，黑龙江省水稻生产迅速发展，十年间面积翻了一番。低湿地、盐碱地、旱改水等稻田的开发利用和市场经济的发展对水稻品种提出更高的要求，生产上需求集高产、优质、抗逆性强为一体的新品种。黑龙江省在此期间培育出了一批适合旱育稀植的高产新品种，产量潜力达到

8 500 kg/hm$^2$ 以上,主要有龙粳 3 号、龙粳 8 号、龙粳 10、松粳 3 号、牡丹江 22、东农 416、东农 419、绥粳 1 号、绥粳 3 号、绥粳 4 号、松 93 – 8、垦稻 7 号、垦稻 8 号、黑粳 7 号等。进入 21 世纪以来,黑龙江省水稻生产一直保持快速发展的势头,水稻品种的选育工作仍以杂交育种为主,但品种选育速度明显加快,数量迅速增多。在过去的几十年中,黑龙江省农业科学院水稻研究所、黑龙江省农业科学院五常水稻研究所、黑龙江省农业科学院绥化分院、黑龙江省农业科学院耕作栽培研究所、黑龙江省农业科学院牡丹江分院、东北农业大学、黑龙江八一农垦大学等科研单位和院校先后开展了杂交育种技术研究。黑龙江省利用杂交育种方法共审定新品种 334 个,占总数的 78.7%,是目前生产上最重要且选育品种最多的育种方法。

### 三、花培选育法

黑龙江省花培选育新种质始于 20 世纪 70 年代。黑龙江省农业科学院水稻研究所、牡丹江分院、作物育种所、五常水稻研究所等单位相继开展了花培选育法研究,并于 1975 年育成了世界首个水稻花培品种。20 世纪 80 年代以后,随着花药培养的操作技术及培养条件的不断改进、完善,黑龙江省逐渐将该项技术高效应用于寒地水稻新品种选育的实践中。实践证明,水稻花培育种具有缩短育种周期、提高选择效率、加速有效性状转移等特点,现已成为寒地粳稻育种中较为成熟、实用、快速、有效的种质创新技术。黑龙江省采用花培选育技术育成了牡花 1 号、单丰 1 号、合江 21、龙粳 1 号、龙粳 3 号、龙粳 4 号、龙粳 7 号、龙粳 8 号、龙粳 10、龙粳 12、龙粳 13、龙粳 21、龙粳 25 和龙粳香 1 号等水稻品种,在生产上发挥了重要的作用。其中,单丰 1 号是世界首个水稻花药培养育成的品种,龙粳 3 号在国家“八五”攻关中被鉴定为抗冷、耐高温、抗细菌性条斑病的多抗品种。龙粳 8 号自 1998 年通过黑龙江省品种审定以来,累计推广面积达 500 万亩,是目前世界上同类稻区中推广面积最大的花培选育的粳稻品种。目前,黑龙江省利用花培选育法共培育了 21 个水稻品种,并在生产中发挥了重要的作用。虽然目前花培育种在实际品种审定中所占的比例较小,但在创新种质资源等方面仍发挥着重要的作用。

### 四、诱变选育法

黑龙江省利用辐射育种时间较早,研究年限较长。黑龙江省农业科学院佳木斯水稻研究所自 1960 年就开始进行辐射诱变选育技术的研究,但由于 19 世纪 60 年代辐射材料选择不当,处理剂量偏低,照射种子数量太少,群体过小和筛选方法欠佳,因此没有选出有用的材料。19 世纪 70 年代,在总结前几年工作的基础上,辐射供体材料的选择侧重于综合性状较好特别是抗病丰产类型。1973—1975 年,佳木斯水稻研究所共处理 8 个品种,剂量为 2.0 万、2.5 万、3.0 万伦琴,剂量率为 106 伦/分,并以 $^{60}$Co – γ 2.8 万伦琴为基础,进行微波及氧化乙烯复合处理,但后代材料中未出现表现突出的材料。1974—1975 年,佳木斯水稻研究所又进行了红宝石与钕玻璃激光处理及 $^{60}$Co – γ 2.0 万 ~ 3.0 万伦琴加激光的复合处理,共处理 5 个品种,未发现明显的突变体。1976 年以后,辐射育种作为一种育种手段并入水稻新品种选育研究课题,继续对后代材料进行选择。这一阶段主要是开展辐射育种技术在水稻育种上的应用研究,对辐射剂量、效果等方面的研究未深入进行。1978—1999 年,佳木斯水稻研究所共处理 42 份材料,均采用$^{60}$Co - γ 射线处理,剂量为2.8 万伦琴(1978—1986 年)、2.3 万 ~ 3.2 万伦琴(1988—1991 年)、2.8 万 ~ 3.2 万伦琴(1998—1999 年)。总的来说,该阶段的辐射后代材料综合性状不够理想,组合入选率低,淘汰率高,其中对以沈农 265 为母本、以上育 418 为父本杂交的 $F_1$ 种子于 1999 年进行了辐射处理,后经系谱选择育成了软米新品系龙交 02 - 192,其具有产量高、米质优、抗稻瘟病性强、秆强抗倒等优良特性。黑龙江省五常市种子公司和哈尔滨工业大学生命科学工程研究所合作,于 1996 年以尖兵 1 号卫星搭载水稻品种五优稻 1 号,从中筛选出五工稻 1号,于 2003 年审定推广。黑龙江省农业科学院水稻研究所在国家航天育种工程课题资助下,于 2006 年 9 月通过育种航天卫星"实践八号"搭载寒地水稻新品种龙粳 14 和新品系龙花 00 - 233,到 2010 年已选出 10 余份表现较好的材料,正在进一步鉴定中。目前,黑龙江省利用诱变育种共培育 4 个水稻品种,该方法在创新种质资源等方面仍发挥着重要的作用。

## 五、杂交稻选育法

黑龙江省水稻杂种优势利用研究始于 1971 年,1973 年参加全国协作攻关,由黑龙江省农业科学院水稻研究所牵头,宁安市种子公司、黑龙江省农业科学院五常水稻研究所等单位先后参加研究。1971—1973 年,合江地区水稻科学研究所的科研人员通过田间发现和物理化学诱变都获得不育系,但均找不到保持系。随后他们又于 1974—1976 年转育不育系,并转育成了野败型、鲍台型、滇型不育系和相应保持系。1976 年,他们开始了恢复系的选育工作,但一直也未成功。直到 1981 年,黑龙江省农业科学院五常水稻研究所从辽宁省农业科学院稻作研究所引进了恢复系,才标志着黑龙江省的杂交稻育种工作实现了三系配套。随后,黑龙江省先后育成了松前 Ax 7603 - 9 - 1、早秋光/FCC - 1、36A/C129等表现较好的组合,但由于黑龙江省特殊的气候条件,它们均有植株高大、结实期长、结实率低、不耐低温、适应性差等缺点,因此并未在生产上得到应用。1990 年,黑龙江省农业科学院耕作栽培研究所开始进行两系杂交稻 - 光敏核不育系的选育,经过 4 年 7 个世代以 5 047 s、7 001 s、培矮 64 s 等为供体转育出 10 余个性状稳定、熟期较早、起点温度22.5 ℃的不育株系,由于人员变动,所选不育株系被吉林省引用,南中皓等利用该不育株系为供体选出光敏核不育系平 1 s。为了实现寒地杂交水稻技术的突破,填补黑龙江寒地稻作区杂交水稻的空白,黑龙江省农业科学院五常水稻研究所、黑龙江省农垦科学院、创世纪种业有限公司、黑龙江孙斌鸿源农业开发集团有限公司等单位一直对寒地杂交粳稻进行研究。2018 年,黑龙江省第一次审定 2 个杂交水稻品种(桦优 1 号和创优 31),标志着寒地杂交粳稻逐渐地突破了长久以来的困局,登上了审定推广的道路。

## 六、生物技术选育法

在过去的几十年中,常规选育在水稻种质创新过程中起到了非常重要的作用,目前仍是主要的、不可替代的选育方法,但它也存在很多不足,如选择时间长、效率低等。20世纪中叶以来,分子生物学的发展催生的生物育种技术突破了传统育种技术的种种局限,使水稻育种更精确、更高效、更可控且可预见。生物技术选育法具有直接在基因水平上改造植物的遗传物质、可定向改造植物的性状、打破物种间生殖隔离障碍、丰富基因资源等优点,弥补了常规育种方法的不足,得到了前所未有的发展,已经成为现代水稻育种领域的重要手段之一。传统的选育方法对目标性状采用的是直接选择的方法,这往往会受到观测条件和环境因素的影响。生物技术选育法是培育水稻优良品种和优异种质资源的有效手段,它可以通过转目的基因、外源总DNA的转导、分子标记辅助育种,然后对目的性状进行间接选择,育种效率大幅度提高。黑龙江省从1994年开始进行水稻外源总DNA导入技术应用研究,先后有多家科研单位开展此项研究,以水稻为受体,供体有水稻、玉米等,现已育成龙粳14(花粉管通道法)、龙粳16(花粉管通道法)、垦粳2号(浸胚法)、龙盾105(花粉管通道法)等水稻新品种。2017年,黑龙江省栽培所利用分子标记辅助育种育成第一个水稻品种中科902,以(空育131/五优稻4号)为母本、以日立31为父本进行有性杂交,并以空育131为轮回亲本进行连续回交,通过全基因组分子标记背景选择,以抗稻瘟病基因Pi21与Pb1、香味基因$BADH_2$特异性分子标记前景选择培育而成。生物技术选育法在创制水稻新种质,以及培育高产、优质、多抗的水稻新品种中已取得了一定的进展,已显示了其巨大的优越性。随着生物育种技术的不断完善,其应用趋于简单程序化,有利于解决我国水稻生产中的一些实际问题,必将有助于发掘与利用新的水稻种质资源,加快品种改良进程,提高水稻育种水平,在实现水稻的超高产育种和不断改善稻米品质的研究中发挥越来越重要的作用。

# 第二节　黑龙江省水稻种质创新目标

## 一、超高产种质

高产一直都是黑龙江省水稻种质创新和新品种选育的重要目标之一,几十年来,黑龙江省通过远缘杂交、株型改良已经育成了很多品种和中间型材料,为选育寒地高产品种奠定了坚实的遗传基础。20世纪50年代,黑龙江省选育100～120 d的早熟直播用高产品种,全省平均产量4 000 kg/ hm²左右,此阶段选育的品种主要有北海道、国主、石狩白毛、北海1号、合江1号、合江3号、合江5号、查哈阳1号等。20世纪60～70年代,黑龙江省育成的水稻品种以早、中熟为主,插秧直播兼顾型高产品种,生育期直播105～110 d,插秧125～130 d,全省平均产量为4 500～5 000 kg/hm²,此阶段育成的主要品种有合江10、合江12、合江15、合江18、合江20、牡丹江1号、牡丹江2号、牡丹江7号、牡丹江8号、东农4号、东农12、普选10、太阳3号等,其中多数品种的产量潜力可达到6 500 kg/hm²左右。20世纪80年代以后,黑龙江省积极推广水稻旱育稀植技术,育苗插秧期提早,品种的熟期相应延长 5～10 d,全省平均产量接近 6 000 kg/hm²,在此阶段育成的新品种中,推广面积大、应用时间长的品种主要有合江 21、合江 22、合江 23、松粳 2 号、牡丹江 17、东农 413、东农 415 等,这些品种的产量潜力在 7 000 kg/hm² 以上。20 世纪 90 年代,黑龙江省水稻进入高速发展阶段,水稻单产大幅度提高,全省平均产量达到 7 600 kg/hm² 左右,较 20 世纪 80 年代育成品种平均增产 28.1%,此阶段育成了龙粳 8 号、龙粳 9 号、东农 419、五优稻 1 号、五优稻 3 号、松粳 3 号、垦稻 10 等。进入 21 世纪以来,随着水稻育苗、植保等技术的完善和普及,生产上对水稻新品种的产量潜力要求达到 9 000～10 000 kg/hm²,水稻优质、多抗、超高产成为新的育种目标,全省平均产量突破 8 000 kg/hm²,新品种的育成和推广对黑龙江省水稻生产的大发展起到了巨大的推动作用,此阶段育成的主要品种有龙粳 14、龙粳 18、龙粳 20、龙粳 21、龙粳 25、龙粳 26、垦稻 11、垦稻 12、东农 428、松粳 9 号、松粳 12、龙稻 5 号、绥粳 7 号、五优稻 4 号等。"十二五"以来,随着超级稻品种的育成与推广,水稻产量继续提升,全省平均产量接近 9 000 kg/hm²,此阶段育成的主要品种有龙粳 31、龙粳 49、龙粳 50、绥粳 18、龙洋 16、龙稻 18、龙粳 24、松粳 15、松粳 16 等。从品种性状表现看,近几十年黑龙江省水稻育成品种的株高呈增加趋势,穗长和穗粒数逐渐增加,千粒重变化不大,产量提高主要依靠品种分蘖力增强和穗粒数增加,见表 4－1。

表 4－1 不同时期黑龙江省水稻育成品种的产量及性状表现

| 年度 | 生育日数/d | | 活动积温/℃ | 株高/cm | 穗长/cm | 穗粒数/(粒/穗) | 千粒重/g | 省区、生试平均产量/(kg/hm²) | 较对照增产幅度/% |
|---|---|---|---|---|---|---|---|---|---|
| | 直播 | 插秧 | | | | | | | |
| 1960 年以前 | 108.9 | 130.2 | — | 82.9 | 15.4 | 75.8 | 26.0 | 4 056.8 | — |
| 1961—1970 年 | 108.7 | 131.5 | 2 150.0 | 83.8 | 15.0 | 72.8 | 26.3 | 4 437.0 | — |
| 1971—1980 年 | 105.1 | 131.2 | 2 106.5 | 83.7 | 15.2 | 73.8 | 26.2 | 4 967.1 | — |
| 1981—1990 年 | 106.4 | 128.4 | 2 427.6 | 85.6 | 15.6 | 80.6 | 26.8 | 5 955.1 | 11.1 |
| 1991—2000 年 | — | 132.9 | 2 466.2 | 88.8 | 16.7 | 94.1 | 26.1 | 7 629.9 | 9.8 |
| 2001—2005 年 | — | 133.3 | 2 490.9 | 88.8 | 17.3 | 91.7 | 26.0 | 7 684.3 | 8.1 |
| 2006—2010 年 | — | 135.5 | 2 485.0 | 93.0 | 17.3 | 99.6 | 26.0 | 8 313.7 | 8.7 |
| 2011—2015 年 | — | 136.1 | 2 498.9 | 95.8 | 18.2 | 110.6 | 26.0 | 8 760.3 | 8.8 |
| 2016—2018 年 | — | 133.0 | 2 419.6 | 95.7 | 17.3 | 105.6 | 26.1 | 8 981.3 | 8.3 |

2005 年以来,超级稻品种选育与推广开启了黑龙江省水稻超高产种质创新新局面,先后有龙粳 14、龙稻 5 号、松粳 9 号、龙粳 18、龙粳 21、垦稻 11、龙粳 31、松粳 15、龙粳 39、莲稻 1 号等 10 个品种通过了农业部超级稻专家组验收,被确认为超级稻品种。其中,龙粳 14、龙稻 5 号、松粳 9 号、龙粳 18、龙粳 21、龙粳 31、松粳 15、龙粳 39、莲稻 1 号百亩连片实收产量分别达到 10 638 kg/hm²、10 864.5 kg/hm²、11 029.5 kg/hm²、11 265 kg/hm²、11 791.5 kg/hm²、11 377.5 kg/hm²、11 959.5 kg/hm²、11 352 kg/hm²、10 919 kg/hm²,垦稻

11 在黑龙江省区域试验中较对照平均增产 8.6%，被农业部确认为广适性超级稻品种。2007 年，黑龙江省水稻专家组在超级稻高产攻关地块测产，单产超过 12 000 kg/hm²，在产量上取得了新的突破，达到了国家超级稻研究规划二期产量指标，其中龙粳 14 在汤原县达到 12 600 kg/hm²，松粳 9 号在泰来县达到 12 255 kg/hm²，龙稻 5 号在延寿县达到 12 031.5 kg/hm²。2010 年，龙粳 21 在建三江浓江农场水稻钵形毯状秧苗机插万亩示范片产量达到 12 057 kg/hm²，创造了该农场的高产纪录。截至目前，据不完全统计，黑龙江省超级稻品种累计推广应用面积超过 1 亿亩，这是黑龙江省稻作史上又一个重大突破，为提高黑龙江省水稻单产水平奠定了坚实的基础，标志着寒地早粳超高产育种水平实现了新的跨越。

### 二、优质种质

随着我国经济的发展和人民生活水平的提高，人们对稻米品质提出了越来越高的要求，优质种质资源品种在丰产的基础上，加工成的稻米不仅外观要好看，而且还要有较好的口感和食味，因此稻米品质的优劣不仅影响人民的生活水平，也影响稻米的生产、流通和销售。黑龙江省对稻米品质的研究始于 1982 年，黑龙江省农业科学院佳木斯水稻研究所、五常水稻研究所、耕作栽培研究所、绥化分院等主要育种单位，先后将种质创新目标由突出高产逐渐转变为突出优质，积极收集、鉴定和创新一大批优异的种质资源材料，如道黄金、上育 394、富士光、越光、热研 1 号、合交 82203 - 5、龙花 84 - 106、松 93 - 8 等。1988 年，黑龙江省农业委员会主持召开了首届优质米评审会，在当时推广的品种中评审出合江 19 和松粳 2 号两个优质米品种。随着全省水稻的发展，优质米的市场优势凸显。1994 年，黑龙江省农业委员会主持召开了第二届优质米评审会，评审出五稻 3 号（1994 年审定）、牡丹江 19（1989 年审定）、藤系 140（1994 年认定）和龙选 948（龙粳 8 号，1998 年审定）等 8 个优质米品种。1995 年，在日本举行的国际粳米鉴评会上，黑龙江省农牧渔业厅选送的 14 份样品（包括龙选 948（龙粳 8 号）、龙粳 9 号等）全部被评为优质米品种。2018 年，国家农村农业部种子管理局主持召开了首届全国优质稻品种食味品质鉴评会，在粳稻组评选的 10 个金奖中，黑龙江省水稻品种占了 4 个，分别为龙稻 18、五优稻 4 号、松粳 28、松粳 22。

从 20 世纪 90 年代初开始，米质作为黑龙江省水稻品种审定的评价指标之一，促进了优质米品种的创新、选育和推广，实现了水稻发展由高产向高产、优质兼顾的转变。1999 年，黑龙江省农业科学院（简称黑龙江省农科院）五常水稻研究所通过品种间杂交引入籼稻基因，创造性地选育出黑龙江省长粒型优质粳稻品种五优稻 1 号，开创了黑龙江省长粒型优质粳稻育种的先河，引领了黑龙江省优质水稻的发展，为后来的"五常大米"的出现打下了坚实的基础。进入 21 世纪以来，黑龙江省水稻品质育种取得了可喜的成绩，育成了龙粳 14、龙粳 20、龙粳 25、松粳 6 号、松粳 9 号、龙稻 3 号、龙稻 7 号、龙稻 18、牡丹江 26、牡丹江 28、垦稻 10、垦稻 12、东农 424、东农 428、五优稻 1 号等一批优质米品种，以及龙香稻 1 号、松粳香 2 号、五优稻 4 号、龙粳香 1 号、绥粳 18 等香稻品种，丰富了黑龙江省的稻米市场,推动了稻米产业发展。其中,五优稻 4 号水稻品种的出现,使"五常大米"成为大米类全国第一品牌;黑龙江省农科院栽培所选育的龙稻 18 成为黑龙江省首个达到国家标准的一级米粳品种,填补了黑龙江省一级米品种的空白;绥粳 18 在 2018 年种植面积近千万亩,成为当前黑龙江省水稻种植面积第一大的主栽品种,结束了我省第二、三积温带没有优质长粒香型水稻主栽品种的历史。

由近二十年黑龙江省育成水稻品种品质性状比较表(表 4-2)可知,区域试验品种的粒型(长宽比)有了明显的变化;粒型变长使垩白性状得到了明显的改善;直链淀粉、胶稠度无明显变化;糙米率变化不大,平均 81.3% ~82.8%;整精米率年季间变化较大,平均66.9% ~70.4%,主要是因为近年来气候变化异常,自然灾害增多,加上在高产栽培条件下施肥量有所增加,而且长粒形品种增多,但仍达到了国标一级优质米标准;食味评分全省平均超过 80 分以上;育成品种的外观品质有了明显的改善,水稻品种除胶稠度和食味达到国标二级优质米标准外,其他指标均达到国标一级优质米标准。"十五"到"十三五"期间,黑龙江省育成品种 284 个,其中 76.8% 的品种的全部指标达到国标二级以上标准。

**表 4-2 近二十年黑龙江省育成水稻品种品质性状比较表**

| 年度 | 糙米率/% | 整精米率/% | 长宽比 | 垩白粒率/% | 垩白度/% | 直链淀粉/% | 胶稠度/mm | 粗蛋白质/% | 食味/分 |
|---|---|---|---|---|---|---|---|---|---|
| 1996—2000 年 | 82.8 | 69.3 | 1.7 | 11.2 | 2.8 | 16.6 | 60.6 | 6.7 | — |
| 2001—2005 年 | 82.3 | 70.4 | 1.8 | 6.0 | 0.5 | 17.9 | 72.4 | 6.9 | 83.1 (2005 年) |
| 2006—2010 年 | 81.6 | 66.9 | 1.9 | 3.3 | 0.3 | 18.5 | 74.5 | — | 81.7 |
| 2011—2015 年 | 81.3 | 67.3 | 2.1 | 5.0 | — | 16.9 | 74.8 | — | 82.3 |
| 2016—2018 年 | 81.7 | 69.2 | 2.2 | 4.8 | — | 17.3 | 74.9 | — | 82.1 |

### 三、抗病种质

稻瘟病是黑龙江省水稻生产第一大病害,分布广,程度重,产量损失大,严重发生年会导致大面积绝产。总体来看,黑龙江省稻瘟病的发生有逐年加重的趋势。据统计,黑龙江省在 1964—2006 年有 13 次稻瘟病较重发生年,累计损失稻谷达 60 亿 kg。20 世纪 80 年代以前,稻瘟病发生面积较小,发病概率低,仅在个别年份局部流行,重病地块穗颈瘟发病率仅在 30% 左右。20 世纪 90 年代后期,稻瘟病流行年份有所增加,发病面积不断扩大,发病率提高,重病地块穗颈瘟发病率达 50% 以上。进入 21 世纪后,由于品种种植单一、施肥量增加和品种抗病性减弱等不利因素的叠加,稻瘟病频繁流行,目前黑龙江省政府每年针对发病重的地区进行稻瘟病防治。

20 世纪 60 年代以前,黑龙江省的当地农家品种、引进和育成的新品种的抗瘟性基因主要来自石狩白毛和爱知旭的 Pi－i、Pi－a。20 世纪 60 年代中期,黑龙江省由日本引进虾夷、手稻、下北和滨旭等品种,增添了 Pi－k、Pi－ta 等来源于籼稻的抗瘟基因,新引进的品种当时在黑龙江省各稻区表现高度抗病,也成了黑龙江省各个育种单位主要的抗源亲本材料。这一阶段育成的品种有合江 18、合江 20、东农 4 号和东农 12 等。20 世纪 70～80 年代,黑龙江省各个水稻育种单位一方面加强籼粳杂交选育新的抗源中间亲本,另一方面引进籼粳杂交后代、福锦、下北和取手 1 号等具有新抗性基因的品种,扩大了抗瘟育种亲本范围,改进了抗病育种方法。在这一时期,东北农业大学成功地选育出高度抗病、抗性稳定的东农 413、东农 415 和东农 416 等优良新品种;黑龙江省农业科学院牡丹江分院选育出了牡丹江 18、牡丹江 19 等抗瘟性强的优良品种。20 世纪 90 年代至今,黑龙江省各育种单位一方面不断引入省外和国外的新种质资源,另一方面结合多种育种技术进行新抗源材料的创制和新品种的选育。黑龙江省农业科学院五常水稻研究所引入具有籼稻血缘的辽宁品种辽粳 5 号作为亲本,先后选育出松粳 3 号、松粳 6 号、松粳 10 等水稻新品种,以松粳 3 号为亲本选育出的松 93－8 又先后选育出 29 个优质、抗病性强的品种;黑龙江省农垦科学院水稻研究所引入日本水稻品种藤系 138 和富士光,以这两个品种为亲本先后选育出了抗病品种垦稻 8 号和垦稻 10,并进一步选育出优质、高产、抗病的垦稻 12;黑龙江省农业科学院水稻研究所利用日本品种藤系 137 为亲本,并结合花药培养、幼穗培养等生物技术手段,先后选育出抗病品种龙粳 12 和龙粳 32。

　　为提高推广品种的抗性水平,审定品种在参加省区域试验时需进行统一的抗稻瘟病性鉴定,为新品种审定提供科学依据。不同时期黑龙江省水稻育成品种抗性鉴定结果表见表 4－3,从鉴定结果看,2000 年审定品种接种鉴定叶瘟和穗颈瘟分别为 5.2 级与 7.2 级;"十五"期间,审定品种的抗稻瘟病能力显著增强,接种鉴定叶瘟和穗颈瘟分别为 4.5 级与 5.0 级;而到"十三五"期间,叶瘟和穗颈瘟表现为 3.4 级和 2.6 级,较"十五"平均降低 0.9 级和 2.2 级,因此抗病品种的推广减轻了稻瘟病的危害。

表 4－3　不同时期黑龙江省水稻育成品种抗性鉴定结果表

| 年度 | 接种鉴定 | | 耐冷鉴定 |
| --- | --- | --- | --- |
| | 叶瘟/级 | 穗颈瘟/级 | 处理空壳率/% |
| 2000 年 | 5.2 | 7.2 | — |
| 2001—2005 年 | 4.5 | 5.0 | 19.0(2004—2005 年) |
| 2006—2010 年 | 2.6 | 2.6 | 12.9 |
| 2011—2015 年 | 2.6 | 2.2 | 10.7 |
| 2016—2018 年 | 3.4 | 2.8 | 13.5 |

## 四、耐冷种质

　　冷害一直是黑龙江省水稻生产的第一限制因子,20 世纪 80 年代之前,黑龙江省的水稻冷害以延迟型冷害为主,危害严重,且每3~5年发生一次。据矫江等研究,5~9月的活动积温如果低于正常年份50℃,就会发生轻度的延迟型冷害。活动积温低于正常年份100℃,就会发生重度的延迟型冷害。20世纪80年代后,由于旱育稀植栽培技术的推广,水稻延迟型冷害影响变小,对水稻生产影响较大的是障碍型冷害,且近年来有增加的趋势。2002年,黑龙江省发生了严重的低温冷害,部分耐冷性较差的品种因障碍性冷害空壳严重,导致大幅度减产甚至绝产。2003年,局部地区又发生较重的低温冷害,而障碍型冷害的危害程度与品种关系密切。因此,为减轻冷害造成的损失,选育、推广抗冷性强的品种,从2004年开始,黑龙江省将耐冷性作为品种审定指定鉴定项目,进行统一的耐冷性鉴定。2005年审定品种低温处理空壳率平均为19%;2006—2018年审定的品种处理空壳率明显降低,由19%下降到13.5%,结实率提高5.5个百分点,有38.8%的品种处理空壳率在10%以下,如龙粳33、龙粳34、垦稻12、牡丹江32、松粳18、松粳19等,有97%的品种处理空壳率在20%以下。这充分说明新审定品种耐冷性逐渐增强,为水稻的安全生产提供了重要保障。

## 五、特种稻种质

黑龙江省水稻种质主要以常规粳稻为主,与常规粳稻种质相比,特种稻种质研究起步较晚。1949年前,黑龙江省糯稻品种主要有引自日本的松本糯、荣糯和本地糯等少数几个品种。黑龙江省农业科学院水稻研究所从1975年到1990年保存材料699份,其中糯稻只有41份,香稻和色稻更少。这些宝贵材料是黑龙江省特种稻育种的重要种质资源。1952年,牡丹江市郊区农民朴洪根于松本糯品种中单株选拔育成朴洪根粘稻,成为黑龙江省推广的第一个糯稻品种。黑龙江省农业科学院牡丹江分院从20世纪60年代起开展糯稻杂交育种,当时利用的主要糯稻亲本为北糯、松本糯、功糯、粘13-1等少数几个资源材料,到1985年已经育成牡粘1号、牡粘2号、牡粘3号等品种。其中,牡粘3号不仅在生产上大面积推广,而且利用它作为骨干亲本也育成了牡粘4号、龙稻8号、龙稻9号等糯稻品种。20世纪90年代后,随着人们生活水平的提高,以及市场对特种稻需求量的不断增加,特种稻育种开始受到育种工作者的重视。其育种目标与常规育种一样坚持高产、优质、抗病、耐冷、早熟等主要性状,在创新手段上主要以系选和常规杂交方法为主。特种稻育种类型也开始多样化,除培育糯稻品种外,长粒形香米在消费市场上开始受到越来越多的重视,此外软米与黑色稻等类型品种也逐渐受到关注。经过多年的积累,黑龙江省在育种实践中引进并创造了丰富的种质材料,使寒地特种稻进入了快速发展阶段。1999年,黑龙江省农业科学院绥化分院、绥化市优特水稻综合开发研究所育成了黑龙江省第一个香稻品种绥粳4号。此后,黑龙江省农业科学院耕作栽培所、五常水稻所、水稻研究所、绥化分院等以绥粳4号和五优稻A等作为骨干亲本,培育出龙香稻1号、龙香稻2号、松粳香1号、松粳香2号、松粳22、绥粳18、龙粳香1号等香稻优良品种。2000年,黑龙江省农业科学院耕作栽培所以日本半糯性品种道北52为母本、以藤系144为父本杂交育成了黑龙江省第一个软米品种龙稻1号。

据统计,1949年以来,黑龙江省共审定推广特种稻品种71个。其中1949—1984年审定推广的特种稻品种只有牡粘1号、2号、密粘5号、朴洪根粘稻、垦糯2号5个糯稻品种;而1985—2018年黑龙江省审定推广的特种稻品种有66个,其中糯稻26个,香稻34个,香糯稻 2 个,软米品种 4 个。近年来,随着市场经济的发展,黑龙江省特种稻进入快速发展阶段,尤其是 2009—2018 年审定推广了 47 个特种稻品种,其中香稻品种就占 31 个。其中,五优稻 4 号的出现使"五常大米"成为大米类全国第一品牌,引领了全国优质米市场的发展;绥粳 18 在 2018 年的种植面积近千万亩,成为当前黑龙江省水稻种植面积第一大的主栽品种,结束了我省第二、三积温带没有优质长粒香型水稻主栽品种的历史。黑龙江省品种审定委员会还特别在全省水稻试验中增加了香稻试验组,参试品种数量大大增加,而且还有一些早熟黑稻品种参试。

# 第三节　黑龙江省水稻种质创新成果

随着育种方法的更新和改进,黑龙江省不断创制出适应市场需求的高产、优质、抗病、抗倒、耐冷水稻新种质,且成效显著。黑龙江省农作物品种审定委员会 2009—2018 年共审定综合性状优良、抗逆性强的水稻新品种 205 个,其中第一积温带水稻新品种 64 个,第二积温带水稻新品种 63 个,第三积温带水稻新品种 52 个,第四积温带水稻新品种 23 个,第五积温带水稻新品种 3 个。本节根据水稻品种的适应区域来介绍黑龙江省近十年的水稻种质创新成果。

## 一、第一积温带水稻新品种简介

1. 东富 108(原代号:东农 1222,见图 4-1)

图 4-1　东富 108(原代号:东农 1222)

审定编号:黑审稻 2017005。

品种类型:粳型常规水稻(亲本来源:东农 9006×东农 425)。

选育单位:东北农业大学、齐齐哈尔市富尔农艺有限公司。

特征特性:普通水稻品种;在适应区出苗至成熟生育日数 140 d 左右,需 ≥10 ℃ 活动积温 2 600 ℃ 左右;主茎 13 片叶,长粒型,株高 93.8 cm 左右,穗长 18.7 cm 左右,每穗粒数 122 粒左右,千粒重 24.7 g 左右。两年品质分析结果:出糙率 79.5% ~ 80.3%,整精米率 64.1% ~ 66.4%,垩白粒率 8.0% ~ 10.0%,垩白度 1.5% ~ 2.0%,直链淀粉含量(干基)16.32% ~ 18.69%,胶稠度 73.5 ~ 74.5 mm,食味品质 80 ~ 82 分,达到国家《优质稻谷》标准二级。三年抗病接种鉴定结果:叶瘟 1 ~ 5 级,穗颈瘟 1 ~ 3 级。三年耐冷性鉴定结果:处理空壳率 2.81% ~ 12.62%。

产量表现:2014—2015 年区域试验平均公顷产量 8 583.7 kg,较对照品种龙稻 11 增产 9.4%;2016 年生产试验平均公顷产量 8 719.8 kg,较对照品种龙稻 11 增产 7.8%。

栽培技术要点:在适应区播种期 4 月 10 日 ~ 4 月 20 日,插秧期 5 月 15 日 ~ 5 月 25 日,秧龄 35 ~ 40 d,插秧规格为 30 cm × 16.7 cm,每穴 3 ~ 5 株;一般公顷施纯氮 120 kg,氮:磷:钾(以下均指质量比)= 2:1:1;氮肥比例为基肥:蘖肥:穗肥:粒肥 = 4:3:2:1,磷肥全部作基肥,钾肥分基肥、穗肥两次施入,每次各施 50%;旱育稀植插秧栽培,浅 - 干 - 湿交替节水灌溉;收获期 9 月下旬开始;注意预防稻瘟病、二化螟及潜叶蝇。

适应区域:黑龙江省第一积温带种植。

2. 牡丹江 31(原代号:牡 04 - 1325,见图 4 - 2)

图 4 - 2　牡丹江 31(原代号:牡 04 - 1325)

审定编号:黑审稻 2010004。

品种类型:粳型常规水稻(亲本来源:牡 98 - 1492 × 牡 95 - 1211)。

选育单位:黑龙江省农业科学院牡丹江分院。

特征特性:粳稻品种;在适应区出苗至成熟生育日数 142 d 左右,需≥10 ℃活动积温 2 650 ℃左右;主茎 13 片叶,株高 100.4 cm 左右,穗长 17.7 cm 左右,每穗粒数 113 粒左右,千粒重 25.5 g 左右。品质分析结果:出糙率 82.5% ~83.5%,整精米率 63.7% ~72.1%,垩白粒率 0.0% ~2.5%,垩白度 0.0% ~0.2%,直链淀粉含量(干基)16.5% ~18.91%,胶稠度 73.0 ~81.0 mm,食味品质 78 ~84 分。接种鉴定结果:叶瘟 1 ~5 级,穗颈瘟 3 级。耐冷性鉴定结果:处理空壳率 5.38% ~5.91%。

产量表现:2007—2008 年区域试验平均公顷产量 8 914.1 kg,较对照品种松粳 6 号增产 6.8%;2009 年生产试验平均公顷产量 10 095.2 kg,较对照品种松粳 6 号增产 11.2 %。

栽培技术要点:4 月 10 日 ~4 月 20 日播种,5 月 15 日 ~5 月 20 日插秧;插秧规格为 30 cm×15 cm 左右,每穴 3 ~4 株;一般公顷施底肥尿素 100 kg、二铵 100 kg、钾肥 50 kg,返青后施尿素 150 ~200 kg,分返青肥和分蘖肥施入;旱育壮秧,适时移栽;增施农家肥,培肥地力;水层管理采用干 - 湿交替;适时收获,减少田间损失。

适应区域:黑龙江省第一积温带下限种植。

3. 品种名称:松粳香 1 号(原代号:松 04 -11,见图 4 -3)

图 4 -3　松粳香 1 号(原代号:松 04 -11)

审定编号:黑审稻 2009004。

品种类型:粳型常规水稻(亲本来源:松 93 -9×五优稻 A)。

选育单位:黑龙江省农业科学院五常水稻研究所。

特征特性:香稻;在适应区出苗至成熟生育日数 145 d 左右,需≥10 ℃活动积温

2 750 ℃左右;主茎 14 片叶,株高 113 cm 左右,穗长 19.4 cm 左右,每穗粒数 110 粒左右,千粒重 24.9 g 左右。品质分析结果:出糙率 80.8% ~82.6% ,整精米率 64.4% ~69.5% ,垩白粒率 0% ,垩白度 0% ,直链淀粉含量(干基)17.0% ~ 18.8% ,胶稠度 75.5 ~ 81.0 mm,食味品质 78 ~83 分。接种鉴定结果:叶瘟 1 ~3 级,穗颈瘟 0 级。耐冷性鉴定结果:处理空壳率 7.42% ~18.42% 。

产量表现:2006—2007 年区域试验平均公顷产量 7 948.9 kg;2008 年生产试验平均公顷产量 8 258 kg。

栽培技术要点:4 月 5 日 ~4 月 15 日播种,5 月 5 日 ~5 月 15 日插秧,插秧规格为 30 cm×16.7 cm 左右,每穴 3 ~4 株,高肥区适当稀植;中上等肥力地块,一般公顷施纯氮量 130 ~140 kg,氮:磷:钾 =3:2:2;底肥氮肥 50% ,其中返青肥 10% ,分蘖肥 20% ,穗、粒肥各 10% ;磷肥底肥一次性施入;钾肥 50% 作底肥,50% 在孕穗期施入;翻地要达到 20 cm 耕层,地要整平,插秧深浅株距一致;插秧后,适时施肥,促进分蘖;田间水层管理,施药期保证 3 ~5 cm 的水层,孕穗期深水灌溉,其他时期干 - 湿交替灌溉,收获前撤水不宜过早,成熟后及时收获。

适应区域:黑龙江省第一积温带上限插秧栽培。

4. 松粳香 2 号(原代号:松香 06 -317,见图 4 -4)

图 4 -4  松粳香 2 号(原代号:松香 06 -317)

审定编号:黑审稻 2011008。

品种类型:粳型常规水稻(亲本来源:五优稻 A×松 98 -131)。

选育单位:黑龙江省农业科学院五常水稻研究所。

特征特性:香稻品种;在适应区出苗至成熟生育日数 146 d 左右,需≥10 ℃ 活动积温 2 750 ℃ 左右;主茎 14 片叶,株高 110 cm 左右,穗长 20 cm 左右,每穗粒数 110 粒左右,千粒重 25.5 g 左右。品质分析结果:出糙率 79.5% ~81.6%,整精米率 60.2% ~66.4%,垩白粒率 0% ~2.0%,垩白度 0% ~0.1%,直链淀粉含量(干基)18.60% ~18.86%,胶稠度 70.0 ~80.0 mm,食味品质 84 ~87 分。接种鉴定结果:叶瘟 0 ~3 级,穗颈瘟 0 ~3 级;耐冷性鉴定结果:处理空壳率 7.03% ~28.34%。

产量表现:2008—2009 年区域试验平均公顷产量 8 284.5 kg;2010 年生产试验平均公顷产量 9 074.7 kg,较对照品种龙香稻 2 号增产 8.9%。

栽培技术要点:4 月 10 日 ~4 月 20 日播种,5 月 15 日 ~5 月 20 日插秧;插秧规格为 30(或 33.3) cm ×16.7 cm 左右,每穴 2 ~4 株;公顷施纯氮 120 ~140 kg,氮:磷:钾 = 2:1:1;耙地前施入氮肥的 50%、钾肥的 50%、磷肥的全部作基肥,插秧后 7 d 左右施入氮肥的 20% 作分蘖肥,于 6 月 30 日左右施入氮肥的 20% 作调节肥,于 7 月 15 日左右施入氮肥的 10% 和钾肥的 50% 作穗肥;适时早育苗、早插秧,除作业用水外,采用浅水灌溉,及时预防病虫草害;9 月 25 日 ~9 月 30 日收获。

适应区域:黑龙江省第一积温带上限种植。

5. 松粳 14(原代号:松 05 –274,见图 4 –5)

图 4 –5 松粳 14(原代号:松 05 –274)

审定编号:黑审稻 2011002。

品种类型:粳型常规水稻(亲本来源:松粳 6 号 × 东农 V4)。

选育单位:黑龙江省农业科学院五常水稻研究所。

特征特性:粳稻品种;在适应区出苗至成熟生育日数 142 d 左右,需≥10 ℃活动积温 2 650 ℃左右;主茎 13 片叶,株高 100 cm 左右,穗长 21 cm 左右,每穗粒数 120 粒左右,千粒重 25 g 左右。品质分析结果:出糙率 79.1% ~80.0%,整精米率 62.6% ~70.4%,垩白粒率 0%,垩白度 0%,直链淀粉含量(干基)17.57% ~18.31 %,胶稠度 70.0 ~74.0 mm,食味品质 82 ~84 分。接种鉴定结果:叶瘟 1 ~3 级,穗颈瘟 1 ~5 级。耐冷性鉴定结果:处理空壳率 5.20% ~22.14%。

产量表现:2008—2009 年区域试验平均公顷产量 9 420.6 kg,较对照品种松粳 6 号增产 9.8%;2010 年生产试验平均公顷产量 9 448.2 kg,较对照品种松粳 6 号增产 10.6%。

栽培技术要点:4 月 10 日 ~4 月 20 日播种,5 月 15 日 ~5 月 20 日插秧;插秧规格为 30(或 33.3)cm×16.7 cm 左右,每穴 2 ~4 株;一般公顷施纯氮 120 ~140 kg,氮:磷:钾 = 2:1:1;耙地前施入氮肥的 50%、钾肥的 50%、磷肥的全部作基肥,插秧后 7 d 左右施入氮肥的 20%作分蘖肥,于 6 月 30 日左右施入氮肥的 20%作调节肥,于 7 月 15 日左右施入氮肥的 10%和钾肥的 50%作穗肥;适时早育苗、早插秧,除作业用水外,采用浅水灌溉,及时预防病虫草害;9 月 25 日 ~9 月 30 日收获。

适应区域:黑龙江省第一积温带种植。

6. 松粳 15(原代号:松 06 -308,见图 4 -6)

图 4 -6 松粳 15(原代号:松 06 -308)

审定编号:黑审稻 2011001。

品种类型:粳型常规水稻(亲本来源:松粳 6 号×东农 V4)。

选育单位:黑龙江省农业科学院五常水稻研究所。

特征特性:粳稻品种;在适应区出苗至成熟生育日数 146 d 左右,需≥10 ℃活动积温 2 750 ℃左右;主茎 14 片叶,株高 95 cm 左右,穗长 15.5 cm 左右,每穗粒数 150 粒左右, 千粒重 24 g 左右。品质分析结果:出糙率 77.1% ~77.8%,整精米率 62.0% ~66.2%,垩 白粒率 1.0% ~3.0%,垩白度 0.1% ~0.4%,直链淀粉含量(干基)18.27% ~18.76%,胶 稠度 72.5 ~85.0 mm,食味品质 80 ~83 分。接种鉴定结果:叶瘟 0 ~5 级,穗颈瘟 0 ~3 级。 耐冷性鉴定结果:处理空壳率 7.56% ~16.59%。

产量表现:2008—2009 年区域试验平均公顷产量 9 565.1 kg,较对照品种牡丹江 27 增产 12.7%;2010 年生产试验平均公顷产量 9 990.8 kg,较对照品种牡丹江 27 增产 11.3%。

栽培技术要点:4 月 10 日 ~4 月 15 日播种,5 月 15 日 ~5 月 20 日插秧,插秧规格为 30(或 33.3) cm ×16.7 cm 左右,每穴 2 ~4 株;一般公顷施纯氮 120 ~140 kg,氮:磷:钾 = 2:1:1;耙地前施入氮肥的 50%、钾肥的 50%、磷肥的全部作基肥,插秧后 7 d 左右施入氮 肥的 20% 作分蘖肥,于 6 月 30 日左右施入氮肥的 20% 作调节肥,于 7 月 15 日左右施入氮 肥的 10% 和钾肥的 50% 作穗肥;适时早育苗、早插秧,除作业用水外,采用浅水灌溉,及时 预防病虫草害;9 月 28 日 ~9 月 30 日收获。

适应区域:黑龙江省第一积温带上限种植。

7. 松粳 16(原代号:松 07 −318,见图 4 −7)

图 4 −7 松粳 16(原代号:松 07 −318)

审定编号:黑审稻 2012002。

品种类型:粳型常规水稻(亲本来源:通 31 ×五优稻 1 号)。

选育单位:黑龙江省农业科学院五常水稻研究所。

特征特性:粳稻品种;在适应区出苗至成熟生育日数 146 d 左右,需≥10 ℃活动积温2 750 ℃左右;主茎 14 片叶,株高 102 cm 左右,穗长 21 cm 左右,每穗粒数 125 粒左右,千粒重 25 g 左右。两年品质分析结果:出糙率 79.7% ~81.2%,整精米率 67.2% ~68.9%,垩白粒率 1.0% ~5.0%,垩白度 0.1% ~0.8%,直链淀粉含量(干基)17.30% ~18.98%,胶稠度 70.0 ~75.0 mm,食味品质 83 ~84 分。三年抗病接种鉴定结果:叶瘟 0 ~5 级,穗颈瘟 0 ~3 级。三年耐冷性鉴定结果:处理空壳率 5.99% ~20.80%。

产量表现:2009—2010 年两年区域试验平均公顷产量 9 353.4 kg,较对照品种牡丹江27 增产 6.6%;2011 年生产试验平均公顷产量 9 178.5 kg,较对照品种牡丹江 27 增产10.2%。

栽培技术要点:4 月 10 日~4 月 15 日播种,5 月 15 日~5 月 20 日插秧;插秧规格为30.0 cm×16.7 cm 左右,每穴 2 ~4 株;一般公顷施纯氮 120 ~140 kg,氮∶磷∶钾 =2∶1∶1;耙地前施入氮肥的 50%、钾肥的 50%、磷肥的全部作基肥,插秧后 7 d 左右施入氮肥的20%作分蘖肥,于 6 月 30 日左右施入氮肥的 20%作调节肥,于 7 月 15 日左右施入氮肥的10%和钾肥的 50%作穗肥;适时早育苗、早插秧,除作业用水外,采用浅水灌溉,及时预防病虫草害;9 月 28 日~9 月 30 日收获。

适应区域:黑龙江省第一积温带上限种植。

8. 松粳 17(原代号:松 07 –330,见图 4 –8)

图 4 –8 松粳 17(原代号:松 07 –330)

审定编号:黑审稻 2013001。

品种类型:粳型常规水稻(亲本来源:松 98 - 131 × 通 211)。

选育单位:黑龙江省农业科学院五常水稻研究所。

特征特性:粳稻品种;在适应区出苗至成熟生育日数 142 d,需≥10 ℃活动积温 2 650 ℃;主茎 13 片叶,株高 104 cm 左右,穗长 21 cm 左右,每穗粒数 127 粒左右,千粒重 25 g 左右。两年品质分析结果:出糙率 80.5% ~ 80.6%,整精米率 64.0% ~ 70.6%,垩白粒率 2.0% ~ 3.0%,垩白度 0.4% ~ 0.6%,直链淀粉含量(干基)16.27% ~ 17.25%,胶稠度 77.0 ~ 77.5 mm,食味品质 84 ~ 86 分。三年抗病接种鉴定结果:叶瘟 0 ~ 5 级,穗颈瘟 0 ~ 5 级。三年耐冷性鉴定结果:处理空壳率 1.23% ~ 5.68%。

产量表现:2010—2011 年区域试验平均公顷产量 8 957.7 kg,较对照品种松粳 6 号增产 9.3%;2012 年生产试验平均公顷产量 9 453.9 kg,较对照品种龙稻 11 增产 8.4%。

栽培技术要点:在适应区 4 月 10 日 ~ 4 月 15 日播种,5 月 15 日 ~ 5 月 20 日插秧;插秧规格为 30.0 cm × 16.7 cm 左右,每穴 2 ~ 4 株;公顷施纯氮 120 ~ 140 kg,氮:磷:钾 = 2:1:1;耙地前施入氮肥的 50%、钾肥的 50%、磷肥的全部作基肥,插秧后 7 d 左右施入氮肥的 20% 作分蘖肥,于 6 月 30 日左右施入氮肥的 20% 作调节肥,于 7 月 15 日左右施入氮肥的 10% 和钾肥的 50% 作穗肥;适时早育苗、早插秧,除作业用水外,采用浅水灌溉,及时预防病虫草害;成熟后及时收获。

适应区域:黑龙江省第一积温带种植。

9. 松粳 18(原代号:松 07 - 340,见图 4 - 9)

图 4 - 9 松粳 18(原代号:松 07 - 340)

审定编号:黑审稻 2013004。

品种类型:粳型常规水稻(亲本来源:五优稻 1 号 × 通育 120)。

选育单位:黑龙江省农业科学院五常水稻研究所。

特征特性:粳稻品种;在适应区出苗至成熟生育日数 142 d,需 ≥ 10 ℃ 活动积温 2 650 ℃;主茎 13 片叶,株高 103 cm 左右,穗长 20 cm 左右,每穗粒数 150 粒左右,千粒重 24 g 左右。两年品质分析结果:出糙率 79.6% ~ 80.5%,整精米率 64.2% ~ 68.5%,垩白粒率 3.5% ~ 9.0%,垩白度 0.8 % ~ 1.6%,直链淀粉含量(干基)16.25% ~ 16.91%,胶稠度 70.0 ~ 77.5 mm,食味品质 84 ~ 86 分。三年抗病接种鉴定结果:叶瘟 3 ~ 5 级,穗颈瘟 1 ~ 3 级。三年耐冷性鉴定结果:处理空壳率 1.95% ~ 12.56%。

产量表现:2010—2011 年区域试验平均公顷产量 8 784.4 kg,较对照品种松粳 6 号增产 6.6%;2012 年生产试验平均公顷产量 9 431.4 kg,较对照品种龙稻 11 增产 8.1%。

栽培技术要点:在适应区 4 月 10 日 ~ 4 月 15 日播种,5 月 15 日 ~ 5 月 20 日插秧;插秧规格为 30.0 cm × 16.7 cm 左右,每穴 2 ~ 4 株;公顷施纯氮 120 ~ 140 kg,氮:磷:钾 = 2:1:1;耙地前施入氮肥的 50%、钾肥的 50%、磷肥的全部作基肥,插秧后 7 d 左右施入氮肥的 20% 作分蘖肥,于 6 月 30 日左右施入氮肥的 20% 作调节肥,于 7 月 15 日左右施入氮肥的 10% 和钾肥的 50% 作穗肥;适时早育苗、早插秧,除作业用水外,采用浅水灌溉,及时预防病虫草害;成熟后及时收获。

适应区域:黑龙江省第一积温带种植。

10. 松粳 19(原代号:松香 08398,见图 4 - 10)

图 4 - 10 松粳 19(原代号:松香 08398)

审定编号:黑审稻 2013014。

品种类型:粳型常规水稻(亲本来源:五优稻 A×松 98 – 131)。

选育单位:黑龙江省农业科学院五常水稻研究所。

特征特性:香稻品种;在适应区出苗至成熟生育日数 146 d 左右,需≥10 ℃活动积温 2 750 ℃左右;主茎 14 片叶,株高 110 cm 左右,穗长 20 cm 左右,每穗粒数 105 粒左右,千粒重 26 g 左右。两年品质分析结果:出糙率 80.0% ~80.5%,整精米率 66.0% ~69.6%,垩白粒率 1.0%,垩白度 0.1 % ~0.2%,直链淀粉含量(干基)17.55% ~17.82%,胶稠度 70.0 ~72.5 mm,食味品质 82 ~84 分。三年抗病接种鉴定结果:叶瘟 1 ~3 级,穗颈瘟 0 ~3 级。三年耐冷性鉴定结果:处理空壳率 4.11% ~11.11%。

产量表现:2010—2011 年区域试验平均公顷产量 8 249.7 kg,较对照品种龙香稻 2 增产 7.4%;2012 年生产试验平均公顷产量 8 798.5 kg,较对照品龙香稻 2 种增产 8.4%。

栽培技术要点:在适应区 4 月 10 日~4 月 15 日播种,5 月 15 日~5 月 20 日插秧;插秧规格为 30.0 cm×16.7 cm 左右,每穴 2 ~4 株;公顷施纯氮 90 ~120 kg,氮:磷:钾 = 2:1:1;耙地前施入氮肥的 50%、钾肥的 50%、磷肥的全部作基肥,插秧后 7 d 左右施入氮肥的 20% 作分蘖肥,于 6 月 30 日左右施入氮肥的 20% 作调节肥,于 7 月 15 日左右施入氮肥的 10% 和钾肥的 50% 作穗肥;适时早育苗、早插秧,除作业用水外,采用浅水灌溉,及时预防病虫草害;成熟后及时收获。

适应区域:黑龙江省第一积温带上限种植。

11. 松粳 20(原代号:松 820,见图 4 –11)

图 4 –11 松粳 20(原代号:松 820)

审定编号:黑审稻 2014002。

品种类型:粳型常规水稻(亲本来源:松 98 - 131 × 松 804)。

选育单位:黑龙江省农业科学院五常水稻研究所。

特征特性:在适应区出苗至成熟生育日数 146 d 左右,需≥10 ℃活动积温 2 750 ℃左右;主茎 14 片叶,长粒型,株高 95 cm 左右,穗长 16.7 cm 左右,每穗粒数 149 粒左右,千粒重 24.5 g 左右。两年品质分析结果:出糙率 79.1% ~81.0%,整精米率 63.0% ~69.3%,垩白粒率 2.5% ~ 11.0%,垩白度 0.3% ~ 3.7%,直链淀粉含量(干基)17.03% ~ 17.46%,胶稠度 76.5 ~81.0 mm,达到国家《优质稻谷》标准二级。三年抗病接种鉴定结果:叶瘟 1 ~3 级,穗颈瘟 1 ~3 级。三年耐冷性鉴定结果:处理空壳率 1.54% ~10.05%。

产量表现:2011—2012 年区域试验平均公顷产量 8 992.0 kg,较对照品种松粳 9 号增产 7.6%;2013 年生产试验平均公顷产量 8 510.0 kg,较对照品种松粳 9 号增产 10.1%。

栽培技术要点:播种期 4 月 15 日,插秧期 5 月 20 日,秧龄 35 d 左右,插秧规格为 30 cm×16.7 cm,每穴 2 ~4 株;一般公顷施纯氮 150 kg,氮∶磷∶钾 =2∶1∶1,氮肥比例为基肥∶蘖肥∶穗肥∶粒肥 =4∶3∶2∶1,其中基肥量为纯氮 60 kg、纯磷 75 kg、纯钾 37.5 kg,蘖肥量为纯氮 45 kg,穗肥量为纯氮 30 kg、纯钾 37.5 kg,粒肥量为纯氮 15 kg;秋翻春耙,浅 - 湿 - 干交替灌溉;成熟后及时收获;预防潜叶蝇、二化螟。

适应区域:黑龙江省第一积温带上限种植。

12. 松粳 21(原代号:松 08378,见图 4 - 12)

图 4 - 12　松粳 21(原代号:松 08378)

审定编号:黑审稻 2015002。

品种类型:粳型常规水稻(亲本来源:松 9748 × 松粳 8 号)。

选育单位:黑龙江省农业科学院五常水稻研究所、黑龙江省龙科种业集团有限公司。

特征特性:普通水稻品种;在适应区出苗至成熟生育日数146 d左右,需≥10 ℃活动积温2 750 ℃左右;主茎叶数14片,长粒型,株高95.6 cm,穗长16.9 cm,每穗粒数135粒,千粒重23.6 g。三年品质分析结果:出糙率79.4% ~ 81.3%,整精米率61.7% ~ 68.0%,垩白粒率3.0% ~9.5%,垩白度0.2% ~3.6%,直链淀粉含量(干基)17.70% ~ 18.63%,胶稠度71.0 ~80.5 mm,食味品质78 ~81分,达到国家《优质稻谷》标准二级。四年抗病接种鉴定结果:叶瘟0 ~4级,穗颈瘟0 ~5级。四年耐冷性鉴定结果:处理空壳率1.82% ~16.86%。

产量表现:2011—2012年区域试验平均公顷产量9 018.8 kg,较对照品种牡丹江27、松粳9号平均增产8.0%;2013—2014年生产试验平均公顷产量8 241.5 kg,较对照品种松粳9号增产8.3%。

栽培技术要点:在适应区播种期4月15日,插秧期5月15日左右,秧龄30 d,插秧规格为30.0 cm×16.7 cm,每穴2 ~4株;一般公顷施纯氮120 kg,氮∶磷∶钾 =2∶1∶1;氮肥比例为基肥∶蘖肥∶穗肥∶粒肥 =4∶3∶2∶1,其中基肥量为纯氮48 kg、纯磷30 kg、纯钾15 kg,蘖肥量为纯氮36 kg,穗肥量为纯氮24 kg、纯钾15 kg,粒肥量为纯氮12 kg;秋翻,采用浅 -湿 -干间歇灌溉;收获期9月30日;注意预防稻瘟病、稻曲病及潜叶蝇、二化螟。

适应区域:黑龙江省第一积温带上限种植。

13.松粳22(原代号:松香188,见图4 -13)

图4 -13　松粳22(原代号:松香188)

审定编号:黑审稻2016003。

品种类型:粳型常规水稻(亲本来源:五优稻4号×松02-253)。

选育单位:黑龙江省农业科学院五常水稻研究所、黑龙江省龙科种业集团有限公司。

特征特性:香稻品种;在适应区出苗至成熟生育日数144 d左右,需≥10 ℃活动积温2 700 ℃左右;主茎14片叶,长粒型,株高110 cm左右,穗长20.3 cm左右,每穗粒数104粒左右,千粒重27 g左右。两年品质分析结果:出糙率80.4%~82.5%,整精米率63.0%~69.5%,垩白粒率1.0%~7.0%,垩白度0.1%~2.9%,直链淀粉含量(干基)17.33%~17.84%,胶稠度73.5~79.0 mm,食味品质86~87分,达到国家《优质稻谷》标准二级。三年抗病接种鉴定结果:叶瘟1~2级,穗颈瘟1~5级。三年耐冷性鉴定结果:处理空壳率10.9%~14.53%。

产量表现:2012—2013年区域试验平均公顷产量8 251.4 kg,较对照品种松粳9号增产6.8%;2014年生产试验平均公顷产量7 934.6 kg,较对照品种松粳9号增产5.2%。

栽培技术要点:在适应区播种期4月8日~4月15日,插秧期5月13日~5月20日,秧龄35 d左右,插秧规格为30 cm×16.7 cm,每穴2~3株;一般公顷施纯氮125 kg,氮:磷:钾=2:1:1.2;氮肥比例为基肥:蘖肥:穗肥:粒肥=4:3:2:1,其中基肥量为纯氮50 kg、纯磷62.5 kg、纯钾37.5 kg,蘖肥量为纯氮37.5 kg,穗肥量为纯氮25 kg、纯钾37.5 kg,粒肥量为纯氮12.5 kg;秋翻春耙,浅-湿-干交替灌溉;收获期10月中旬前后;注意预防潜叶蝇、二化螟。

适应区域:黑龙江省第一积温带上限种植。

14.松836(图4-14)

图4-14 松836

审定编号:黑审稻2018002。

品种类型:粳型常规水稻(亲本来源:松98-131×松804)。

选育单位:黑龙江省农业科学院五常水稻研究所。

特征特性:普通粳稻;在适应区出苗至成熟生育日数145 d左右,需≥10 ℃活动积温2 725 ℃左右;主茎14片叶,长粒型,株高114.3 cm左右,穗长19.5 cm左右,每穗粒数125粒左右,千粒重25.2 g左右。品质分析结果:出糙率80.8%,整精米率64.6%,垩白粒率5.0%,垩白度0.6%,直链淀粉含量(干基)18.09%,胶稠度75.0 mm,食味品质81分,达到国家《优质稻谷》标准二级。三年抗病接种鉴定结果:叶瘟1~5级,穗颈瘟0~5级。三年耐冷性鉴定结果:处理空壳率5.00%~14.19%。

产量表现:2015—2016年区域试验平均公顷产量8 719.7 kg,较对照品种松粳9号增产7.3%;2017年生产试验平均公顷产量8 476.7 kg,较对照品种松粳9号增产8.0%。

栽培技术要点:在适应区播种期4月8日~4月15日,插秧期5月12日~5月19日,秧龄30~35 d,插秧规格为30 cm×16.7 cm,每穴3~5株;一般公顷施纯氮150 kg,氮:磷:钾=2:1:1;磷肥全部作基肥,钾肥分基肥、穗肥两次施入,每次各施50%;氮肥比例为基肥:蘖肥:穗肥:粒肥=4:3:2:1,其中基肥量为纯氮60 kg、纯磷75 kg、纯钾37.5 kg,蘖肥量为纯氮45 kg,穗肥量为纯氮30 kg、纯钾37.5 kg,粒肥量为纯氮15 kg;浅-湿-干节水灌溉;收获期9月20日~9月25日;注意防治二化螟。

适应区域:黑龙江省第一积温带上限插秧栽培。

15.龙稻9号(原代号:哈05-42,见图4-15)

图4-15 龙稻9号(原代号:哈05-42)

审定编号:黑审稻2009014。

品种类型:粳型常规糯稻(亲本来源:东青241×牡粘3号)。

选育单位:黑龙江省农业科学院耕作栽培研究所。

特征特性:糯稻品种;在适应区出苗至成熟生育日数144 d左右,需≥10 ℃活动积温2 740 ℃左右;主茎14片叶,株高95 cm左右,穗长18.6 cm左右,每穗粒数103粒左右,千粒重26 g左右。品质分析结果:出糙率80.2%~81.3%,整精米率64.1%~69.3%,垩白粒率100%,垩白度100%,直链淀粉含量(干基)0%~1.7%,胶稠度100 mm。抗病接种鉴定结果:叶瘟1~5级,穗颈瘟0~5级。耐冷性鉴定结果:处理空壳率12.36%~20.86%。

产量表现:2006—2008年区域试验平均公顷产量为8 299.8 kg,较对照松粘1号增产5.8%;2007—2008年生产试验平均公顷产量8 526.9 kg,较对照松粘1号增产9.4%。

栽培技术要点:播种期4月10日~4月20日,插秧期5月15日~5月25日,插秧规格为30 cm×14 cm;在培育壮苗的基础上,增施农家肥,氮磷钾配合施用;一般公顷施纯氮120 kg、纯磷70 kg、纯钾50 kg,氮肥的一半、磷肥的全部、钾肥的一半作底肥施入,其余作追肥施用;施足底肥,提早追肥;浅灌水,抢前施药除草。

适应区域:黑龙江省第一积温带上限插秧栽培。

16.龙香稻2号(原代号:哈05-63,见图4-16)

图4-16 龙香稻2号(原代号:哈05-63)

审定编号:黑审稻2010014。

品种类型:粳型常规水稻(亲本来源:稻花香2号×五优稻1号)。

选育单位:黑龙江省农业科学院耕作栽培研究所。

特征特性:香稻品种;在适应区出苗至成熟生育日数 146 d 左右,需≥10 ℃活动积温 2 750 ℃左右;主茎 14 片叶,株高 110 cm 左右,穗长 21.7 cm 左右,每穗粒数 108 粒左右, 千粒重 26 g 左右。品质分析结果:出糙率 80.5% ~81.8%,整精米率 66.2% ~69.2%,垩 白粒率 1%,垩白度 0.1% ~0.2%,直链淀粉含量(干基)16.2% ~17.68%,胶稠度 73.5 ~ 76.5 mm,食味品质 82 ~84 分。抗病接种鉴定结果:叶瘟 1 级,穗颈瘟 0 级。耐冷性鉴定 结果:处理空壳率 7.55% ~15.75%。

产量表现:2007—2008 年区域试验平均公顷产量 9 133.4 kg,2009 年生产试验平均公 顷产量 9 360.2 kg。

栽培技术要点:4 月 10 日 ~4 月 20 日播种,5 月 15 日 ~5 月 25 日插秧,插秧规格为 30 cm ×13 cm 或 26 cm ×13 cm,每穴 2 ~3 株;在培育壮苗的基础上,增施农家肥,氮、磷、 钾肥配合施用,公顷施纯氮 120 kg、纯磷 70 kg、纯钾 50 kg,氮肥的一半、磷肥的全部、钾肥 的一半作底肥施入,其余作追肥施用;施足底肥,提早追肥;浅灌水;抢前施药除草;9 月 20 日 ~9 月 30 日收获;注意不要单一或过量施用氮肥。

适应区域:黑龙江省第一积温带上限种植。

17. 龙稻 14(原代号:哈 05 –306,见图 4 –17)

图 4 –17　龙稻 14(原代号:哈 05 –306)

审定编号:黑审稻 2012006。

品种类型:粳型常规水稻(亲本来源:五优稻 1 号×哈 00 –217)。

选育单位:黑龙江省农业科学院耕作栽培研究所。

特征特性:粳稻品种;在适应区出苗至成熟生育日数 142 d 左右,需≥10 ℃活动积温 2 650 ℃左右;主茎 13 片叶,株高 105 cm 左右,穗长 20 cm 左右,每穗粒数 124 粒左右,千粒重 25 g 左右。两年品质分析结果:出糙率 80.6% ~ 81.8%,整精米率 67.5% ~ 69.7%,垩白粒率 0.0% ~ 1.0%,垩白度 0.0% ~ 0.2%,直链淀粉含量(干基)17.42% ~ 18.15%,胶稠度 65.0 ~ 80.0 mm,食味品质 84 分。三年抗病接种鉴定结果:叶瘟 1 ~ 3 级,穗颈瘟 3 级。三年耐冷性鉴定结果:处理空壳率 5.55% ~ 9.03%。

产量表现:2009—2010 年区域试验平均公顷产量 8 973.1 kg,较对照品种松粳 6 号增产 5.3%;2011 年生产试验平均公顷产量 8 983.0 kg,较对照品种松粳 6 号增产 9.4%。

栽培技术要点:4 月 10 日 ~ 4 月 20 日播种,5 月 15 日 ~ 5 月 25 日插秧,插秧规格为 30 cm × 13 cm,每穴 2 ~ 3 株;每公顷施纯氮 120 kg、纯磷 70 kg、纯钾 50 kg,氮肥的一半、磷肥的全部、钾肥的一半作底肥施入,其余作追肥施用;施足底肥,提早追肥;浅灌水;抢前施药除草,9 月 25 日 ~ 9 月 30 日收获。

适应区域:黑龙江省第一积温带种植。

18. 龙稻 15(原代号:哈 09 – 8,见图 4 – 18)

图 4 – 18    龙稻 15(原代号:哈 09 – 8)

审定编号:黑审稻 2013015。

品种类型:粳型常规糯稻(亲本来源:哈 93 – 4 × 松粳 6 号)。

选育单位:黑龙江省农业科学院耕作栽培研究所、黑龙江省龙科种业集团有限公司。

特征特性:糯稻品种;在适应区出苗至成熟生育日数 142 d 左右,需≥10 ℃活动积温 2 650 ℃左右;主茎 13 片叶,株高 95 cm 左右,穗长 21 cm 左右,每穗粒数 120 粒左右,千粒重 25 g 左右。两年品质分析结果:出糙率 81.0% ~ 81.3%,整精米率 64.0% ~ 67.6%,直链淀粉含量(干基)0.28% ~ 0.46%,胶稠度 100.0 mm。三年抗病接种鉴定结果:叶瘟 0 ~ 3 级,穗颈瘟 0 ~ 3 级。三年耐冷性鉴定结果:处理空壳率 2.13% ~ 5.24%。

产量表现:2010—2011 年区域试验平均公顷产量 8 491 kg,较对照品种苗香粳 1 号增产 9.6%;2012 年生产试验平均公顷产量 8 748.8 kg,较对照品种苗香粳 1 号增产 9.5%。

栽培技术要点:在适应区 4 月 15 日 ~ 4 月 25 日播种,5 月 15 日 ~ 5 月 25 日插秧,插秧规格为 30 cm × 13 cm 左右,每穴 2 ~ 3 株;公顷施纯氮 120 kg、纯磷 70 kg、纯钾 50 kg,氮肥的一半、磷肥的全部、钾肥的一半作底肥施入,其余作追肥施用;在培育壮苗的基础上,增施农家肥,氮、磷、钾肥配合施用,勿单一过量施用氮肥;浅灌水;抢前施药除草。

适应区域:黑龙江省第一积温带种植。

19. 龙稻 16(原代号:哈 09 – 808,见图 4 – 19)

图 4 – 19　龙稻 16(原代号:哈 09 – 808)

审定编号:黑审稻 2013013。

品种类型:粳型常规水稻(亲本来源:五优稻 1 号 × 绥粳 4 号)。

选育单位:黑龙江省农业科学院耕作栽培研究所。

特征特性:香稻品种;在适应区出苗至成熟生育日数 146 d 左右,需 ≥10 ℃ 活动积温 2 750 ℃ 左右;主茎 14 片叶,株高 95 cm 左右,穗长 22 cm 左右,每穗粒数 140 粒左右,千粒重 25.5 g 左右。两年品质分析结果:出糙率 81.0% ~ 81.0%,整精米率 66.0% ~ 68.4%,垩白粒率 1.0% ~ 5.5%,垩白度 0.1% ~ 0.6%,直链淀粉含量(干基)17.84% ~ 17.86%,胶稠度 70.0 ~ 81.5 mm,食味品质 82 ~ 83 分。三年抗病接种鉴定结果:叶瘟

1~3级,穗颈瘟0~1级。三年耐冷性鉴定结果:处理空壳率2.36%~6.97%。

产量表现:2010—2011年区域试验平均公顷产量8 314.3 kg,较对照品种龙香稻2号增产7.2%;2012年生产试验平均公顷产量8 896.0 kg,较对照品种龙香稻2号增产9.8%。

栽培技术要点:在适应区4月10日~4月20日播种,5月10日~5月20日插秧,插秧规格为30 cm×13 cm左右,每穴2~3株;公顷施纯氮120 kg、纯磷70 kg、纯钾50 kg,氮肥的一半、磷肥的全部、钾肥的一半作底肥施入,其余作追肥施用;在培育壮苗的基础上,增施农家肥,氮、磷、钾肥配合施用,勿单一过量施用氮肥;浅灌水;抢前施药除草。

适应区域:黑龙江省第一积温带上限种植。

20.龙稻17(原代号:哈05309,见图4-20)

图4-20 龙稻17(原代号:哈05309)

审定编号:黑审稻2014004。

品种类型:粳型常规水稻(亲本来源:哈04-308×莎莎妮)。

选育单位:黑龙江省农业科学院耕作栽培研究所。

特征特性:在适应区出苗至成熟生育日数142 d左右,需≥10 ℃活动积温2 650 ℃左右;主茎13片叶,长粒型,株高98 cm左右,穗长19.7 cm左右,每穗粒数110粒左右,千粒重26.3 g左右。两年品质分析结果:出糙率81.2%~81.9%,整精米率66.0%~67.3%,垩白粒率3.5%~6.5%,垩白度0.4%~0.6%,直链淀粉含量(干基)17.75%~17.93%,胶稠度80.0~81.5 mm,达到国家《优质稻谷》标准二级。三年抗病接种鉴定结果:叶瘟1~3级,穗颈瘟1~3级。三年耐冷性鉴定结果:处理空壳率4.54%~10.05%。

产量表现:2011—2012 年区域试验平均公顷产量 8 587.8 kg,较对照品种龙稻 11 增产 6.2%;2013 年生产试验平均公顷产量 8 433.7 kg,较对照品种龙稻 11 增产 9.4%。

栽培技术要点:播种期 4 月 10 日~4 月 20 日,插秧期 5 月 15 日~5 月 25 日,秧龄 35 d左右,插秧规格为 30 cm×13 cm,每穴 3~4 株;一般公顷施纯氮 120 kg,氮:磷:钾 = 5:3:3,氮肥比例为基肥:蘖肥:穗肥:粒肥 =5:3:1:1,其中基肥量为纯氮 60 kg、纯磷70 kg、纯钾 30~35 kg,蘖肥量为纯氮 36 kg,穗肥量为纯氮 12 kg、纯钾 30~35 kg,粒肥量为纯氮 12 kg;旱育稀植,浅 – 湿交替灌溉;预防稻瘟病、潜叶蝇、二化螟。

适应区域:黑龙江省第一积温带种植。

21. 龙稻 18(原代号:哈 09 – 05,见图 4 – 21)

图 4 – 21 龙稻 18(原代号:哈 09 – 05)

审定编号:黑审稻 2014005。

品种类型:粳型常规水稻(亲本来源:东农 423×龙稻 3 号)。

选育单位:黑龙江省农业科学院耕作栽培研究所。

特征特性:在适应区出苗至成熟生育日数 140 d 左右,需≥10 ℃活动积温 2 600 ℃左右;主茎 13 片叶,长粒型,株高 98 cm 左右,穗长 22 cm 左右,每穗粒数 140 粒左右,千粒重 27 g 左右。两年品质分析结果:出糙率 81.3%,整精米率 70.5%~70.6%,垩白粒率 2.0%~7.0%,垩白度 0.2%~0.9%,直链淀粉含量(干基)17.12%~17.23%,胶稠度 80.5~81.0 mm,达到国家《优质稻谷》标准一级。三年抗病接种鉴定结果:叶瘟 0~1 级,穗颈瘟 0 级。三年耐冷性鉴定结果:处理空壳率 1.81%~6.11%。

产量表现:2011—2012 年区域试验平均公顷产量 8 782.3 kg,较对照品种龙稻 11 增产 6.4%;2013 年生产试验平均公顷产量 8 490.6 kg,较对照品种龙稻 11 增产 10.2%。

栽培技术要点:播种期 4 月 20 日,插秧期 5 月 20 日,秧龄 30 d 左右,插秧规格为 30 cm×13.3 cm,每穴 2~3 株;一般公顷施纯氮 120 kg,氮:磷:钾 =2:1:1,氮肥比例为基肥:蘖肥:穗肥:粒肥 =4:2:1:1,其中基肥量为纯氮 60 kg、纯磷 60 kg、纯钾 30 kg,蘖肥量为纯氮 30 kg,穗肥量为纯氮 15 kg、纯钾 30 kg,粒肥量为纯氮 15 kg;旱育稀植,干 – 湿交替灌溉;成熟后及时收获;预防稻瘟病、二化螟、潜叶蝇。

适应区域:黑龙江省第一积温带种植。

22. 龙稻 19(原代号:哈 09 – 32,见图 4 – 22)

图 4 – 22  龙稻 19(原代号:哈 09 – 32)

审定编号:黑审稻 2014003。

品种类型:粳型常规水稻(亲本来源:牡 96 – 1 × 上育 397)。

选育单位:黑龙江省农业科学院耕作栽培研究所。

特征特性:在适应区出苗至成熟生育日数 144 d 左右,需 ≥10 ℃ 活动积温 2 700 ℃ 左右;主茎 14 片叶,椭圆粒型,株高 98 cm 左右,穗长 20 cm 左右,每穗粒数 130 粒左右,千粒重 26 g 左右。两年品质分析结果:出糙率 81.4% ~82.4%,整精米率 67.2% ~70.8%,垩白粒率 1.0% ~6.0%,垩白度 0.3% ~0.9%,直链淀粉含量(干基)17.26% ~17.68%,胶稠度 80.0 ~81.0 mm,达到国家《优质稻谷》标准二级。三年抗病接种鉴定结果:叶瘟 0 ~ 1 级,穗颈瘟 0 ~1 级。三年耐冷性鉴定结果:处理空壳率 3.37% ~6.39%。

产量表现:2011—2012 年区域试验平均公顷产量 8 965.2 kg,较对照品种松粳 9 号增产 6.9%;2013 年生产试验平均公顷产量 8 376.4 kg,较对照品种松粳 9 号增产 8.4%。

栽培技术要点:播种期 4 月 20 日,插秧期 5 月 20 日,秧龄 30 d 左右,插秧规格为 30 cm×13.3 cm,每穴 2~3 株;一般公顷施纯氮 120 kg,氮:磷:钾 = 2:1:1;氮肥比例为基肥:蘖肥:穗肥:粒肥 = 4:2:1:1,其中基肥量为纯氮 60 kg、纯磷 60 kg、纯钾 30 kg,蘖肥量为纯氮 30 kg,穗肥量为纯氮 15 kg、纯钾 30 kg,粒肥量为纯氮 15 kg;旱育稀植,干 - 湿交替灌溉;成熟后及时收获;预防稻瘟病、二化螟、潜叶蝇。

适应区域:黑龙江省第一积温带上限种植。

23.龙稻 20(原代号:哈 10 - 20,见图 4 - 23)

图 4 - 23　龙稻 20(原代号:哈 10 - 20)

审定编号:黑审稻 2015004。

品种类型:粳型常规水稻(亲本来源:东农 423 × 龙稻 3 号)。

选育单位:黑龙江省农业科学院耕作栽培研究所。

特征特性:普通水稻品种;在适应区出苗至成熟生育日数 139 d 左右,需≥10 ℃活动积温 2 575 ℃左右;主茎 13 片叶,长粒型,株高 95.5 cm 左右,穗长 21.2 cm 左右,每穗粒数 140 粒左右,千粒重 26.3 g 左右。两年品质分析结果:出糙率 81.3%~81.7%,整精米率 64.1%~68.5%,垩白粒率 3.0%~6.0%,垩白度 0.9%~1.7%,直链淀粉含量(干基)17.45%~17.53%,胶稠度 76.0~80.5 mm,食味品质 84~87 分,达到国家《优质稻谷》标准二级。三年抗病接种鉴定结果:叶瘟 0~2 级,穗颈瘟 0~3 级。三年耐冷性鉴定结果:处理空壳率 2.03%~8.13%。

产量表现:2012—2013 年区域试验平均公顷产量 8 623.2 kg,较对照品种龙稻 11 增产 6.7%;2014 年生产试验平均公顷产量 8 099.0 kg,较对照品种龙稻 11 增产 8.6%。

栽培技术要点:在适应区播种期4月20日,插秧期5月15日~5月20日,秧龄30 d,插秧规格为30 cm×13.3 cm,每穴2~3株;一般公顷施纯氮120 kg,氮:磷:钾=2:1:1;氮肥比例为基肥:蘖肥:穗肥:粒肥=4:2:1:1,其中基肥量为纯氮60 kg、纯磷60 kg、纯钾30 kg,蘖肥量为纯氮30 kg,穗肥量为纯氮15 kg、纯钾30 kg,粒肥量为纯氮15 kg;旱育稀植,干湿交替;收获期9月25日~9月30日左右;注意预防稻瘟病、二化螟及潜叶蝇。

适应区域:黑龙江省第一积温带种植。

24. 龙稻21(原代号:哈11417,见图4-24)

图4-24 龙稻21(原代号:哈11417)

审定编号:黑审稻2015003。

品种类型:粳型常规水稻(亲本来源:东农423×松粳6号)。

选育单位:黑龙江省农业科学院耕作栽培研究所。

特征特性:普通水稻品种;在适应区出苗至成熟生育日数142 d左右,需≥10 ℃活动积温2 650 ℃左右;主茎13片叶,长粒型,株高84.8 cm左右,穗长20.3 cm左右,每穗粒数116粒左右,千粒重26 g左右。两年品质分析结果:出糙率81.2%~81.2%,整精米率64.3%~66.3%,垩白粒率1.0%~5.0%,垩白度0.6%~0.9%,直链淀粉含量(干基)16.2%~16.6%,胶稠度73.5~81.0 mm,食味品质82~84分,达到国家《优质稻谷》标准二级。三年抗病接种鉴定结果:叶瘟3~5级,穗颈瘟1~3级。三年耐冷性鉴定结果:处理空壳率5.0%~19.3%。

产量表现:2012—2013年区域试验平均公顷产量8 718.4 kg,较对照品种龙稻11增产8.2%;2014年生产试验平均公顷产量8 077 kg,较对照品种龙稻11增产8.1%。

栽培技术要点:在适应区播种期 4 月 10 日~4 月 20 日,插秧期 5 月 15 日~5 月 25 日,秧龄 35 d,插秧规格为 30 cm×13 cm,每穴 2~3 株;一般公顷施纯氮 120 kg,氮:磷:钾=5:3:2;氮肥比例为基肥:蘖肥:穗肥:粒肥=4:3:2:1,其中基肥量为纯氮 48 kg、纯磷 70 kg、纯钾 30 kg,蘖肥量为纯氮 36 kg,穗肥量为纯氮 24 kg、纯钾 30 kg,粒肥量为纯氮 12 kg;旱育稀植,浅-湿交替灌溉;注意预防稻瘟病、潜叶蝇、二化螟。

适应区域:黑龙江省第一积温带种植。

25.龙稻 22(原代号:哈 1164,见图 4-25)

图 4-25　龙稻 22(原代号:哈 1164)

审定编号:黑审稻 2015018。

品种类型:粳型常规水稻(亲本来源:五优稻 1 号×龙锦 1 号)。

选育单位:黑龙江省农业科学院耕作栽培研究所。

特征特性:香稻品种;在适应区出苗至成熟生育日数 142 d 左右,需≥10 ℃活动积温 2 650 ℃左右;主茎 13 片叶,粒长型,株高 93.8 cm 左右,穗长 18.2 cm 左右,每穗粒数 107 粒左右,千粒重 25.9 g 左右。三年品质分析结果:出糙率 81.0%~83.1%,整精米率 64.3%~66.8%,垩白粒率 2.0%~10.0%,垩白度 0.1%~1.6%,直链淀粉含量(干基) 17.38%~17.71%,胶稠度 71.5~80.0 mm,食味品质 82~84 分,达到国家《优质稻谷》标准二级。四年抗病接种鉴定结果:叶瘟 1~3 级,穗颈瘟 1~3 级。四年耐冷性鉴定结果: 处理空壳率 2.82%~13.47%。

产量表现:2011—2012 年区域试验平均公顷产量 8 323.5 kg,较对照品种苗香粳 1 号增产 6.3%,2013—2014 年生产试验平均公顷产量 7 791.1 kg,较对照品种苗香粳 1 号增产8.4%。

栽培技术要点:在适应区播种期4月10日~4月20日,插秧期5月15日~5月25日,秧龄35 d,插秧规格为30 cm×13 cm,每穴2~3株;一般公顷施纯氮120 kg,氮:磷:钾 =5:3:2;氮肥比例为基肥:蘖肥:穗肥:粒肥 =4:3:2:1,其中基肥量为纯氮48 kg、纯磷70 kg、纯钾30 kg,蘖肥量为纯氮36 kg,穗肥量为纯氮24 kg、纯钾30 kg,粒肥量为纯氮12 kg;旱育稀植;浅 - 湿交替灌溉;注意预防稻瘟病、潜叶蝇、二化螟。

适应区域:黑龙江省第一积温带种植。

26. 龙稻23(原代号:哈09 - 28,见图4 - 26)

图4 - 26　龙稻23(原代号:哈09 - 28)

审定编号:黑审稻2015005。

品种类型:粳型常规水稻(亲本来源:垦系104×哈95 - 134)。

选育单位:黑龙江省农业科学院耕作栽培研究所。

特征特性:普通水稻品种;在适应区出苗至成熟生育日数139 d左右,需≥10 ℃活动积温2 575 ℃左右;主茎13片叶,长粒型,株高91.6 cm左右,穗长24.3 cm左右,每穗粒数120粒左右,千粒重28.2 g左右。两年品质分析结果:出糙率81.1% ~82.0%,整精米率66.2% ~67.7%,垩白粒率1.0% ~6.5%,垩白度0.1% ~0.8%,直链淀粉含量(干基)16.31% ~17.48%,胶稠度82.5 ~83.5 mm,食味品质82 ~83分,达到国家《优质稻谷》标准二级。三年抗病接种鉴定结果:叶瘟0级,穗颈瘟0级。三年耐冷性鉴定结果:处理空壳率3.24% ~6.46%。

产量表现:2011—2012年区域试验平均公顷产量9 017.4 kg,较对照品种松粳6号和龙稻 11 增产 7.4%;2013 年生产试验平均公顷产量 8 312.3 kg,较对照品种龙稻 11 增产 7.8%。

栽培技术要点:在适应区播种期 4 月 20 日,插秧期 5 月 15 日~5 月 20 日,秧龄 30 d,插秧规格为 30 cm×13.3 cm,每穴 2~3 株;一般公顷施纯氮 120 kg,氮:磷:钾=2:1:1;氮肥比例为基肥:蘖肥:穗肥:粒肥=4:2:1:1,其中基肥量为纯氮 60 kg、纯磷 60 kg、纯钾 30 kg,蘖肥量为纯氮 30 kg,穗肥量为纯氮 15 kg、纯钾 30 kg,粒肥量为纯氮 15 kg;旱育稀植,干湿交替灌溉;收获期 9 月 25 日;注意预防稻瘟病、二化螟及潜叶蝇。

适应区域:黑龙江省第一积温带种植。

27. 龙稻 24(原代号:哈 11412,见图 4-27)

图 4-27　龙稻 24(原代号:哈 11412)

审定编号:黑审稻 2016001。

品种类型:粳型常规水稻(亲本来源:龙稻 5 号×吉粳 83)。

选育单位:黑龙江省农业科学院耕作栽培研究所。

特征特性:普通水稻品种;在适应区出苗至成熟生育日数 145 d 左右,需≥10 ℃活动积温 2 725 ℃左右;主茎 14 片叶,椭圆粒型,株高 99.2 cm 左右,穗长 17.5 cm 左右,每穗粒数 130 粒左右,千粒重 24.0 g 左右。两年品质分析结果:出糙率 82.6%~83.8%,整精米率 70.1%~72.6%,垩白粒率 4.0%~8.0%,垩白度 1.0%~1.9%,直链淀粉含量(干基)16.88%~17.13%,胶稠度 80.5~81.0 mm,食味品质 82~85 分,达到国家《优质稻谷》标准二级。三年抗病接种鉴定结果:叶瘟 1~2 级,穗颈瘟 0~1 级。三年耐冷性鉴定结果:处理空壳率 6.21%~21.00%。

产量表现:2013—2014 年区域试验平均公顷产量 8 427.5 kg,较对照品种松粳 9 号增产 9.5%;2015 年生产试验平均公顷产量 8 971.4 kg,较对照品种松粳 9 号增产 8.8%。

栽培技术要点:在适应区播种期 4 月 10 日~4 月 20 日,插秧期 5 月 15 日~5 月 25 日,秧龄 35~40 d,插秧规格为 30 cm×16.7 cm,每穴 3~5 株;一般公顷施纯氮 120 kg,氮∶磷∶钾=2∶1∶1;氮肥比例为基肥∶蘖肥∶穗肥∶粒肥=4∶3∶2∶1,其中基肥量为纯氮 48 kg、纯磷 60 kg、纯钾 30 kg,蘖肥量为纯氮 36 kg,穗肥量为纯氮 24 kg、纯钾 30 kg,粒肥量为纯氮 12 kg;浅 – 湿 – 干交替节水灌溉;收获期 9 月末以后;注意预防稻瘟病、二化螟及潜叶蝇。

适应区域:黑龙江省第一积温带上限种植。

28. 龙稻 25(原代号:哈 11124,见图 4 – 28)

图 4 – 28   龙稻 25(原代号:哈 11124)

审定编号:黑审稻 2016002。

品种类型:粳型常规水稻(亲本来源:辽星 1 号×松粳 12)。

选育单位:黑龙江省农业科学院耕作栽培研究所。

特征特性:普通水稻品种;在适应区出苗至成熟生育日数 143 d 左右,需≥10 ℃活动积温 2 675 ℃左右;主茎 14 片叶,长粒型,株高 105.2 cm 左右,穗长 18.9 cm 左右,每穗粒数 128 粒左右,千粒重 25.6 g 左右。两年品质分析结果:出糙率 81.0%~81.4%,整精米率 65.2%~68.9%,垩白粒率 1.5%~5.0%,垩白度 0.4%~0.9%,直链淀粉含量(干基)17.06%~18.11%,胶稠度 78.5~80.5 mm,食味品质 85~86 分,达到国家《优质稻谷》标准二级。三年抗病接种鉴定结果:叶瘟 1~6 级,穗颈瘟 0~3 级。三年耐冷性鉴定结果:处理空壳率6.94% ~11.20%。

产量表现:2013—2014年区域试验平均公顷产量8 287.6 kg,较对照品种松粳9号增产7.8%;2015年生产试验平均公顷产量8 934.9 kg,较对照品种松粳9号增产8.3%。

栽培技术要点:在适应区播种期4月10日~4月20日,插秧期5月15日~5月25日,秧龄35~40 d,插秧规格为30 cm×16.7 cm,每穴3~5株;一般公顷施纯氮120 kg,氮:磷:钾=2:1:1;氮肥比例为基肥:蘖肥:穗肥:粒肥=4:3:2:1,其中基肥量为纯氮48 kg、纯磷60 kg、纯钾30 kg,蘖肥量为纯氮36 kg,穗肥量为纯氮24 kg、纯钾30 kg,粒肥量为纯氮12 kg;浅-湿-干交替节水灌溉;收获期9月末以后;注意预防稻瘟病、二化螟及潜叶蝇。

适应区域:黑龙江省第一积温带上限种植。

29.龙稻26(原代号:哈12563,见图4-29)

**图4-29  龙稻26(原代号:哈12563)**

审定编号:黑审稻2016004。

品种类型:粳型常规水稻(亲本来源:合江19×龙稻7号)。

选育单位:黑龙江省农业科学院耕作栽培研究所。

特征特性:普通水稻品种;在适应区出苗至成熟生育日数140 d左右,需≥10 ℃活动积温2 600 ℃左右;主茎13片叶,长粒型,株高94.3 cm左右,穗长18.6 cm左右,每穗粒数119粒左右,千粒重25.0 g左右。两年品质分析结果:出糙率81.2% ~81.3%,整精米率66.5% ~68.0%,垩白粒率7.5% ~16.0%,垩白度1.9% ~2.4%,直链淀粉含量(干基)16.69% ~17.86%,胶稠度80.5 ~81.0 mm,食味品质84~88分,达到国家《优质稻谷》标准二级。三年抗病接种鉴定结果:叶瘟 4 ~ 5 级,穗颈瘟 1 ~ 3 级。三年耐冷性鉴定结果:处理空壳率 6.89% ~ 11.18%。

产量表现:2013—2014 年区域试验平均公顷产量 8 412.2 kg,较对照品种龙稻 11 增产 8.3%;2015 年生产试验平均公顷产量 8 457.7 kg,较对照品种龙稻 11 增产 9.1%。

栽培技术要点:在适应区播种期 4 月 10 日 ~ 4 月 20 日,插秧期 5 月 15 日 ~ 5 月 25 日,秧龄 35 d,插秧规格为 30 cm×16.7 cm,每穴 3 ~ 5 株;一般公顷施纯氮 120 kg,氮:磷:钾 = 2:1:1;氮肥比例为基肥:蘖肥:穗肥:粒肥 = 4:3:2:1,其中基肥量为纯氮 48 kg、纯磷 60 kg、纯钾 30 kg,蘖肥量为纯氮 36 kg,穗肥量为纯氮 24 kg、纯钾 30 kg,粒肥量为纯氮 12 kg;旱育稀植,浅 - 湿交替灌溉;收获期 9 月末以后;注意预防稻瘟病、潜叶蝇及二化螟。

适应区域:黑龙江省第一积温带种植。

30. 龙稻 27(原代号:哈 135002,见图 4 - 30)

图 4 - 30    龙稻 27(原代号:哈 135002)

审定编号:黑审稻 2017002。

品种类型:粳型常规水稻(亲本来源:吉粳 88 × 松粳 9 号)。

选育单位:黑龙江省农业科学院耕作栽培研究所。

特征特性:普通水稻品种;在适应区出苗至成熟生育日数 146 d 左右,需≥10 ℃活动积温 2 750 ℃左右;主茎 14 片叶,椭圆粒型,株高 100.9 cm 左右,穗长 18.7 cm 左右,每穗粒数 152 粒左右,千粒重 25.3 g 左右。两年品质分析结果:出糙率 83.1% ~ 83.2%,整精米率 72.3% ~ 72.4%,垩白粒率 3.0% ~ 9.0%,垩白度 0.5% ~ 1.1%,直链淀粉含量(干基)17.22% ~17.41%,胶稠度 79.0 ~81.0 mm,食味品质 82 ~91 分,达到国家《优质稻谷》标准二级。三年抗病接种鉴定结果:叶瘟 1 ~5 级,穗颈瘟 0 ~3 级。三年耐冷性鉴定结果:处理空壳率 14.93% ~24.22%。

产量表现:2014—2015 年区域试验平均公顷产量 8 663.8 kg,较对照品种松粳 9 增产8.4%;2016 年生产试验平均公顷产量 8 655.2 kg,较对照品种松粳 9 增产 10.5%。

栽培技术要点:在适应区播种期 4 月 10 日 ~4 月 20 日,插秧期 5 月 15 日 ~5 月 25日,秧龄 30 ~35 d,插秧规格为 30 cm×13 cm,每穴 3 ~5 株;一般公顷施纯氮 120 kg,氮:磷:钾 =2:1:1,氮肥比例为基肥:蘗肥:穗肥:粒肥 =4:3:2:1,磷肥全部作基肥,钾肥分基肥、穗肥两次施入,每次各施 50%;旱育稀植,浅 - 湿交替灌溉;收获期 9 月下旬开始;注意预防稻瘟病、潜叶蝇及二化螟。

适应区域:黑龙江省第一积温带上限种植。

31. 龙稻 28(原代号:哈 121107,见图 4 - 31)

图 4 - 31 龙稻 28(原代号:哈 121107)

审定编号:黑审稻 2017001。

品种类型:粳型常规水稻(亲本来源:辽粳 5 号×哈 99 - 352)。

选育单位:黑龙江省农业科学院耕作栽培研究所。

特征特性:普通水稻品种;在适应区出苗至成熟生育日数 144 d 左右,需≥10 ℃活动积温 2 700 ℃左右;主茎 14 片叶,株高 110.5 cm 左右,穗长 19.4 cm 左右,粒型细长,每穗粒数 123 粒左右,千粒重 25.8 g 左右。两年品质分析结果:出糙率 80.8% ~81.5%,整精米率 66.0% ~68.9%,垩白粒率 4.0%,垩白度 0.5% ~1.1%,直链淀粉含量(干基)

17.68% ~17.74%,胶稠度73.5~81.0 mm,食味品质87~90分,达到国家《优质稻谷》标准二级。三年抗病接种鉴定结果:叶瘟3~5级,穗颈瘟1~3级。三年耐冷性鉴定结果:处理空壳率4.00%~17.56%。

产量表现:2014—2015年区域试验平均公顷产量8 492.1 kg,较对照品种松粳9号增产7.0%;2016年生产试验平均公顷产量8 552.7 kg,较对照品种松粳9号增产8.8%。

栽培技术要点:在适应区播种期4月10日~4月20日,插秧期5月15日~5月25日,秧龄35~40 d,插秧规格为30 cm×16.7 cm,每穴3~5株;一般公顷施纯氮120 kg,氮:磷:钾=2:1:1,氮肥比例为基肥:蘖肥:穗肥:粒肥=4:3:2:1,磷肥全部作基肥,钾肥分基肥、穗肥两次施入,每次各施50%;旱育稀植,浅-湿-干交替节水灌溉;收获期9月末开始;注意预防稻瘟病、二化螟及潜叶蝇。

适应区域:黑龙江省第一积温带上限种植。

32. 龙稻29(原代号:哈9341,见图4-32)

图4-32 龙稻29(原代号:哈9341)

审定编号:黑审稻2018006。

品种类型:粳型常规水稻(亲本来源:藤系140×龙稻2号)。

选育单位:黑龙江省农业科学院耕作栽培研究所。

特征特性:普通粳稻;在适应区出苗至成熟生育日数141 d左右,需≥10 ℃活动积温2 625 ℃左右;主茎13片叶,长粒型,株高95 cm左右,穗长17 cm左右,每穗粒数111粒左右,千粒重26.4 g左右。品质分析结果:出糙率81.0%,整精米率66.3%,垩白粒率12.0%,垩白度2.9%,直链淀粉含量(干基)16.63%,胶稠度72.5 mm,食味品质85分,达到国家《优质稻谷》标准二级。三年抗病接种鉴定结果:叶瘟2～5级,穗颈瘟1～3级。三年耐冷性鉴定结果:处理空壳率2.76%～6.45%。

产量表现:2015—2016年区域试验平均公顷产量8 880.7 kg,较对照品种龙稻11增产9.1%;2017年生产试验平均公顷产量8 360.1 kg,较对照品种龙稻18增产9.3%。

栽培技术要点:在适应区播种期4月8日～4月15日,插秧期5月12日～5月19日,秧龄30～35 d,插秧规格为30 cm×16.7 cm,每穴3～5株;一般公顷施纯氮120 kg,氮:磷:钾＝2:1:1;氮肥比例为基肥:蘖肥:穗肥:粒肥＝4:3:2:1,其中基肥量为纯氮48 kg、纯磷60 kg、纯钾30 kg,蘖肥量为纯氮36 kg,穗肥量为纯氮24 kg、纯钾30 kg,粒肥量为纯氮12 kg;浅－湿－干交替节水灌溉;收获期9月30日开始;注意预防稻瘟病等。

适应区域:黑龙江省第一积温带种植。

33.龙稻30(原代号:哈145147,见图4－33)

图4－33　龙稻30(原代号:哈145147)

审定编号:黑审稻2018003。

品种类型:粳型常规水稻(亲本来源:五优稻1号×绥粳7号)。

选育单位:黑龙江省农业科学院耕作栽培研究所。

特征特性:普通粳稻;在适应区出苗至成熟生育日数145 d左右,需≥10 ℃活动积温2 725 ℃左右;主茎14片叶,长粒型,株高97.5 cm左右,穗长17.6 cm左右,每穗粒数113粒左右,千粒重26.0 g左右。品质分析结果:出糙率81.2%,整精米率66.2%,垩白粒率18.5%,垩白度2.9%,直链淀粉含量(干基)17.07%,胶稠度74.5 mm,食味品质80分,达到国家《优质稻谷》标准二级。三年抗病接种鉴定结果:叶瘟1～5级,穗颈瘟1～5级。三年耐冷性鉴定结果:处理空壳率7.47% ~ 15.91%。

产量表现:2015—2016年区域试验平均公顷产量8 539.0 kg,较对照品种松粳9增产5.1%;2017年生产试验平均公顷产量8 502.9 kg,较对照品种松粳9增产8.5%。

栽培技术要点:播种期4月8日~4月15日,插秧期5月12日~5月19日,秧龄30 ~ 35 d,插秧规格为30 cm×13 cm,每穴3 ~ 5株;一般公顷施纯氮120 kg,氮:磷:钾 =2:1:1,磷肥全部作基肥,钾肥分基肥、穗肥两次施入,每次各施50%;氮肥比例为基肥:蘖肥:穗肥:粒肥 =4:3:2:1,其中基肥量为纯氮48 kg、纯磷60 kg、纯钾30 kg,蘖肥量为纯氮36 kg,穗肥量为纯氮24 kg、纯钾30 kg,粒肥量为纯氮12 kg;浅 - 湿交替灌溉;收获期9月下旬开始;注意预防稻瘟病等。

适应区域:黑龙江省第一积温带上限种植。

34. 龙稻31(原代号:哈146037,见图4 - 34)

图4 - 34 龙稻31(原代号:哈146037)

审定编号:黑审稻2018005。

品种类型:粳型常规水稻(亲本来源:五优稻4号×龙稻5号)。

选育单位:黑龙江省农业科学院耕作栽培研究所。

特征特性:普通粳稻;在适应区出苗至成熟生育日数142 d左右,需≥10 ℃活动积温2 650 ℃左右;主茎13片叶,椭圆粒型,株高96.0 cm左右,穗长17.8 cm左右,每穗粒数117粒左右,千粒重25.4 g左右。两年品质分析结果:出糙率81.4%,整精米率70.0%,垩白粒率6.5%,垩白度0.8%,直链淀粉含量(干基)18.27%,胶稠度71.0 mm,食味品质83分,达到国家《优质稻谷》标准二级。三年抗病接种鉴定结果:叶瘟3 ~ 5级,穗颈瘟1 ~

3 级。三年耐冷性鉴定结果:处理空壳率 2.57% ~9.27%。

产量表现:2015—2016 年区域试验平均公顷产量 8 798.8 kg,较对照品种龙稻 11 增产 9.1%;2017 年生产试验平均公顷产量 8 317.1 kg,较对照品种龙稻 18 增产 8.7%。

栽培技术要点:播种期 4 月 8 日~4 月 15 日,插秧期 5 月 12 日~5 月 19 日,秧龄 30 ~35 d,插秧规格为 30 cm×13 cm,每穴 3 ~5 株;一般公顷施纯氮 120 kg,氮:磷:钾 =2:1:1,磷肥全部作基肥,钾肥分基肥、穗肥两次施入,每次各施 50%;氮肥比例为基肥:蘖肥:穗肥:粒肥 =4:3:2:1,其中基肥量为纯氮 48 kg、纯磷 60 kg、纯钾 30 kg,蘖肥量为纯氮 36 kg,穗肥量为纯氮 24 kg、纯钾 30 kg,粒肥量为纯氮 12 kg;浅 – 湿交替灌溉;收获期 9 月下旬开始;注意预防稻瘟病等。

适应区域:黑龙江省第一积温带种植。

35. 中龙粳 2 号(原代号:哈 04 – 1638,见图 4 – 35)

图 4 – 35 中龙粳 2 号(原代号:哈 04 – 1638)

审定编号:黑审稻 2013003。

品种类型:粳型常规水稻(亲本来源:松粳 9 号×五优稻 4 号)。

选育单位:中国科学院北方粳稻分子育种联合研究中心。

特征特性:粳稻品种;在适应区出苗至成熟生育日数 142 d 左右,需≥10 ℃活动积温 2 650 ℃左右;主茎 13 片叶,株高 110 cm 左右,穗长 19.5 cm 左右,每穗粒数 150 粒左右,千粒重 24.0 g 左右。两年品质分析结果:出糙率 81.0% ~81.1%,整精米率 66.0% ~67.4%,垩白粒率 2.0% ~3.5%,垩白度 0.4% ~0.8%,直链淀粉含量(干基)16.91% ~17.70 %,胶稠度 70.0 ~81.5 mm,食味品质 82 分。三年抗病接种鉴定结果:叶瘟 0 ~5

级,穗颈瘟 0 ~ 3 级。三年耐冷性鉴定结果:处理空壳率 2.07% ~ 7.71%。

产量表现:2010—2011 年区域试验平均公顷产量 8 807.1 kg,较对照品种松粳 6 号增产 7.3%;2012 年生产试验平均公顷产量 9 282.3 kg,较对照品种龙稻 11 增产 6.6%。

栽培技术要点:在适应区 4 月 10 日 ~ 4 月 20 日播种,5 月 15 日 ~ 5 月 25 日插秧,插秧规格为 30 cm × 13 cm,每穴 2 ~ 3 株;公顷施纯氮 120 kg、纯磷 70 kg、纯钾 50 kg,氮肥的一半、磷肥的全部、钾肥的一半作底肥施入,其余作追肥施用;浅灌水;抢前施药除草;成熟后及时收获。

适应区域:黑龙江省第一积温带种植。

36.哈粳稻 1 号(原代号:哈稻 0959,见图 4 - 36)

图 4 - 36 哈粳稻 1 号(原代号:哈稻 0959)

审定编号:黑审稻 2014006。

品种类型:粳型常规水稻(亲本来源:水稻品种"春承"系统选育)。

选育单位:哈尔滨市农业科学院。

特征特性:在适应区出苗至成熟生育日数 142 d 左右,需 ≥10 ℃活动积温 2 650 ℃左右;主茎 13 片叶,椭圆粒型,株高 100 cm 左右,穗长 21.8 cm 左右,每穗粒数 130 粒左右,千粒重 24.4 g 左右。两年品质分析结果:出糙率 80.4% ~ 81.4%,整精米率 69.4% ~ 71.3%,垩白粒率 2.0% ~ 3.5%,垩白度 0.4% ~ 0.5%,直链淀粉含量(干基)17.06% ~ 18.72%,胶稠度 71.0 ~ 80.0 mm,达到国家《优质稻谷》标准二级。三年抗病接种鉴定结果:叶瘟 1 ~ 5 级,穗颈瘟 1 ~ 3 级。三年耐冷性鉴定结果:处理空壳率 5.18% ~ 15.56%。

产量表现:2011—2012 年区域试验平均公顷产量 8 811.5 kg,较对照品种龙稻 11 增产6.8%;2013年生产试验平均公顷产量8 355.9 kg,较对照品种龙稻11增产8.5%。

栽培技术要点:播种期4月15日~4月25日,插秧期5月20日~5月25日,秧龄35 d左右,插秧规格为30 cm×(13.3~16.7)cm,每穴3~5株;一般公顷施纯氮120 kg,氮∶磷∶钾=2∶1∶1;氮肥比例为基肥∶蘖肥∶穗肥∶粒肥=5∶3∶1∶1,其中基肥量为纯氮60 kg、纯磷60 kg、纯钾36 kg,蘖肥量为纯氮36 kg,穗肥量为纯氮12 kg、纯钾24 kg,粒肥量为纯氮12 kg;旱育稀植,人工插秧或机械插秧;采用浅、晒、深、湿(干干湿湿)相结合的灌溉方式;成熟后及时收获;预防稻瘟病、二化螟。

适应区域:黑龙江省第一积温带种植。

37.哈粳稻2号(原代号:哈香稻-02,见图4-37)

图4-37　哈粳稻2号(原代号:哈香稻-02)

审定编号:黑审稻2014017。

品种类型:粳型常规水稻(亲本来源:五优稻A系统选育)。

选育单位:哈尔滨市农业科学院。

特征特性:香稻品种;在适应区出苗至成熟生育日数142 d左右,需≥10 ℃活动积温2 650 ℃左右;主茎13片叶,长粒型,株高110 cm左右,穗长22 cm左右,每穗粒数135粒左右,千粒重26.5 g左右。两年品质分析结果:出糙率80.8%~81.1%,整精米率63.8%~67.0%,垩白粒率1.0%~2.0%,垩白度0.2%~0.3%,直链淀粉含量(干基)17.21%~17.34%,胶稠度73.0~80.0 mm,达到国家《优质稻谷》标准二级。三年抗病接种鉴定结果:叶瘟1~5级,穗颈瘟3~5级。三年耐冷性鉴定结果:处理空壳率7.45%~14.00%。

产量表现:2011—2012 年区域试验平均公顷产量 8 352.9 kg,较对照品种苗香粳 1 号增产 7.1%;2013 年生产试验平均公顷产量 7 779.7 kg,较对照品种苗香粳 1 号增产 8.1%。

栽培技术要点:播种期 4 月 15 日～4 月 25 日,插秧期 5 月 20 日～5 月 25 日,秧龄 35 d 左右,插秧规格为 30 cm×13.3 cm,每穴 3～4 株;一般公顷施纯氮 120 kg,氮∶磷∶钾 = 2∶1∶1;氮肥比例为基肥∶蘖肥∶穗肥∶粒肥 = 5∶3∶1∶1,其中基肥量为纯氮 60 kg、纯磷 60 kg、纯钾 36 kg,蘖肥量为纯氮 36 kg,穗肥量为纯氮 12 kg、纯钾 24 kg,粒肥量为纯氮 12 kg;旱育稀植,人工插秧或机械插秧;采用浅、晒、深、湿(干干湿湿)相结合的灌溉方式;成熟后及时收获;注意预防稻瘟病、二化螟。

适应区域:黑龙江省第一积温带种植。

38. 哈粳稻 3 号(原代号:哈稻 −82,见图 4 −38)

图 4 −38　哈粳稻 3 号(原代号:哈稻 −82)

审定编号:黑审稻 2015001。

品种类型:粳型常规水稻(亲本来源:五优稻 1 号系统选育)。

选育单位:哈尔滨市农业科学院。

特征特性:普通水稻品种;在适应区出苗至成熟生育日数 146 d 左右,需≥10 ℃活动积温 2 750 ℃左右;主茎 13 片叶,长粒型,株高 111.0 cm 左右,穗长 20.2 cm 左右,每穗粒数 132 粒左右,千粒重 25.6 g 左右。两年品质分析结果:出糙率 81.4%～81.6%,整精米率 68.6%～69.9%,垩白粒率 0.0%～3.0%,垩白度 0.0%～0.6%,直链淀粉含量(干基)16.67%～17.73%,胶稠度 79.0～80.0 mm,食味品质 87～89 分,达到国家《优质稻谷》标准二级。三年抗病接种鉴定结果:叶瘟3～4级,穗颈瘟1～5级。三年耐冷性鉴定结果:处理空壳率1.75%～9.26%。

产量表现:2012—2013年区域试验平均公顷产量9 026.2 kg,较对照品种松粳9号增产9.4%,2014年生产试验平均公顷产量8 044.9 kg,较对照品种松粳9号增产6.7%。

栽培技术要点:在适应区播种期4月10日～4月20日,插秧期5月15日～4月20日,秧龄35 d,插秧规格为30 cm×13 cm,每穴2～3株;一般公顷施纯氮120 kg,氮:磷:钾 =2:1:1;氮肥比例为基肥:蘖肥:穗肥:粒肥 =4:3:2:1,其中基肥量为纯氮48 kg、纯磷60 kg、纯钾36 kg,蘖肥量为纯氮36 kg,穗肥量为纯氮12 kg、纯钾24 kg,粒肥量为纯氮12 kg;旱育稀植,人工插秧或机械插秧;采用浅、晒、深、湿(干干湿湿)相结合的灌溉方法;收获期9月20日～9月30日;注意勿过量施用氮肥。

适应区域:黑龙江省第一积温带上限种植。

39.哈粳稻4号(原代号:哈稻1201,见图4－39)

**图4－39　哈粳稻4号(原代号:哈稻1201)**

审定编号:黑审稻2018001。

品种类型:粳型常规水稻(亲本来源:五优稻A×五优稻4号)。

选育单位:哈尔滨市农业科学院、中国农业科学院深圳生物育种创新研究院。

特征特性:香稻品种;在适应区出苗至成熟生育日数144 d左右,需≥10 ℃活动积温2 700 ℃左右;主茎14片叶,长粒型,株高108 cm左右,穗长21.0 cm左右,每穗粒数127粒左右,千粒重24.5 g左右。品质分析结果:出糙率82.0%,整精米率67.6%,垩白粒率3.5%,垩白度0.7%,直链淀粉含量(干基)18.94%,胶稠度80.5 mm,食味品质80分,达到国家《优质稻谷》标准二级。三年抗病接种鉴定结果:叶瘟 3~5 级,穗颈瘟 1~5 级。三年耐冷性鉴定结果:处理空壳率 5.23%~19.31%。

产量表现:2015—2016 年区域试验平均公顷产量 8 490.9 kg,较对照品种松粳 9 号增产 4.3%;2017 年生产试验平均公顷产量 8 433.4 kg,较对照品种松粳 9 号增产 7.6%。

栽培技术要点:在适应区播种期 4 月 8 日~4 月 15 日,插秧期 5 月 12 日~5 月 19 日,秧龄 30~35 d,插秧规格为 30 cm×13 cm,每穴 3~5 株;一般公顷施纯氮 120 kg,氮:磷:钾 =2:1:1,磷肥全部作基肥,钾肥分基肥、穗肥两次施入,每次各施 36 kg、24 kg;氮肥施用比例为基肥:蘖肥:穗肥:粒肥 =4:3:2:1,其中基肥量为纯氮 48 kg、纯磷 60 kg、纯钾 36 kg,蘖肥量为纯氮 36 kg,穗肥量为纯氮 24 kg、纯钾 24 kg,粒肥量为纯氮 12 kg;采用浅、晒、深、湿(干干湿湿)相结合的灌溉方法;收获期 9 月 20 日~9 月 30 日;注意预防稻瘟病等。

适应区域:黑龙江省第一积温带种植。

40.育龙 7 号(原代号:育龙 09 - 098,见图 4 - 40)

图 4 - 40　育龙 7 号(原代号:育龙 09 - 098)

审定编号:黑审稻 2017006。

品种类型:粳型常规水稻(亲本来源:空育 131/IR73689 - 76 - 2×空育 131)。

选育单位:黑龙江省农业科学院作物育种研究所。

特征特性:普通水稻品种;在适应区出苗至成熟生育日数 142 d 左右,需 ≥10 ℃活动积温 2 650 ℃左右;主茎 13 片叶,粒型椭圆,株高 99.7 cm 左右,穗长 17.9 cm 左右,每穗粒数 123 粒左右,千粒重 25.0 g 左右。三年品质分析结果:出糙率 82.9%~83.9%,整精米率 70.4%~70.9%,垩白粒率 9.5%~16.5%,垩白度 2.3%~2.4%,直链淀粉含量(干基)17.13% ~18.51%,胶稠度76.5 ~77.0 mm,食味品质78 ~82 分,达到国家《优质稻谷》标准二级。三年抗病接种鉴定结果:叶瘟0 ~5 级,穗颈瘟0 ~3 级。三年耐冷性鉴定结果:处理空壳率8.23% ~13.87%。

产量表现:2013—2014 年区域试验平均公顷产量8 577.0 kg,较对照品种龙稻11 增产9.4%;2015 年生产试验平均公顷产量8 335.8 kg,较对照品种龙稻11 增产7.3%。

栽培技术要点:在适应区播种期4 月15 日 ~4 月25 日,插秧期5 月15 日 ~5 月25日,秧龄30 ~35 d,插秧规格为30 cm×(13.3 ~16.7)cm,每穴2 ~3 株;一般公顷施纯氮120 kg,氮:磷:钾=2:1:1,氮肥比例为基肥:蘖肥:穗肥:粒肥 =4:3:2:1,磷肥全部作基肥,钾肥分基肥、穗肥两次施入,每次各施50%;秋翻地或4 月上旬旱整地,4 月15 日开始泡田,一周后水整地,沉降一周后进行插秧;花达水插秧,分蘖期浅水灌溉,有效分蘖末期晒田,复水后间歇灌溉,黄熟末期停灌;收获期9 月下旬开始;注意病、虫、草害的及时防治。

适应区域:黑龙江省第一积温带种植。

41. 富尔稻1 号(原代号:兴国1 号,见图4 -41)

图4 -41　富尔稻1 号(原代号:兴国1 号)

审定编号:黑审稻2018008。

品种类型:粳型常规水稻(亲本来源:松粳12 × 东农423)。

选育单位:齐齐哈尔市富尔农艺有限公司。

特征特性:香稻品种;在适应区出苗至成熟生育日数140 d 左右,需≥10 ℃活动积温2 600 ℃左右;主茎13 片叶,长粒型,株高90 cm 左右,穗长18 cm 左右,每穗粒数120 粒左右,千粒重26.9 g 左右。品质分析结果:出糙率80.4%,整精米率64.0%,垩白粒率

16.5%,垩白度2.9%,直链淀粉含量(干基)17.90%,胶稠度76.0 mm,食味品质83分,达到国家《优质稻谷》标准二级。三年抗病接种鉴定结果:叶瘟1~5级,穗颈瘟1~3级。三年耐冷性鉴定结果:处理空壳率4.80%~19.41%。

产量表现:2015—2016年区域试验平均公顷产量8 470.0 kg,较对照品种龙稻11增产4.8%;2017年生产试验平均公顷产量8 163.3 kg,较对照品种龙稻18增产6.7%。

栽培技术要点:在适应区播种期4月8日~4月15日,插秧期5月12日~5月19日,秧龄30~35 d,插秧规格为30 cm×13.3 cm,每穴3~5株;一般公顷施纯氮110 kg,氮:磷:钾=2:1:1.5;公顷施纯磷55 kg,磷肥作为基肥一次性施入;公顷施钾肥80 kg,钾肥按基肥和穗肥各50%比例施入;氮肥施用比例为基肥:蘖肥:穗肥:粒肥=4:3:2:1,其中基肥量为纯氮44 kg、纯磷55 kg、纯钾40 kg,蘖肥量为纯氮33 kg,穗肥量为纯氮22 kg、纯钾40 kg(有条件的最好公顷施硅肥500 kg,提高抗性,同时施入适量镁肥,提高适口性),粒肥量为纯氮11 kg;浅-干-湿交替灌溉;收获期9月25日~9月30日;注意预防稻瘟病等。

适应区域:黑龙江省第一积温带下限种植。

## 二、第二积温带水稻新品种简介

1.北稻5号(原代号:北04-20,见图4-42)

图4-42 北稻5号(原代号:北04-20)

审定编号:黑审稻2010006。

品种类型:粳型常规水稻(亲本来源:五优稻1号×吉粳60)。

选育单位:黑龙江省北方稻作研究所。

特征特性:粳稻品种;在适应区出苗至成熟生育日数 138 d 左右,需≥10 ℃ 活动积温 2 550 ℃ 左右;主茎 12 片叶,株高 108.8 cm 左右,穗长 20.9 cm 左右,每穗粒数 147 粒左右,千粒重 26.5 g 左右。品质分析结果:出糙率 78.4% ~ 80.8%,整精米率 62.9% ~ 65.4%,垩白粒率 0%,垩白度 0%,直链淀粉含量(干基)17.3% ~ 18.57%,胶稠度 71.5 ~ 73.0 mm,食味品质 85 ~ 87 分。抗病接种鉴定结果:叶瘟 3 级,穗颈瘟 0 ~ 5 级。耐冷性鉴定结果:处理空壳率 10.65% ~ 12.60%。

产量表现:2007—2008 年区域试验平均公顷产量 8 435.8 kg,较对照品种龙稻 3 号增产 7.9%;2009 年生产试验平均公顷产量 8 397.5 kg,较对照品种龙稻 3 号增产 8.3%。

栽培技术要点:4 月 10 日 ~ 4 月 20 日播种,5 月 15 日 ~ 5 月 25 日插秧,插秧规格为 30 cm × 10 cm 左右,每穴 4 ~ 6 株;中等地力,一般公顷施纯氮量 125 ~ 150 kg,分为底肥、返青肥、分蘖肥、穗粒肥,氮、磷、钾比例为 3∶2∶2,最好重施底肥,早施分蘖肥,巧施穗粒肥,插秧后结合田间除草,追施速效氮肥;促进分蘖;田间水层管理浅水与间歇灌溉,孕穗期深水灌溉防冷害;成熟后适时收获;该品种穗大粒多,适当增施钾肥更能发挥增产潜力;须于 6 月中旬用锐劲特等内吸药物预防二化螟的发生,以达到高产增收的目的。

适应区域:黑龙江省第二积温带上限。

2. 北稻 7 号(原代号:北 0999,见图 4 - 43)

图 4 - 43　北稻 7 号(原代号:北 0999)

审定编号:黑审稻 2015008。

品种类型:粳型常规水稻(亲本来源:五优稻 1 号 × 北稻 2 号)。

选育单位:黑龙江省北方稻作研究所。

**特征特性**:普通水稻品种;在适应区出苗至成熟生育日数 134 d 左右,需≥10 ℃活动积温 2 450 ℃左右;主茎 12 片叶,长粒型,株高 95.0 cm 左右,穗长 19.0 cm 左右,每穗粒数 95.5 粒左右,千粒重 27.2 g 左右。两年品质分析结果:出糙率 80.1% ~80.9%,整精米率 64.9% ~65.1%,垩白粒率 6.5% ~7.0%,垩白度 1.7% ~3.1%,直链淀粉含量(干基)16.79% ~17.88%,胶稠度 72.5 ~76.5 mm,食味品质 78 ~86 分,达到国家《优质稻谷》标准二级。三年抗病接种鉴定结果:叶瘟 1 ~4 级,穗颈瘟 1 ~3 级。三年耐冷性鉴定结果:处理空壳率 12.90% ~23.07%。

**产量表现**:2012—2013 年区域试验平均公顷产量 8 422.5 kg,较对照品种龙粳 21 增产 7.4%;2014 年生产试验平均公顷产量 8 860.0 kg,较对照品种龙粳 21 增产 8.3%。

**栽培技术要点**:在适应区播种期 4 月 20 日 ~4 月 25 日,插秧期 5 月 20 日 ~5 月 25 日,秧龄 30 ~35 d,插秧规格为 30 cm × 13.2 cm,每穴 5 ~6 株;一般公顷施纯氮 110 kg,氮:磷:钾 =2.4:1:1.6;氮肥比例为基肥:蘖肥:穗肥:粒肥 =4:3:2:1,其中基肥量为纯氮 33 kg、纯磷 46 kg、纯钾 40 kg,蘖肥量为纯氮 44 kg,穗肥量为纯氮 22 kg、纯钾 35 kg,粒肥量为纯氮 11 kg;秋季翻地,春季泡田水整地;花达水插秧,以后间歇灌溉;收获期 9 月 20 日 ~9 月 25 日;注意 6 月中旬预防叶瘟,孕穗末期到齐穗期预防穗颈瘟,同时注意预防潜叶蝇、负泥虫及二化螟的发生。

**适应区域**:黑龙江省第二积温带种植。

3. 东富 101(原代号:东农 9006,见图 4 −44)

**图 4 −44 东富 101(原代号:东农 9006)**

审定编号:黑审稻 2013016。

品种类型:粳型常规糯稻(亲本来源:东农 418 ×红糯/松粳 7 号)。

选育单位:东北农业大学农学院、齐齐哈尔市富尔农艺有限公司、黑龙江省粮食产能提升协同创新中心。

特征特性:糯稻品种;在适应区出苗至成熟生育日数 138 d 左右,需≥10 ℃活动积温 2 550 ℃左右;主茎 13 片叶,株高 95 cm 左右,穗长 16.5 cm 左右,每穗粒数 100.0 粒左右,千粒重 26 g 左右。两年品质分析结果:出糙率 81.0% ~82.4%,整精米率 67.7% ~71.1%,直链淀粉含量(干基)0.22% ~0.67%,胶稠度 100 mm。三年抗病接种鉴定结果:叶瘟 0 ~5 级,穗颈瘟 0 ~5 级。三年耐冷性鉴定结果:处理空壳率 3.77% ~8.88%。

产量表现:2010—2011 年区域试验平均公顷产量 8 519.3 kg,较对照品种龙稻 8 号增产 8.4%;2012 年生产试验平均公顷产量 8 859.9 kg,较对照品种龙稻 8 号增产 7.8%。

栽培技术要点:在适应区 4 月 10 日 ~4 月 20 日播种,5 月 15 日 ~5 月 25 日插秧,插秧规格为 30 cm×10 cm 左右,每穴 3 ~5 株;公顷施底肥为尿素 100 kg、二铵 80 kg、硫酸钾 75 kg,分蘖肥为尿素 100 ~150 kg,穗肥为尿素 25 kg、硫酸钾 25 kg;加强田间管理,及时防除杂草,适时收获。

适应区域:黑龙江省第二积温带上限种植。

4. 龙糯 3 号(原代号:龙糯 04 –1292,见图 4 –45)

图 4 –45　龙糯 3 号(原代号:龙糯 04 –1292)

审定编号:黑审稻 2009015。

品种类型:粳型常规糯稻(亲本来源:龙糯 99 –392 × 龙育 99 –390)。

选育单位:黑龙江省农业科学院佳木斯水稻研究所。

特征特性:糯稻品种;在适应区出苗至成熟生育日数 132 d 左右,需≥10 ℃活动积温

2 480 ℃左右;主茎 12 片叶,株高 91 cm 左右,穗长 17 cm 左右,每穗粒数 90 粒左右,千粒重 26 g 左右。品质分析结果:出糙率 80.5% ~82.6%,整精米率 67.4% ~69.1%,垩白粒率 100.0%,垩白度 100.0%,直链淀粉含量(干基)0% ~0.6%,胶稠度 100.0 mm。抗病接种鉴定结果:叶瘟 1~5 级,穗颈瘟 3~5 级。耐冷性鉴定结果:处理空壳率 7.84% ~9.33%。

产量表现:2007—2008 年区域试验平均公顷产量 7 555.2 kg,较对照品种牡粘 4 号增产 7.5%;2008 年生产试验平均公顷产量 7 954.1 kg,比对照品种牡粘 4 号增产 8.9%。

栽培技术要点:4 月 15 日 ~4 月 20 日播种,5 月 15 日 ~5 月 20 日插秧,插秧规格为 30 cm×13 cm 左右,每穴 3~4 株;中等肥力地块,一般公顷施尿素 250 kg、二铵 100 kg、硫酸钾 100 kg,尿素分基肥、蘖肥、穗肥施入,二铵及钾肥全部用作基肥;花达水插秧,分蘖期浅水灌溉,灌浆期浅水灌溉至 8 月末停灌;9 月末 10 月上旬收获。

适应区域:黑龙江省第二积温带插秧栽培。

5. 龙联 1 号(原代号:莲选 05 -1,见图 4 -46)

图 4 -46  龙联 1 号(原代号:莲选 05 -1)

审定编号:黑审稻 2010008。

品种类型:粳型常规水稻(亲本来源:龙粳 2 号×空育 131)。

选育单位:黑龙江省农业科学院佳木斯水稻研究所、黑龙江省龙粳高科有限责任公司、黑龙江省莲江口农场有限公司科研站。

特征特性:粳稻品种;在适应区出苗至成熟生育日数 134 d 左右,需≥10 ℃活动积温 2 450 ℃左右;主茎 12 片叶,株高 91.6 cm 左右,穗长 16.5 cm 左右,每穗粒数 100 粒左右,千粒重 25.4 g 左右。品质分析结果:出糙率 81.0% ~82.8%,整精米率 70.0% ~70.3%,

垩白粒率 4.0% ~6.5%,垩白度 0.3% ~0.5%,直链淀粉含量(干基)16.7% ~17.98%,胶稠度 67.0 ~83.5 mm,食味品质 80 ~81 分。抗病接种鉴定结果:叶瘟 1 ~3 级,穗颈瘟 1 ~3 级。耐冷性鉴定结果:处理空壳率 8.05% ~10.58% 。

产量表现:2007—2008 年区域试验平均公顷产量 8 318.9 kg,较对照品种垦稻 12 增产 6.0%;2009 年生产试验平均公顷产量 8 520.4 kg,较对照品种垦稻 12 增产 9.3% 。

栽培技术要点:4 月 15 日 ~4 月 25 日播种,5 月 15 日 ~5 月 25 日插秧,插秧规格为 30 cm ×13.3 cm 左右,每穴 3 ~4 株;中等肥力地块,一般公顷施尿素 200 kg、二铵 100 kg、硫酸钾 100 kg,尿素分基肥、蘖肥、穗肥、粒肥施入,二铵全部作基肥施入,钾肥分基肥、穗肥施入;花达水插秧,分蘖期浅水灌溉,分蘖末期晒田,后期湿润灌溉;成熟后及时收获。

适应区域:黑龙江省第二积温带下限种植。

6. 龙粳 30(原代号:龙花 01 – 558,见图 4 – 47)

图 4 – 47 龙粳 30(原代号:龙花 01 – 558)

审定编号:黑审稻 2011003。

品种类型:粳型常规水稻(亲本来源:龙育 98 – 195 × 上育 418)。

选育单位:黑龙江省农业科学院佳木斯水稻研究所、黑龙江省龙粳高科有限责任公司。

特征特性:粳稻品种;在适应区出苗至成熟生育日数 134 d 左右,需≥10 ℃活动积温 2 450 ℃左右;主茎 12 片叶,株高 87.1 cm 左右,穗长 17.7 cm 左右,每穗粒数 116 粒左右,千粒重 25.1 g 左右。品质分析结果:出糙率 80.4% ~81.6%,整精米率 61.8% ~65.0%,垩白粒率 3.5% ~7.0%,垩白度 0.3% ~1.0%,直链淀粉含量(干基)16.48% ~18.54%,

胶稠度71.0~79.0 mm,食味品质80~81分。抗病接种鉴定结果:叶瘟0~5级,穗颈瘟0~3级。耐冷性鉴定结果:处理空壳率7.85%~12.70%。

产量表现:2008—2009年区域试验平均公顷产量8 431.8 kg,较对照品种垦稻12增产8.5%;2010年生产试验平均公顷产量9 074.9 kg,较对照品种垦稻12增产11.6%。

栽培技术要点:4月15日~4月25日播种,5月15日~5月25日插秧,插秧规格为30 cm×13.3 cm左右,每穴4~6株;中等肥力地块,公顷施尿素200 kg、二铵100 kg、硫酸钾100 kg,尿素分基肥、蘖肥、穗肥、粒肥施入,二铵全部作基肥施入,钾肥分基肥、穗肥施入;花达水插秧,分蘖期浅水灌溉,分蘖末期晒田,后期湿润灌溉;成熟后及时收获;注意氮、磷、钾肥配合施用,及时预防和控制病、虫、草害的发生。

适应区域:黑龙江省第二积温带种植。

7. 龙粳33(原代号:龙交06-2110,见图4-48)

图4-48 龙粳33(原代号:龙交06-2110)

审定编号:黑审稻2012007。

品种类型:粳型常规水稻(亲本来源:空育131×松99-135)。

选育单位:黑龙江省农业科学院佳木斯水稻研究所、黑龙江省龙粳高科有限责任公司、黑龙江省龙科种业集团有限公司。

特征特性:粳稻品种;在适应区出苗至成熟生育日数134 d左右,需≥10 ℃活动积温2 450 ℃左右;主茎12片叶,株高94 cm左右,穗长15.7 cm左右,每穗粒数105粒左右,千粒重26.5 g左右。两年品质分析结果:出糙率81.75%~83.10%,整精米率69.1%~69.3%,垩白粒率2.0%~11.0%,垩白度0.1%~1.6%,直链淀粉含量(干基)16.10%~

16.32%,胶稠度 70.0~71.5 mm,食味品质 86 分。三年抗病接种鉴定结果:叶瘟 0~1 级,穗颈瘟 1~3 级。三年耐冷性鉴定结果:处理空壳率 2.36%~13.34%。

产量表现:2009—2010 年两年区域试验平均公顷产量 8 585.6 kg,较对照品种垦稻 12 增产 10.7%;2011 年生产试验平均公顷产量 8 674.9 kg,较对照品种垦稻 12 增产 8.5%。

栽培技术要点:4 月 10 日~4 月 20 日播种,5 月 15 日~5 月 25 日插秧,插秧规格为 30 cm×13 cm 左右,每穴 4~5 株;公顷施尿素 200 kg、二铵 100 kg、钾肥 100 kg,其中尿素 的 40%、二铵的全部、钾肥的 50% 作底肥,尿素的 30% 作分蘖肥,尿素的 30%、钾肥的 50% 作穗肥;注意氮、磷、钾肥配合施用,及时预防、控制病虫草害的发生。

适应区域:黑龙江省第二积温带种植。

8.龙粳 34(原代号:龙交 04-908,见图 4-49)

**图 4-49　龙粳 34(原代号:龙交 04-908)**

审定编号:黑审稻 2012008。

品种类型:粳型常规水稻(亲本来源:垦稻 8 号×龙粳 13)。

选育单位:黑龙江省农业科学院佳木斯水稻研究所、黑龙江省龙粳高科有限责任公司、黑龙江省龙科种业集团有限公司。

特征特性:粳稻品种;在适应区出苗至成熟生育日数 134 d 左右,需≥10 ℃活动积温 2 450 ℃左右;主茎 12 片叶,株高 92 cm 左右,穗长 16.5 cm 左右,每穗粒数 104 粒左右,千粒重 26 g 左右。三年品质分析结果:出糙率 80.8%~81.4%,整精米率 64.0%~68.8%,垩白粒率 2.0%,垩白度 0.1%~0.3%,直链淀粉含量(干基)17.70%~19.97%,胶稠度 70.0~76.0 mm,食味品质 79~81 分。四年抗病接种鉴定结果:叶瘟 0~3 级,穗颈瘟 1~

3级。四年耐冷性鉴定结果:处理空壳率1.68%~15.02%。

产量表现:2008—2009年区域试验平均公顷产量8 468.4 kg,较对照品种垦稻12号增产8.9%;2010—2011年生产试验平均公顷产量8 661.7 kg,较对照品种垦稻12号增产7.3%。

栽培技术要点:4月10日~4月20日播种,5月15日~5月22日插秧,插秧规格为30 cm×10 cm左右,每穴3~5株;公顷施尿素200 kg、二铵100 kg、钾肥100 kg,尿素的40%、二铵的全部、钾肥的50%作底肥,尿素的30%作分蘖肥,尿素的30%、钾肥的50%作穗肥;8月末排干,9月下旬籽粒黄熟期及时收获;注意氮、磷、钾肥配合施用,及时预防、控制病虫草害的发生。

适应区域:黑龙江省第二积温带种植。

9. 龙粳38(原代号:龙交06－192,见图4－50)

图4－50　龙粳38(原代号:龙交06－192)

审定编号:黑审稻2012014。

品种类型:粳型常规水稻(亲本来源:沈农265×上育418)。

选育单位:黑龙江省农业科学院佳木斯水稻研究所。

特征特性:粳稻品种;在适应区出苗至成熟生育日数136 d左右,需≥10 ℃活动积温2 500 ℃左右;主茎13片叶,椭圆粒型,株高91 cm左右,穗长16.6 cm左右,每穗粒数114粒左右,千粒重26.7 g左右。两年品质分析结果:出糙率81.3%~82.0%,整精米率68.1%~71.2%,垩白粒率3.5%~5.0%,垩白度0.3%~0.8%,直链淀粉含量(干基)14.97%~17.01%,胶稠度76.5~82.5 mm,食味品质81~84分。四年抗病接种鉴定结果:叶瘟0~5级,穗颈瘟0~3级。四年耐冷性鉴定结果:处理空壳率1.68%~15.02%。

产量表现:2008—2009年区域试验平均公顷产量8 205.5 kg;2010—2011年生产试验平均公顷产量8 438.8 kg。

栽培技术要点:4月15日~4月20日播种,5月20日~5月25日插秧;中苗中等肥力田块插秧规格为30 cm×10 cm,高肥力田块插秧规格为30 cm×13.3 cm,每穴4~6株;中等肥力地块每公顷施尿素200~250 kg、磷酸二铵100~125 kg,钾肥150~200 kg,其中尿素的40%、磷酸二铵的全部、钾肥的50%作底肥,水耙地前施入,尿素的20%作第一次分蘖肥,在水稻返青后3~5 d施入,尿素的30%、钾肥的50%作第二次分蘖肥施入,尿素的10%作穗肥施入;穗肥的施用一定要根据天气及田间长势情况进行,长期低温或长势旺的地方少施或不施;水分管理采用浅－深－浅常规灌溉,后期采用间歇灌溉;及时防治病虫草害。

适应区域:黑龙江省第二积温带上限种植。

10. 龙粳42(原代号:龙交071963,见图4-51)

图4-51　龙粳42(原代号:龙交071963)

审定编号:黑审稻2014009。

品种类型:粳型常规水稻(亲本来源:空育131×龙盾20-240)。

选育单位:黑龙江省农业科学院佳木斯水稻研究所、黑龙江省龙科种业集团有限公司。

特征特性:在适应区出苗至成熟生育日数134 d左右,需≥10 ℃活动积温2 450 ℃左右;主茎12片叶,椭圆粒型,株高93 cm左右,穗长15.1 cm左右,每穗粒数100粒左右,千粒重25.3 g左右。两年品质分析结果:出糙率81.4%~82.4%,整精米率68.5%~

69.8%,垩白粒率4.0%~10.0%,垩白度0.8%~0.9%,直链淀粉含量(干基)17.57%~17.85%,胶稠度73.5~80.0 mm,达到国家《优质稻谷》标准二级。三年抗病接种鉴定结果:叶瘟3级,穗颈瘟1~5级。三年耐冷性鉴定结果:处理空壳率1.89%~10.12%。

产量表现:2011—2012年区域试验平均公顷产量8 729.6 kg,较对照品种龙粳21增产9.6%;2013年生产试验平均公顷产量8 759.0 kg,较对照品种龙粳21增产9.2%。

栽培技术要点:播种期4月15日~4月25日,插秧期5月15日~5月25日,秧龄30 d左右,插秧规格为30 cm×13.3 cm,每穴4~5株;一般公顷施纯氮110 kg,氮:磷:钾=2.4:1:1.6;氮肥比例为基肥:蘖肥:穗肥:粒肥=4:3:2:1,其中基肥为纯氮44 kg、纯磷50 kg、纯钾40 kg,蘖肥量为纯氮33 kg,穗肥量为纯氮22 kg、纯钾35 kg,粒肥量为纯氮11 kg;秋翻地,春季水耙整平;花达水插秧,分蘖期浅水灌溉,分蘖末期晒田,复水后间歇灌溉,8月下旬黄熟后排干;成熟后及时收获;严格进行种子浸种消毒,注意预防恶苗病、稻瘟病的发生与危害,7月初防治叶瘟,孕穗末期至齐穗期进行穗颈瘟防控,还要注意防治潜叶蝇和负泥虫。

适应区域:黑龙江省第二积温带种植。

11. 龙粳49(原代号:龙花04426,见图4-52)

图4-52 龙粳49(原代号:龙花04426)

审定编号:黑审稻2015017。

品种类型:粳型常规糯稻(亲本来源:龙花99465/龙花94595×龙糯98325)。

选育单位:黑龙江省龙科种业集团有限公司、佳木斯龙粳种业有限公司、黑龙江省农业科学院佳木斯水稻研究所。

特征特性:糯稻品种;在适应区出苗至成熟生育日数 134 d 左右,需≥10 ℃活动积温 2 450 ℃左右;主茎 12 片叶,椭圆粒型,株高 94.6 cm 左右,穗长 18.1 cm 左右,每穗粒数 99 粒左右,千粒重 25.5 g 左右。三年品质分析结果:出糙率 79.0% ~81.2%,整精米率 69.6% ~70.9%,直链淀粉含量(干基)0.94% ~1.40%,胶稠度 100.0 mm,达到国家《优质稻谷》糯稻标准。四年抗病接种鉴定结果:叶瘟 0 ~5 级,穗颈瘟 0 ~3 级。四年耐冷性鉴定结果:处理空壳率 5.52% ~25.91%。

产量表现:2011—2012 年区域试验平均公顷产量 8 724.0 kg,较对照品种龙糯 2 号增产 7.8%;2013—2014 年生产试验平均公顷产量 8 371.9 kg,较对照品种龙糯 2 号增产 8.4%。

栽培技术要点:在适应区播种期 4 月 15 日~4 月 25 日,插秧期 5 月 15 日~5 月 25 日,秧龄 30 d,插秧规格为 30 cm×13.3 cm,每穴 5 株;一般公顷施纯氮 110 kg,氮∶磷∶钾 =2.4∶1∶1.6;氮肥比例为基肥∶蘗肥∶穗肥∶粒肥 =4∶3∶2∶1,其中基肥量为纯氮 44 kg、纯磷 46 kg、纯钾 40 kg,蘗肥量为纯氮 33 kg,穗肥量为纯氮 22 kg、纯钾 35 kg,粒肥量为纯氮 11 kg;上年秋季或 4 月上旬旱整地,4 月 15 日放水泡田,4 月 20 日水整地,5 月 5 日前结束;花达水插秧,分蘗期浅水灌溉,分蘗末期晒田,后期湿润灌溉;收获期 9 月 25 日;注意做好种子浸种消毒,以及恶苗病的发生与防治;7 月中旬预防叶瘟,始穗期和齐穗期进行穗颈瘟的防控;插秧前带药下地,插秧后注意水层,并选用药剂预防潜叶蝇,注意预防负泥虫。

适应区域:黑龙江省第二积温带种植。

12. 龙粳 55(原代号:龙交 113803,见图 4 –53)

图 4 –53　龙粳 55(原代号:龙交 113803)

审定编号：黑审稻2017030。

品种类型：粳型常规水稻（亲本来源：龙粳38×空育163）。

选育单位：黑龙江省农业科学院佳木斯水稻研究所。

特征特性：软米品种；在适应区出苗至成熟生育日数134 d左右，需≥10 ℃活动积温2 450 ℃左右；主茎12片叶，椭圆粒型，株高95.7 cm左右，穗长16.3 cm左右，每穗粒数104粒左右，千粒重26.9 g左右。两年品质分析结果：出糙率80.0 %～81.2%，整精米率69.9%～71.4%，垩白粒率7.5%～12.0%，垩白度1.3%～2.5%，直链淀粉含量（干基）13.76%～15.62%，胶稠度70.5～91.0 mm，食味品质84分。三年抗病接种鉴定结果：叶瘟0～5级，穗颈瘟0～1级。三年耐冷性鉴定结果：处理空壳率7.37%～16.87%。

产量表现：2014—2015年区域试验平均公顷产量8 422.4 kg，较对照品种龙粳21增产4.7%；2016年生产试验平均公顷产量8 864.3 kg，较对照品种龙粳21增产8.5 %。

栽培技术要点：在适应区播种期4月15日～4月25日，插秧期5月15日～5月25日，秧龄25～30 d，插秧规格为30 cm×（13.3～16.7）cm，每穴4～5株；一般公顷施纯氮110 kg，氮∶磷∶钾=2.4∶1∶1.6；氮肥比例为基肥∶蘖肥∶穗肥∶粒肥=4∶3∶2∶1，磷肥全部作基肥，钾肥分基肥、穗肥两次施入，每次各施50%；秋翻地，春季水耙整平，花达水插秧，分蘖期浅水灌溉，有效分蘖末期晒田，复水后间歇灌溉，黄熟末期排干，收获期9月下旬开始；为确保优质稳产，注意病虫草害的及时防治。

适应区域：黑龙江省第二积温带种植。

13. 龙粳62（原代号：龙交07134，见图4－54）

图4－54　龙粳62（原代号：龙交07134）

审定编号:黑审稻 2018035。

品种类型:粳型常规糯稻(亲本来源:龙交 04 - 2637 × 龙糯 98 - 325)。

选育单位:黑龙江省农业科学院佳木斯水稻研究所。

特征特性:糯稻品种;在适应区出苗至成熟生育日数 134 d 左右,需 ≥10 ℃ 活动积温 2 450 ℃ 左右;主茎 12 片叶,椭圆粒型,株高 93.7 cm 左右,穗长 17.7 cm 左右,每穗粒数 105 粒左右,千粒重 25.6 g 左右。品质分析结果:出糙率 81.2%,整精米率 71.9%,垩白粒率 100%,垩白度 100%,直链淀粉含量(干基)0%,胶稠度 100.0 mm,达到国家糯稻标准。三年抗病接种鉴定结果:叶瘟 0 ~ 3 级,穗颈瘟 1 ~ 3 级。三年耐冷性鉴定结果:处理空壳率 9.79% ~ 19.60%。

产量表现:2015—2016 年区域试验平均公顷产量 8 390.3 kg,较对照品种龙糯 3 号增产 8.8%;2017 年生产试验平均公顷产量 8 083.2 kg,较对照品种龙糯 3 号增产 7.9%。

栽培技术要点:在适应区播种期 4 月 12 日 ~ 4 月 19 日,插秧期 5 月 15 日 ~ 5 月 22 日,秧龄 30 ~ 35 d,插秧规格为 30 cm × 13.3 cm,每穴 4 ~ 5 株;一般公顷施纯氮 110 kg,氮:磷:钾 = 2.4:1:1.1;磷肥全部作基肥,钾肥分基肥、穗肥两次施入,每次各施 50%;氮肥比例为基肥:蘖肥:穗肥:粒肥 = 4:3:2:1,其中基肥量为纯氮 44 kg、纯磷 46 kg、纯钾 25 kg,蘖肥量为纯氮 33 kg,穗肥量为纯氮 22 kg、纯钾 25 kg,粒肥量为纯氮 11 kg;浅 - 湿 - 干交替节水灌溉;收获期 9 月 25 日开始;注意预防恶苗病、稻瘟病及潜叶蝇和二化螟等。

适应区域:黑龙江省第二积温带下限种植。

14. 绥粳 13(原代号:绥 03 - 4386,见图 4 - 55)

图 4 - 55　绥粳 13(原代号:绥 03 - 4386)

审定编号:黑审稻2010005。

品种类型:粳型常规水稻(亲本来源:垦稻10×绥粳3号)。

选育单位:黑龙江省农业科学院绥化分院。

特征特性:粳稻品种;在适应区出苗至成熟生育日数137 d左右,需≥10 ℃活动积温2 520 ℃左右;主茎12片叶,株高89.8 cm左右,穗长18.1 cm左右,每穗粒数111粒左右,千粒重25.5 g左右。品质分析结果:出糙率78.7%~79.8%,整精米率62.0%~66.7%,垩白粒率0%~1.0%,垩白度0%~0.1%,直链淀粉含量(干基)16.70%~17.28%,胶稠度77.0~81.5 mm,食味品质79~83分。抗病接种鉴定结果:叶瘟1~5级,穗颈瘟0~5级。耐冷性鉴定结果:处理空壳率8.93%~9.04%。

产量表现:2007—2008年区域试验平均公顷产量8 357.8 kg,较对照品种龙稻3号增产8.3%;2009年生产试验平均公顷产量8 356.1 kg,较对照品种龙稻3号增产7.6%。

栽培技术要点:4月10日~4月18日播种,5月21日~5月27日插秧,插秧规格为30 cm×13.3 cm左右,每穴3~5株;中上等肥力,一般公顷施尿素250 kg,氮肥比例为基肥:蘖肥:穗肥:粒肥=3:3:3:1,磷酸二铵100 kg全部作基肥,硫酸钾50 kg作基肥、穗肥,比例为6:4。

适应区域:黑龙江省第二积温带上限种植。

15. 绥粳14(原代号:绥04-5348,见图4-56)

图4-56 绥粳14(原代号:绥04-5348)

审定编号:黑审稻2013006。

品种类型:粳型常规水稻(亲本来源:垦稻10×绥粳3号)。

选育单位:黑龙江省农业科学院绥化分院、黑龙江省龙科种业集团有限公司。

特征特性:粳稻品种;在适应区出苗至成熟生育日数 138 d 左右,需≥10 ℃活动积温 2 550 ℃左右;主茎 13 片叶,株高 107.3 cm 左右,穗长 20.0 cm 左右,每穗粒数 119 粒左右,千粒重 26.7 g 左右。两年品质分析结果:出糙率 79.8% ~81.0%,整精米率 62.0% ~71.9%,垩白粒率 2.0% ~3.5%,垩白度 0.4% ~0.5%,直链淀粉含量(干基)17.0% ~18.3%,胶稠度 68.5 ~71.5 mm,食味品质 82 ~87 分。三年抗病接种鉴定结果:叶瘟 0 ~1 级,穗颈瘟 0 ~1 级。三年耐冷性鉴定结果:处理空壳率 2.06% ~6.79%。

产量表现:2010—2011 年区域试验平均公顷产量 8 759.8 kg,较对照品种龙稻 3 号增产 10.2%;2012 年生产试验平均公顷产量 9 237.4 kg,较对照品种龙稻 5 号增产 9.6%。

栽培技术要点:在适应区 4 月 10 日 ~4 月 18 日播种,5 月 21 日 ~5 月 27 日插秧,插秧规格为 30 cm×13.3 cm 左右,每穴 3 ~5 株;中等肥力,氮肥比例为基肥:分蘖肥:穗肥:穗粒肥 =3:3:3:1,公顷施尿素 250 kg、磷酸二铵 100 kg、硫酸钾 100 kg。

适应区域:黑龙江省第二积温带上限种植。

16. 绥粳 16(原代号:绥 077162,见图 4 –57)

图 4 –57　绥粳 16(原代号:绥 077162)

审定编号:黑审稻 2014010。

品种类型:粳型常规水稻(亲本来源:上育 418×龙粳 10)。

选育单位:黑龙江省农业科学院绥化分院。

特征特性:在适应区出苗至成熟生育日数 134 d 左右,需≥10 ℃活动积温 2 450 ℃左右;主茎 12 片叶,长粒型,株高 94 cm 左右,穗长 16.4 cm 左右,每穗粒数 95 粒左右,千粒重 25.8 g 左右。两年品质分析结果:出糙率 81.6% ~81.7% ,整精米率 65.0% ~70.3% ,垩白粒率 3.5% ,垩白度 1.0% ~1.4% ,直链淀粉含量(干基)17.32% ~17.73% ,胶稠度 74.0 ~75.0 mm,达到国家《优质稻谷》标准二级。三年抗病接种鉴定结果:叶瘟 0 ~5 级,穗颈瘟 0 ~3 级。三年耐冷性鉴定结果:处理空壳率 5.11% ~9.40% 。

产量表现:2011 年—2012 年区域试验平均公顷产量 8 694.8 kg,较对照品种龙粳 21 增产 8.9% ;2013 年生产试验平均公顷产量 8 526.9 kg,较对照品种龙粳 21 增产 8.7% 。

栽培技术要点:播种期 4 月 15 日,插秧期 5 月 20 日,秧龄 35 d 左右,插秧规格为 30 cm×13.3 cm,每穴 3 ~4 株;一般公顷施纯氮 95 kg,氮:磷:钾 =2:1:1;氮肥比例为基肥:蘖肥:穗肥:粒肥 =4:3:2:1,其中基肥量为纯氮 38 kg、纯磷 50 kg、纯钾 40 kg,蘖肥量为纯氮 28 kg,穗肥量为纯氮 19 kg、纯钾 20 kg,粒肥量为纯氮 10 kg;旱育插秧栽培,浅 -湿 -干交替灌溉;成熟后及时收获;预防青枯病、立枯病、纹枯病、稻瘟病,预防潜叶蝇、负泥虫、二化螟。

适应区域:黑龙江省第二积温带种植。

17. 绥粳 17(原代号:绥 076076,见图 4 - 58)

图 4 - 58   绥粳 17(原代号:绥 076076)

审定编号:黑审稻 2014008。

品种类型:粳型常规水稻(亲本来源:越光×绥 02 - 1032)。

选育单位:黑龙江省农业科学院绥化分院、黑龙江省龙科种业集团有限公司。

特征特性:在适应区出苗至成熟生育日数 134 d 左右,需≥10 ℃活动积温 2 450 ℃左右;主茎 12 片叶,长粒型,株高 93 cm 左右,穗长 17.7 cm 左右,每穗粒数 97 粒左右,千粒重 26.6 g 左右。两年品质分析结果:出糙率 81.4% ~81.6%,整精米率 64.7% ~66.5%,垩白粒率 2.5% ~5.5%,垩白度 0.9% ~1.2%,直链淀粉含量(干基)17.52% ~17.96%,胶稠度 71.5 ~75.0 mm,达到国家《优质稻谷》标准二级。三年抗病接种鉴定结果:叶瘟 1 ~3 级,穗颈瘟 1 ~3 级。三年耐冷性鉴定结果:处理空壳率 9.76% ~11.63%。

产量表现:2011—2012 年区域试验平均公顷产量 8 766.8 kg,较对照品种龙粳 21 增产 10.4%;2013 年生产试验平均公顷产量 8 434.4 kg,较对照品种龙粳 21 增产 7.3%。

栽培技术要点:播种期 4 月 10 ~4 月 20 日,插秧期 5 月 15 ~5 月 25 日,秧龄 35 d 左右,插秧规格为 30 cm×13.3 cm,每穴 3 ~5 株;一般公顷施纯氮 115 kg,氮:磷:钾 =2:1:1;氮肥比例为基肥:蘖肥:穗肥:粒肥 =3:3:3:1,其中基肥量为纯氮 34.5 kg、纯磷 57.5 kg、纯钾 29 kg,蘖肥量为纯氮 34.5 kg,穗肥量为纯氮 34.5 kg、纯钾 29 kg,粒肥量为纯氮 11.5 kg;旱育稀植,浅 – 湿交替灌溉;成熟后及时收获;注意预防恶苗病、稻瘟病及潜叶蝇、二化螟。

适应区域:黑龙江省第二积温带种植。

18. 绥粳 18(原代号:绥锦 07783,见图 4 – 59)

图 4 – 59 绥粳 18(原代号:绥锦 07783)

审定编号:黑审稻 2014021。

品种类型:粳型常规水稻(亲本来源:绥粳 4 号×绥粳 3 号)。

选育单位:黑龙江省龙科种业集团有限公司、黑龙江省农业科学院绥化分院。

特征特性:香稻品种;在适应区出苗至成熟生育日数 134 d 左右,需 ≥10 ℃ 活动积温 2 450 ℃ 左右;主茎 12 片叶,长粒型,株高 104 cm 左右,穗长 18.1 cm 左右,每穗粒数 109

粒左右,千粒重 26.0 g 左右。两年品质分析结果:出糙率 80.9% ~ 82.2%,整精米率 67.2% ~ 72.3%,垩白粒率 4.0% ~ 10.0%,垩白度 0.8% ~ 2.6%,直链淀粉含量(干基) 17.67% ~ 19.11%,胶稠度 70.0 ~ 73.0 mm,达到国家《优质稻谷》标准二级。三年抗病接种鉴定结果:叶瘟 1 ~ 3 级,穗颈瘟 1 级。三年耐冷性鉴定结果:处理空壳率 4.94% ~ 8.59%。

产量表现:2011—2012 年区域试验平均公顷产量 8 458.0 kg;2013 年生产试验平均公顷产量 7 987.1 kg。

栽培技术要点:播种期 4 月 5 日,插秧期 5 月 15 日,秧龄 35 d 左右,插秧规格为 30 cm × 10 cm,每穴 3 ~ 5 株;一般公顷施纯氮 95 kg,氮:磷:钾 =2:1:1;氮肥比例为基肥:蘖肥:穗肥:粒肥 =4:3:2:1,其中基肥量为纯氮 38 kg、纯磷 46 kg、纯钾 26 kg,蘖肥量为纯氮 28 kg,穗肥量为纯氮 19 kg、纯钾 20 kg,粒肥量为纯氮 10 kg;旱育插秧栽培,浅 - 湿 - 干交替灌溉;成熟后及时收获;注意预防青枯病、立枯病、稻瘟病,预防潜叶蝇、二化螟。

适应区域:黑龙江省第二积温带种植。

19.绥粳 19(原代号:绥 076070,见图 4 – 60)

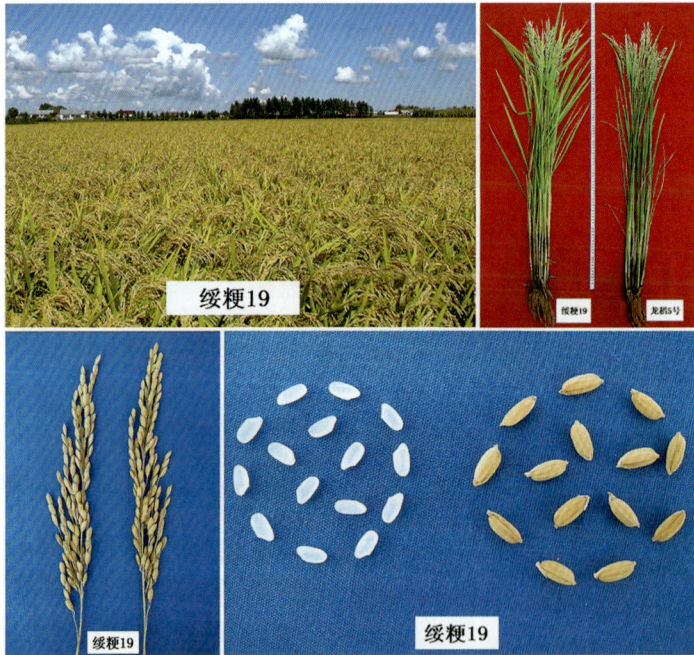

图 4 – 60  绥粳 19(原代号:绥 076070)

审定编号:黑审稻 2015007。

品种类型:粳型常规水稻(亲本来源:越光 × 绥 02 – 1032)。

选育单位:黑龙江省农业科学院绥化分院、黑龙江省龙科种业集团有限公司。

特征特性:普通水稻品种;在适应区出苗至成熟生育日数 138 d 左右,需 ≥10 ℃活动积温 2 550 ℃左右;主茎 12 片叶,长粒型,株高 96.7 cm 左右,穗长 17.0 cm 左右,每穗粒数 94 粒左右,千粒重 26.6 g 左右。三年品质分析结果:出糙率 81.2% ~81.3%,整精米率 61.3% ~67.6%,垩白粒率 3.0% ~4.5%,垩白度 0.7% ~2.6%,直链淀粉含量(干基) 17.55% ~18.27%,胶稠度 70.0 ~79.0 mm,食味品质 76 ~85 分,达到国家《优质稻谷》标准二级。四年抗病接种鉴定结果:叶瘟 0 ~3 级,穗颈瘟 0 ~3 级。四年耐冷性鉴定结果:处理空壳率 4.62% ~27.34%。

产量表现:2011—2012 年区域试验平均公顷产量 8 790.9 kg,较对照品种龙稻 5 号增产 9.8%;2013—2014 年生产试验平均公顷产量 8 975.5 kg,较对照品种龙稻 5 号增产 8.6%。

栽培技术要点:在适应区播种期 4 月 10 日 ~4 月 20 日,插秧期 5 月 15 日 ~5 月 25 日,秧龄 35 d,插秧规格为 30 cm×13.3 cm,每穴 3 ~5 株;一般公顷施纯氮 115 kg,氮∶磷∶钾 =2∶1∶1;氮肥比例为基肥∶蘖肥∶穗肥∶粒肥 =3∶3∶3∶1,其中基肥量为纯氮 34.5 kg、纯磷 57.5 kg、纯钾 29 kg,蘖肥量为纯氮 34.5 kg,穗肥量为纯氮 34.5 kg、纯钾 29 kg,粒肥量为纯氮 11.5 kg;旱育稀植,浅 - 湿交替灌溉;收获期 9 月 17 日;注意预防恶苗病和稻瘟病,预防潜叶蝇和二化螟。

适应区域:黑龙江省第二积温带上限种植。

20. 绥粳 20(原代号:绥锦 098141,见图 4 - 61)

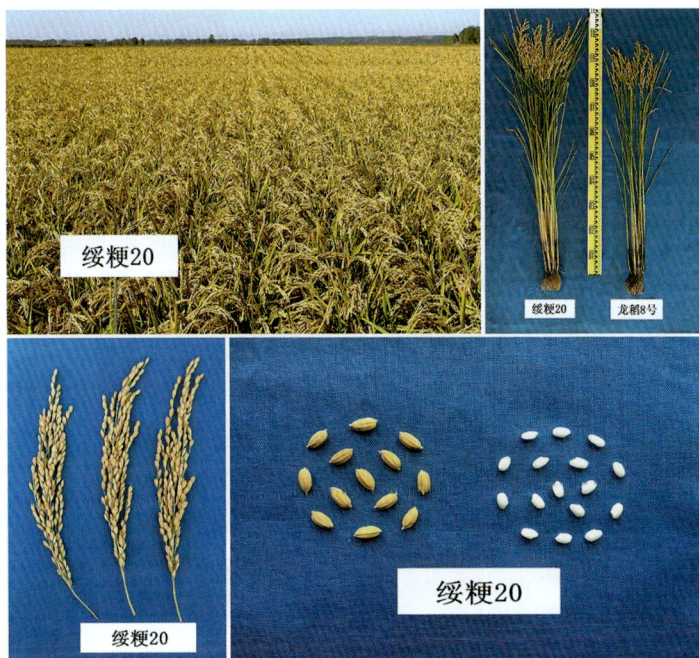

图 4 - 61　绥粳 20(原代号:绥锦 098141)

审定编号:黑审稻 2017032。

品种类型:粳型常规糯稻(亲本来源:龙糯 2 号×绥粳 3 号)。

选育单位:黑龙江省农业科学院绥化分院。

特征特性:糯稻品种;在适应区出苗至成熟生育日数 138 d 左右,需≥10 ℃活动积温 2 550 ℃左右;主茎 13 片叶,株高 99.5 cm 左右,穗长 18.1 cm 左右,椭圆粒型,每穗粒数 100 粒左右,千粒重 26.7 g 左右。两年品质分析结果:出糙率 80.0% ~80.6%,整精米率 69.0% ~70.5%,直链淀粉含量(干基)0.00% ~0.68%,胶稠度 100.0 mm,达到国家《优质稻谷》糯稻标准。三年抗病接种鉴定结果:叶瘟 0 ~2 级,穗颈瘟 0 ~1 级。三年耐冷性鉴定结果:处理空壳率 6.42% ~22.11%。

产量表现:2014—2015 年区域试验平均公顷产量 8 872.5 kg,较对照品种龙稻 8 号增产 8.9%;2016 年生产试验平均公顷产量 8 678.9 kg,较对照品种龙稻 8 号增产 10.7%。

栽培技术要点:在适应区播种期 4 月 10 日 ~4 月 15 日,插秧期 5 月 15 日 ~5 月 20 日,秧龄 35 d,插秧规格为 30 cm×(13.3 ~16.7)cm,每穴 3 ~5 株;一般公顷施纯氮95 kg,氮:磷:钾 =2:1:1;氮肥比例为基肥:蘗肥:穗肥:粒肥 =4:3:2:1,磷肥全部作基肥,钾肥分基肥、穗肥两次施入,每次各施 50%;旱育插秧栽培,浅 - 湿 - 干交替灌溉;收获期 9 月下旬开始;注意预防青枯病、立枯病、稻瘟病,预防潜叶蝇、二化螟。

适应区域:黑龙江省第二积温带上限种植。

21.绥粳 21(原代号:绥锦 097076,见图 4 -62)

图 4 -62 绥粳 21(原代号:绥锦 097076)

审定编号:黑审稻 2017014。

品种类型:粳型常规水稻(亲本来源:绥粳 10×松粳 9 号)。

选育单位:黑龙江省农业科学院绥化分院。

特征特性:普通水稻品种;在适应区出苗至成熟生育日数 135 d 左右,需≥10 ℃活动积温 2 480 ℃左右;主茎 12 片叶,株高 97.1 cm 左右,穗长 17.0 cm 左右,长粒型,每穗粒数 106 粒左右,千粒重 24.9 g 左右。两年品质分析结果:出糙率 80.0% ~81.0%,整精米率 69.5% ~ 70.2%,垩白粒率 5.0%,垩白度 0.9% ~ 2.1%,直链淀粉含量(干基)18.24% ~18.30%,胶稠度 76.5 ~79.0 mm,食味品质 80 ~81 分,达到国家《优质稻谷》标准二级。三年抗病接种鉴定结果:叶瘟 0 ~3 级,穗颈瘟 1 ~3 级。三年耐冷性鉴定结果:处理空壳率 7.84% ~20.94%。

产量表现:2014—2015 年区域试验平均公顷产量 8 811.7 kg,较对照品种龙粳 21 增产 10.1%;2016 年生产试验平均公顷产量 9 108.9 kg,较对照品种龙粳 21 增产 11.5%。

栽培技术要点:在适应区播种期 4 月 10 日 ~4 月 15 日左右,插秧期 5 月 15 日左右,秧龄 35 d 左右,插秧规格为 30 cm × (13.3 ~16.7) cm,每穴 3 ~5 株;一般公顷施纯氮 95 kg,氮:磷: 钾 = 2:1:1;氮肥比例为基肥: 蘖肥: 穗肥: 粒肥 = 4:3:2:1,磷肥全部作基肥,钾肥分基肥、穗肥两次施入,每次各施 50%;旱育插秧栽培,浅 – 湿 – 干交替灌溉;收获期 9 月中旬开始;注意预防青枯病、立枯病、稻瘟病,预防潜叶蝇、二化螟。

适应区域:黑龙江省第二积温带种植。

22.绥粳 22(原代号:绥 109127,见图 4 –63)

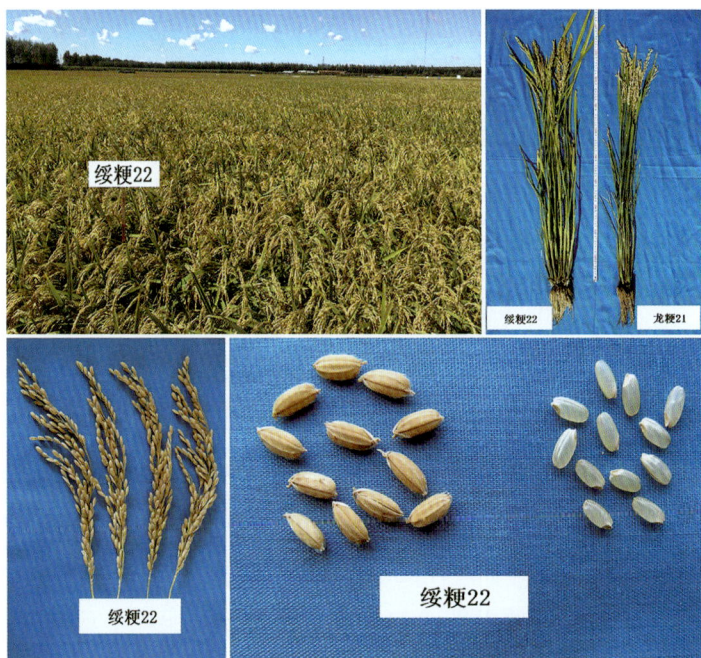

图 4 –63　绥粳 22(原代号:绥 109127)

审定编号:黑审稻 2017012。

品种类型:粳型常规水稻(亲本来源:绥粳 3 号×五优稻 1 号)。

选育单位:黑龙江省农业科学院绥化分院。

特征特性:普通水稻品种;在适应区出苗至成熟生育日数 134 d 左右,需 ≥10 ℃活动积温 2 450 ℃左右;主茎 12 片叶,长粒型,株高 94.0 cm 左右,穗长 16.8 cm 左右,每穗粒数 109 粒左右,千粒重 26.8 g 左右。两年品质分析结果:出糙率 80.4% ~80.7%,整精米率 66.3% ~69.8%,垩白粒率 5.0% ~15.5%,垩白度 1.3% ~2.9%,直链淀粉含量(干基)16.99% ~18.94%,胶稠度 73.5 ~79.5 mm,食味品质 80 分,达到国家《优质稻谷》标准二级。三年抗病接种鉴定结果:叶瘟 1 ~4 级,穗颈瘟 3 ~5 级。三年耐冷性鉴定结果:处理空壳率 8.13% ~16.92%。

产量表现:2014—2015 年区域试验平均公顷产量 8 889.8 kg,较对照品种龙粳 21 增产 11.0%;2016 年生产试验平均公顷产量 9 011.8 kg,较对照品种龙粳 21 增产 10.3%。

栽培技术要点:在适应区播种期 4 月 10 日 ~4 月 20 日,插秧期 5 月 15 日 ~5 月 25 日,秧龄 30 ~35 d,插秧规格为 30 cm×(13.3 ~16.7)cm,每穴 4 ~6 株;一般公顷施纯氮 95 kg,氮:磷:钾 =2:1:1;氮肥比例为基肥:蘖肥:穗肥:粒肥 =4:3:2:1,磷肥全部作基肥,钾肥分基肥、穗肥两次施入,每次各施 50%;旱育插秧栽培,浅 – 湿 – 干交替灌溉;收获期 9 月中旬开始;注意预防青枯病、立枯病、纹枯病、稻瘟病,预防潜叶蝇、负泥虫、二化螟。

适应区域:黑龙江省第二积温带种植。

23. 绥粳 23(原代号:绥 11151,见图 4 –64)

图 4 –64　绥粳 23(原代号:绥 11151)

审定编号:黑审稻 2018016。

品种类型:粳型常规水稻(亲本来源:龙稻 4 号×绥 93 –6165)。

选育单位:黑龙江省农业科学院绥化分院。

特征特性:普通粳稻;在适应区出苗至成熟生育日数 134 d 左右,需 ≥10 ℃活动积温

2 450 ℃左右;主茎 12 片叶,长粒型,株高 92.4 cm 左右,穗长 17.7 cm 左右,每穗粒数 106 粒左右,千粒重 27.5 g 左右。品质分析结果:出糙率 80.4%,整精米率 64.6%,垩白粒率 16.50%,垩白度 2.6%,直链淀粉含量(干基)17.94%,胶稠度 73 mm,食味品质 81 分,达到国家《优质稻谷》标准二级。三年抗病接种鉴定结果:叶瘟 1 ~ 3 级,穗颈瘟 3 级。三年耐冷性鉴定结果:处理空壳率 4.28% ~ 16.54%。

产量表现:2015—2016 年区域试验平均公顷产量 9 003.2 kg,较对照品种龙粳 21 增产 11.0%;2017 年生产试验平均公顷产量 8 682.3 kg,较对照品种龙粳 21 增产 11.0%。

栽培技术要点:在适应区播种期 4 月 12 日 ~ 4 月 19 日,插秧期 5 月 15 日 ~ 5 月 22 日,秧龄 30 ~ 35 d,插秧规格为 30 cm × 13.3 cm,每穴 3 ~ 5 株;一般公顷施纯氮 115 kg,氮:磷:钾 = 2:1:1,磷肥全部作基肥,钾肥分基肥、穗肥两次施入,每次各施 50%;氮肥比例为基肥:蘗肥:穗肥:粒肥 = 4:3:2:1,其中基肥量为纯氮 46 kg、纯磷 58 kg、纯钾 29 kg,蘗肥量为纯氮 35 kg,穗肥量为纯氮 23 kg、纯钾 29 kg,粒肥量为纯氮 12 kg;浅 – 湿交替灌溉;收获期 9 月 15 日 ~ 9 月 25 日;注意预防稻瘟病等。

适应区域:黑龙江省第二积温带下限种植。

24.绥粳 28(原代号:绥锦 089290,见图 4 – 65)

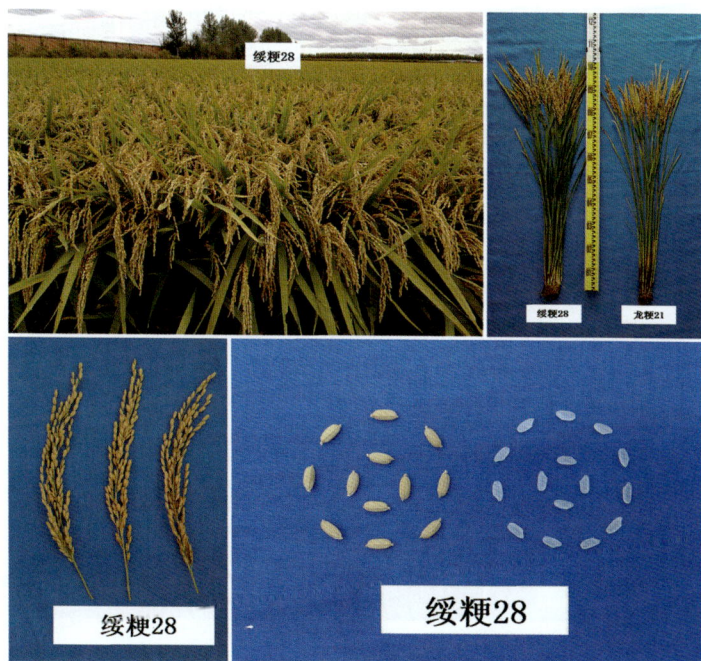

图 4 – 65 绥粳 28(原代号:绥锦 089290)

审定编号:黑审稻 2018017。

品种类型:粳型常规水稻(亲本来源:绥粳 4 号×绥粳 11)。

选育单位:黑龙江省农业科学院绥化分院。

特征特性:香稻品种;在适应区出苗至成熟生育日数 134 d 左右,需≥10 ℃活动积温

2 450 ℃左右;主茎 12 片叶,长粒型,株高 99.4 cm 左右,穗长 17.3 cm 左右,每穗粒数 94 粒左右,千粒重 27.8 g 左右。品质分析结果:出糙率 81.2%,整精米率 69.7%,垩白粒率 5.5%,垩白度 0.8%,直链淀粉含量(干基)17.54%,胶稠度 72.0 mm,食味品质 85 分,达到国家《优质稻谷》标准二级。三年抗病接种鉴定结果:叶瘟 1 级,穗颈瘟 0~1 级。三年耐冷性鉴定结果:处理空壳率 7.88%~11.40%。

产量表现:2015—2016 年区域试验平均公顷产量 8 879.0 kg,较对照品种龙粳 21 增产 9.0%;2017 年生产试验平均公顷产量 8 466.3 kg,较对照品种龙粳 21 增产 7.8%。

栽培技术要点:在适应区播种期 4 月 12 日~4 月 19 日,插秧期 5 月 15 日~5 月 22 日,秧龄 30~35 d,插秧规格为 30 cm×13.3 cm,每穴 3~5 株;一般公顷施纯氮 95 kg,氮:磷:钾 =2:1:1;氮肥比例为基肥:蘖肥:穗肥:粒肥 =4:3:2:1,其中基肥量为纯氮 38 kg、纯磷 48 kg、纯钾 24 kg,蘖肥量为纯氮 28 kg,穗肥量为纯氮 19 kg、纯钾 24 kg,粒肥量为纯氮 10 kg;浅 - 湿 - 干交替节水灌溉;收获期 9 月 15 日开始;注意预防稻瘟病等。

适应区域:黑龙江省第二积温带下限种植。

25. 绥粳 29(原代号:绥育 119146,见图 4 - 66)

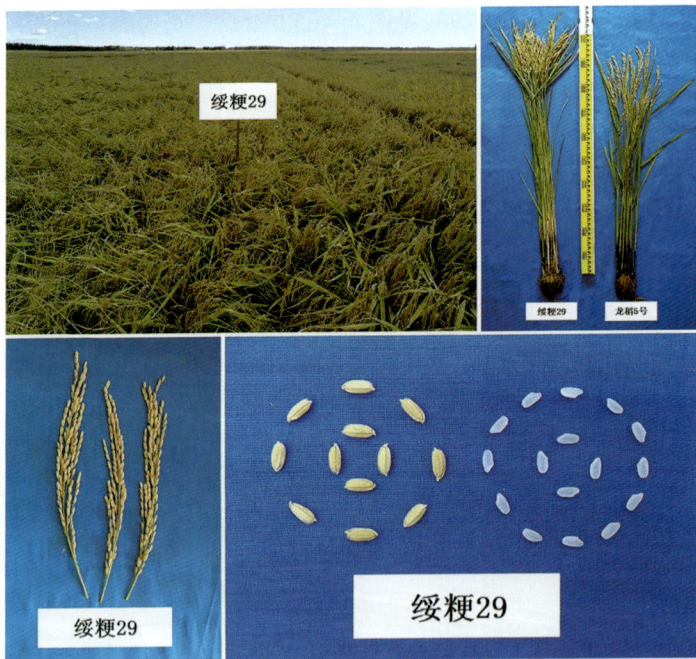

图 4 - 66　绥粳 29(原代号:绥育 119146)

审定编号:黑审稻 2018010。

品种类型:粳型常规水稻(亲本来源:莎莎妮×垦稻 8 号)。

选育单位:黑龙江省农业科学院绥化分院、黑龙江省农业科学院生物技术研究所。

特征特性:普通粳稻;在适应区出苗至成熟生育日数 136 d 左右,需≥10 ℃活动积温 2 500 ℃左右;主茎 12 片叶,长粒型,株高 100.3 cm 左右,穗长 18.4 cm 左右,每穗粒数 94

粒左右,千粒重 27.0 g 左右。品质分析结果:出糙率 81.4%,整精米率 66.8%,垩白粒率 11.5%,垩白度 1.8%,直链淀粉含量(干基)17.58%,胶稠度 74.5 mm,食味品质 82 分,达到国家《优质稻谷》标准二级。三年抗病接种鉴定结果:叶瘟 0~2 级,穗颈瘟 0~3 级。三年耐冷性鉴定结果:处理空壳率 7.17%~22.20%。

产量表现:2015—2016 年区域试验平均公顷产量 9 180.0 kg,较对照品种龙稻 5 号增产 10.9%;2017 年生产试验平均公顷产量 8 735.4 kg,较对照品种龙稻 5 号增产 9.9%。

栽培技术要点:在适应区播种期 4 月 12 日~4 月 19 日,插秧期 5 月 15 日~5 月 22 日,秧龄 30~35 d,插秧规格为 30 cm×13.3 cm,每穴 4~5 株;一般公顷施纯氮 90 kg,氮:磷:钾 =2:1:1.5,磷肥全部作基肥,钾肥分基肥、穗肥两次施入,每次分别施 40 kg、27 kg,氮肥比例为基肥:蘖肥:穗肥:粒肥 =4:3:2:1,其中基肥量为纯氮 38 kg、纯磷 50 kg、纯钾 40 kg,蘖肥量为纯氮 25 kg,穗肥量为纯氮 17 kg、纯钾 27 kg,粒肥量为纯氮 10 kg;浅－湿－干交替灌溉;收获期 9 月 10 日~9 月 25 日;注意预防稻瘟病等。

适应区域:黑龙江第二积温带下限种植。

26. 中龙粳 3 号(原代号:哈 05－316,见图 4－67)

图 4－67　中龙粳 3 号(原代号:哈 05－316)

审定编号:黑审稻 2013019。

品种类型:粳型常规水稻(亲本来源:绥粳 4 号×哈 03－99)。

选育单位:中国科学院北方粳稻分子育种联合研究中心。

特征特性:香稻品种;在适应区出苗至成熟生育日数 134 d 左右,需≥10 ℃活动积温 2 450 ℃左右;主茎 12 片叶,株高 96 cm 左右,穗长 17 cm 左右,每穗粒数 98 粒左右,千粒重 24.5 g 左右。两年品质分析结果:出糙率 80.3% ~81.2%,整精米率 64.2% ~69.6%,垩白粒率 1% ~6%,垩白度 0.2% ~1.6%,直链淀粉含量(干基)16.18% ~16.29 %,胶稠度 67.5 ~81.0 mm,食味品质 82 分。三年抗病接种鉴定结果:叶瘟 3 ~5 级,穗颈瘟 3 级。三年耐冷性鉴定结果:处理空壳率 2.74% ~24.45%。

产量表现:2010—2011 年区域试验平均公顷产量 8 152.6 kg;2012 年生产试验平均公顷产量 8 811.2 kg。

栽培技术要点:在适应区 4 月 10 日 ~4 月 20 日播种,5 月 15 日 ~5 月 25 日插秧,插秧规格为 30 cm×13 cm 左右,每穴 2 ~3 株;公顷施纯氮 120 kg、纯磷 70 kg、纯钾 50 kg,氮肥的一半、磷肥的全部、钾肥一半作底肥施入,其余作追肥施用,施足底肥,提早追肥;浅灌水;抢前施药除草;成熟后及时收获。

适应区域:黑龙江省第二积温带种植。

27. 松粳 13(原代号:松 02 - 813,见图 4 - 68)

图 4 - 68　松粳 13(原代号:松 02 - 813)

审定编号:黑审稻 2010009。

品种类型:粳型常规水稻(亲本来源:松 98 - 131×辽 152)。

选育单位:黑龙江省农业科学院五常水稻研究所。

特征特性:粳稻品种;在适应区出苗至成熟生育日数 134 d 左右,需 ≥10 ℃活动积温 2 450 ℃左右;主茎 11 片叶,株高 93.1 cm 左右,穗长 16 cm 左右,每穗粒数 112 粒左右,千粒重 23.3 g 左右。品质分析结果:出糙率 79.2% ~80.4%,整精米率 62.4% ~66.7%,垩白粒率 0%,垩白度 0%,直链淀粉含量(干基)16.10% ~ 17.28%,胶稠度 72.0 ~

81.0 mm,食味品质 79～81 分。抗病接种鉴定结果:叶瘟 1～5 级,穗颈瘟 0～3 级。耐冷性鉴定结果:处理空壳率 6.57%～13.26%。

产量表现:2007—2008 年区域试验平均公顷产量 8 247.3 kg,较对照品种垦稻 12 增产 5.7%;2009 年生产试验平均公顷产量 8 398.3 kg,较对照品种垦稻 12 增产 7.9%。

栽培技术要点:4 月 5 日～4 月 15 日播种,5 月 5 日～5 月 15 日插秧,插秧规格为 30 cm×16.7 cm 左右,每穴 3～4 株;中上等肥力,一般公顷施纯氮 135～150 kg,氮:磷:钾 =3:2:2,氮肥施用底肥 50%、返青肥 10%、分蘖肥 20%,以及穗、粒肥各 10%,磷肥全部作底肥一次性施入,钾肥 50% 作底肥,50% 在孕穗期施入;翻深要达到 20 cm,地要整平,插秧深浅株距一致,棵数均匀,插秧后适时施肥,促进分蘖;施药期保证充足的水层,孕穗期深水灌溉,其他时期干湿交替进行,收获前撤水不宜过早,成熟后及时收获;该品种分蘖能力中等偏上,应根据不同地力调整施肥量。

适应区域:黑龙江省第二积温带下限种植。

28.绥稻 1 号(原代号:盛昌 06－0123,见图 4－69)

图 4－69　绥稻 1 号(原代号:盛昌 06－0123)

审定编号:黑审稻 2012009。

品种类型:粳型常规水稻(亲本来源:空育 131×绥粳 3 号)。

选育单位:绥化市盛昌种子繁育有限责任公司。

特征特性:粳稻品种;在适应区出苗至成熟生育日数 134 d 左右,需≥10 ℃活动积温 2 450 ℃左右;主茎 12 片叶,株高 96 cm 左右,穗长 17.5 cm 左右,每穗粒数 99 粒左右,千粒重 25.7 g 左右。两年品质分析结果:出糙率 80.3%～81.6%,整精米率 68.3%～

69.2%,垩白粒率 3.0% ~5.0%,垩白度 0.4% ~1.1%,直链淀粉含量(干基)16.23% ~16.39%,胶稠度 70.0 ~71.0 mm,食味品质 80 分。三年抗病接种鉴定结果:叶瘟 0 ~3 级,穗颈瘟 0 ~3 级。三年耐冷性鉴定结果:处理空壳率 3.74% ~10.56%。

产量表现:2009—2010 年区域试验平均公顷产量 8 422.5 kg,较对照品种垦稻 12 增产 8.9%;2011 年生产试验平均公顷产量 8 736.9 kg,较对照品种垦稻 12 增产 8.8%。

栽培技术要点:4 月 10 日 ~4 月 18 日播种,5 月 21 日 ~5 月 27 日插秧,插秧规格为 30 cm×13.3 cm 左右,每穴 2 ~3 株;中等肥力,公顷施尿素 250 kg,分为基肥、分蘖肥、穗肥及粒肥,公顷施磷酸二铵 100 kg、硫酸钾 50 kg,水稻返青期施硫酸铵;注意防除田间杂草,促进分蘖;本田水层管理,浅 – 湿 – 干交替;成熟后适时收获。

适应区域:黑龙江省第二积温带种植。

29.绥稻 2 号(原代号:盛昌 06 – 013,见图 4 – 70)

图 4 – 70 绥稻 2 号(原代号:盛昌 06 – 013)

审定编号:黑审稻 2013007。

品种类型:粳型常规水稻(亲本来源:五优稻 3 号×空育 131)。

选育单位:绥化市盛昌种子繁育有限责任公司。

特征特性:粳稻品种;在适应区出苗至成熟生育日数 138 d 左右,需≥10 ℃活动积温 2 550 ℃左右;主茎 13 片叶,株高 103 cm 左右,穗长 16.7 cm 左右,每穗粒数 116 粒左右,千粒重 25.5 g 左右。两年品质分析结果:出糙率 80.6% ~82.8%,整精米率 62.4% ~72.0%,垩白粒率 1.0%,垩白度 0.2%,直链淀粉含量(干基)17.84% ~18.44%,胶稠度 71.5 ~75.0 mm,食味品质 76 ~83 分。三年抗病接种鉴定结果:叶瘟 0 ~3 级,穗颈瘟 1 ~3

级。三年耐冷性鉴定结果:处理空壳率 1.40% ~3.15%。

产量表现:2010—2011 年区域试验平均公顷产量 8 648.3 kg,较对照品种龙稻 3 号增产 8.1%;2012 年生产试验平均公顷产量 9 253.5 kg,较对照品种龙稻 5 号增产 9.8%。

栽培技术要点:在适应区 4 月 15 日 ~4 月 25 日播种,5 月 20 日 ~5 月 28 日插秧,插秧规格为 30 cm×13.3 cm 左右,每穴 4 ~5 株;中等肥力,公顷施尿素 250 kg,分为基肥、分蘖肥、穗肥及粒肥,公顷施磷酸二铵 100 kg、硫酸钾 100 kg。

适应区域:黑龙江省第二积温带上限种植。

30. 绥稻 3 号(原代号:盛昌 08615,见图 4 - 71)

图 4 - 71　绥稻 3 号(原代号:盛昌 08615)

审定编号:黑审稻 2014020。

品种类型:粳型常规水稻(亲本来源:绥粳 4 号×垦稻 10)。

选育单位:绥化市盛昌种子繁育有限责任公司。

特征特性:香稻品种;在适应区出苗至成熟生育日数 136 d 左右,需≥10 ℃活动积温 2 500 ℃左右;主茎 12 片叶,株高 97 cm 左右,穗长 17.6 cm 左右,每穗粒数 102 粒左右,千粒重 26.5 g 左右。两年品质分析结果:出糙率 82.2% ~82.6%,整精米率 66.5% ~71.5%,垩白粒率 2.0% ~7.5%,垩白度 2.0% ~2.8%,直链淀粉含量(干基)17.92% ~18.41%,胶稠度 71.5 ~81.0 mm,达到国家《优质稻谷》标准二级。三年抗病接种鉴定结果:叶瘟 0 ~3 级,穗颈瘟 0 ~3 级。三年耐冷性鉴定结果:处理空壳率 1.92% ~8.67%。

产量表现:2011—2012 年区域试验平均公顷产量 8 423.3 kg,较对照品种中龙香粳 1 号增产 10.9%;2013 年生产试验平均公顷产量 8 179.1 kg,较对照品种中龙香粳 1 号增产

7.6%。

栽培技术要点:播种期 4 月 10 日,插秧期 5 月 15 日,秧龄 35 d 左右,插秧规格为 30 cm×13.3 cm,每穴 3~4 株;一般公顷施纯氮 95 kg,氮:磷:钾 = 2:1:1;氮肥比例为基肥:蘖肥:穗肥:粒肥 = 4:3:2:1,其中基肥量为纯氮 38 kg、纯磷 50 kg、纯钾 30 kg,蘖肥量为纯氮 28 kg,穗肥量为纯氮 19 kg、纯钾 20 kg,粒肥量为纯氮 10 kg;旱育插秧栽培,浅 - 湿 - 干交替灌溉;成熟后及时收获;注意预防青枯病、立枯病、纹枯病、稻瘟病,预防潜叶蝇、负泥虫、二化螟。

适应区域:黑龙江省第二积温带上限种植。

31.绥稻 5 号(原代号:盛昌糯 09 - 1,见图 4 - 72)

图 4 - 72　绥稻 5 号(原代号:盛昌糯 09 - 1)

审定编号:黑审稻 2015016。

品种类型:粳型常规糯稻(亲本来源:普粘 7 号×空育 131)。

选育单位:绥化市盛昌种子繁育有限责任公司。

特征特性:糯稻品种;在适应区出苗至成熟生育日数 136 d 左右,需≥10 ℃活动积温 2 500 ℃左右;主茎 12 片叶,圆粒型,株高 102 cm 左右,穗长 17.0 cm 左右,每穗粒数 105 粒左右,千粒重 25.5 g 左右。两年品质分析结果:出糙率 80.3%~80.6%,整精米率 67.8%~68.3%,直链淀粉含量(干基)0.58%~1.12%,胶稠度 100.0 mm,达到国家《优质稻谷》糯稻标准。三年抗病接种鉴定结果:叶瘟 1~3 级,穗颈瘟 0~1 级。三年耐冷性鉴定结果:处理空壳率 7.93%~26.44%。

产量表现:2012—2013 年区域试验平均公顷产量 8 552.6 kg,较对照品种龙稻 8 号增产 7.8% ;2014 年生产试验平均公顷产量 8 988.1 kg,较对照品种龙稻 8 号增产 9.8%。

栽培技术要点:在适应区播种期 4 月 10 日,插秧期 5 月 15 日,秧龄 35 d,插秧规格为 30 cm×13.3 cm,每穴 3 ~ 4 株;一般公顷施纯氮 95 kg,氮:磷:钾 =2:1:1;氮肥比例为基肥:蘖肥:穗肥:粒肥 =4:3:2:1,其中基肥量为纯氮 38 kg、纯磷 50 kg、纯钾 30 kg,蘖肥量为纯氮 28 kg,穗肥量为纯氮 19 kg、纯钾 20 kg,粒肥量为纯氮 10 kg;旱育插秧栽培,浅 -湿 - 干交替灌溉;收获期 9 月 10 日;注意预防青枯病、立枯病、纹枯病、稻瘟病,预防潜叶蝇、负泥虫、二化螟。

适应区域:黑龙江省第二积温带上限种植。

32. 龙绥 1 号(原代号:盛昌 107,见图 4 - 73)

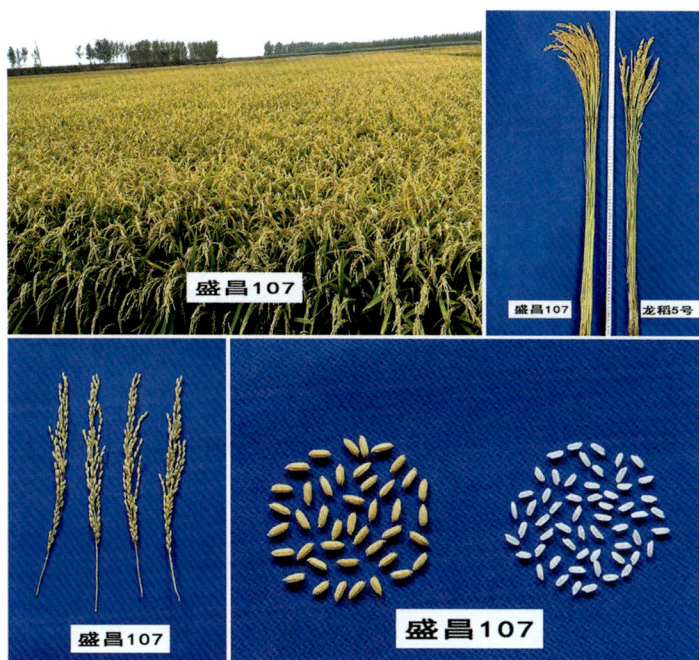

图 4 - 73 龙绥 1 号(原代号:盛昌 107)

审定编号:黑审稻 2017009。

品种类型:粳型常规水稻(亲本来源:垦稻 10 × 龙粳 20)。

选育单位:绥化市盛昌种子繁育有限责任公司。

特征特性:普通水稻品种;在适应区出苗至成熟生育日数 136 d 左右,需 ≥10 ℃ 活动积温 2 500 ℃ 左右;主茎 12 片叶,长粒型,株高 98.9 cm 左右,穗长 18.7 cm 左右,每穗粒数 95 粒左右,千粒重 26.2 g 左右。两年品质分析结果:出糙率 79.0% ~80.0%,整精米率 64.3% ~66.0%,垩白粒率 4.5% ~ 19.5%,垩白度 2.2% ~ 3.0%,直链淀粉含量(干基)18.35% ~18.58%,胶稠度 73.5 ~ 75.0 mm,食味品质 82 ~ 85 分,达到国家《优质稻谷》标准二级。三年抗病接种鉴定结果:叶瘟 0 ~ 3 级,穗颈瘟 0 ~ 3 级。三年耐冷性鉴定结果:处理空壳率 18.20% ~20.98%。

产量表现:2014—2015 年区域试验平均公顷产量 8 981.7 kg,较对照品种龙稻 5 号增产 9.6%;2016 年生产试验平均公顷产量 9 174.5 kg,较对照品种龙稻 5 号增产 10.3%。

栽培技术要点:在适应区播种期 4 月 10 日 ~ 4 月 20 日,插秧期 5 月 15 日 ~ 5 月 25 日,秧龄 30 ~ 35 d,插秧规格为 30 cm × (13.3 ~ 16.7) cm,每穴 4 ~ 6 株;一般公顷施纯氮 95 kg,氮:磷:钾 = 2:1:1,氮肥比例为基肥:蘖肥:穗肥:粒肥 = 4:3:2:1,磷肥全部作基肥,钾肥分基肥、穗肥两次施入,每次各施 50%;旱育插秧栽培,浅 – 湿 – 干交替灌溉;收获期 9 月中旬开始;注意预防青枯病、立枯病、纹枯病、稻瘟病,预防潜叶蝇、负泥虫、二化螟。

适应区域:黑龙江省第二积温带上限种植。

33. 盛誉 1 号(原代号:BS301,见图 4 – 74)

图 4 – 74　盛誉 1 号(原代号:BS301)

审定编号:黑审稻 2017015。

品种类型:粳型常规水稻(亲本来源:绥粳 10 × 垦稻 12)。

选育单位:绥化市盛昌种子繁育有限责任公司。

特征特性:普通水稻品种;在适应区出苗至成熟生育日数 132 d 左右,需 ≥ 10 ℃ 活动积温 2 400 ℃ 左右;主茎 12 片叶,粒型长粒,株高 102.9 cm 左右,穗长 17.7 cm 左右,每穗粒数 111 粒左右,千粒重 26.6 g 左右。两年品质分析结果:出糙率 80.0% ~ 81.3%,整精米率 67.1% ~ 67.7%,垩白粒率 3.5% ~ 4.5%,垩白度 0.6% ~ 2.1%,直链淀粉含量(干基)16.84% ~ 17.24%,胶稠度 77.5 ~ 78.5 mm,食味品质 84 ~ 85 分,达到国家《优质稻谷》标准二级。三年抗病接种鉴定结果:叶瘟 3 ~ 5 级,穗颈瘟 1 ~ 3 级。三年耐冷性鉴定结果:处理空壳率 14.48% ~ 23.58%。

产量表现:2014—2015 年区域试验平均公顷产量 8 912.9 kg,较对照品种龙粳 21 增产 11.5%;2016 年生产试验平均公顷产量 8 979.7 kg,较对照品种龙粳 21 增产 10.0%。

栽培技术要点:在适应区播种期 4 月 10 日~4 月 20 日,插秧期 5 月 15 日~5 月 25 日,秧龄 30~35 d,插秧规格为 30 cm×(13.3~16.7)cm,每穴 4~6 株;一般公顷施纯氮 95 kg,氮:磷:钾 =2:1:1,氮肥比例为基肥:蘖肥:穗肥:粒肥 =4:3:2:1,磷肥全部作基肥,钾肥分基肥、穗肥两次施入,每次各施 50%;旱育插秧栽培;浅-湿-干交替灌溉;收获期 9 月中旬开始;注意预防青枯病、立枯病、纹枯病、稻瘟病,预防潜叶蝇、负泥虫、二化螟。

适应区域:黑龙江省第二积温带种植。

34. 牡丹江 32(原代号:牡 02-1319,见图 4-75)

图 4-75 牡丹江 32(原代号:牡 02-1319)

审定编号:黑审稻 2013005。

品种类型:粳型常规水稻(亲本来源:藤系 138×九稻 20)。

选育单位:黑龙江省农业科学院牡丹江分院。

特征特性:粳稻品种;在适应区出苗至成熟生育日数 139 d 左右,需≥10 ℃活动积温 2 575 ℃左右;主茎 13 片叶,株高 97.9 cm 左右,穗长 17.5 cm 左右,每穗粒数 109.2 粒左右,千粒重 25.2 g 左右。三年品质分析结果:出糙率 80.2%~83.1%,整精米率 59.1%~72.4%,垩白粒率 2.0%~6.0%,垩白度 0.5%~1.8%,直链淀粉含量(干基)17.49%~18.59%,胶稠度 71.0~80.0 mm,食味品质 85~86 分。四年抗病接种鉴定结果:叶瘟 0~3 级,穗颈瘟 0~3 级。四年耐冷性鉴定结果:处理空壳率 0.81%~14.41%。

产量表现:2009—2010 年区域试验平均公顷产量 8 645.3 kg,较对照品种龙稻 3 号增产

8.7%;2011—2012 年生产试验平均公顷产量 9 146.3 kg,较对照品种龙稻 5 号增产 9.8%。

栽培技术要点:在适应区 4 月 10 日~4 月 20 日播种,5 月 10 日~5 月 20 日插秧,插秧规格为 30 cm×(12~14)cm 左右,每穴 3~4 株;公顷施尿素 200~240 kg、磷酸二铵 100 kg、硫酸钾 100 kg,其中磷肥的全部、钾肥的 60%、尿素的 40% 作基肥,尿素的 40% 作分蘖肥,尿素的 10% 作调节肥,尿素的 10% 和钾肥的 40% 作穗肥;插秧后,结合田间管理,促进分蘖,做到前期浅水灌溉,分蘖末期晒田,控制无效分蘖,后期湿润灌溉,8 月末排水;成熟后及时收获。

适应区域:黑龙江省第二积温带上限种植。

35.牡响 1 号(原代号:牡 06 - 1318,见图 4 - 76)

图 4 - 76　牡响 1 号(原代号:牡 06 - 1318)

审定编号:黑审稻 2013008。

品种类型:粳型常规水稻(亲本来源:牡 99 - 1409×富士光)。

选育单位:黑龙江省农业科学院牡丹江分院、黑龙江响水米业股份有限公司。

特征特性:粳稻品种;在适应区出苗至成熟生育日数 136 d 左右,需≥10 ℃活动积温 2 500 ℃左右;主茎 13 片叶,株高 90.4 cm 左右,穗长 17.7 cm 左右,每穗粒数 89 粒左右,千粒重 24.6 g 左右。两年品质分析结果:出糙率 81.0%~81.7%,整精米率 61.9%~70.5%,垩白粒率 2.5%~8.0%,垩白度 0.8%~3.4%,直链淀粉含量(干基)16.78%~18.00%,胶稠度 73.0~75.0 mm,食味品质 84~85 分。三年抗病接种鉴定结果:叶瘟 3 级,穗颈瘟 1~3 级。三年耐冷性鉴定结果:处理空壳率 0.99%~3.54%。

产量表现:2010—2011 年区域试验平均公顷产量 8 630.8 kg,较对照品种龙稻 3 增产

7.6%;2012年生产试验平均公顷产量9 209.7 kg,较对照品种龙稻5增产9.2%。

栽培技术要点:在适应区4月10日~4月20日播种,5月10日~5月20日插秧,插秧规格为30 cm×(12~14)cm左右,每穴3~4株;公顷施用尿素200~240 kg、磷酸二铵100 kg、硫酸钾100 kg,其中磷肥的全部、钾肥的60%、尿素的40%作基肥,尿素的40%作分蘖肥,尿素的10%作调节肥,尿素的10%和钾肥的40%作穗肥;插秧后,结合田间管理,促进分蘖,做到前期浅水灌溉,分蘖末期晒田,控制无效分蘖,后期湿润灌溉,8月末排水;成熟后及时收获。

适应区域:黑龙江省第二积温带上限种植。

36. 牡丹江35(原代号:牡08-1419,见图4-77)

图4-77　牡丹江35(原代号:牡08-1419)

审定编号:黑审稻2016006。

品种类型:粳型常规水稻(亲本来源:北优4号×牡96-1696)。

选育单位:黑龙江省农业科学院牡丹江分院。

特征特性:普通粳稻品种;在适应区出苗至成熟生育日数133 d左右,需≥10 ℃活动积温2 450 ℃左右;主茎12片叶,长粒型,株高95.9 cm左右,穗长17.4 cm左右,每穗粒数93粒左右,千粒重27.0 g左右。两年品质分析结果:出糙率80.2%~80.4%,整精米率64.9%~69.5%,垩白粒率6.0%~8.5%,垩白度1.6%~2.2%,直链淀粉含量(干基)17.22%~17.40%,胶稠度72.5 mm,食味品质84~86分,达到国家《优质稻谷》标准二级。三年抗病接种鉴定结果:叶瘟1~5级,穗颈瘟1~5级。三年耐冷性鉴定结果:处理空壳率7.44%~27.92%。

产量表现:2013—2014 年区域试验平均公顷产量 8 461.0 kg,较对照品种龙粳 21 增产 6.9%;2015 年生产试验平均公顷产量 9 049.0 kg,较对照品种龙粳 21 增产 9.8%。

栽培技术要点:在适应区播种期 4 月 15 日~4 月 20 日,插秧期 5 月 15 日~5 月 20 日,秧龄 30~35 d,插秧规格为 30 cm×13.3 cm,每穴 3~4 株;一般公顷施纯氮 92 kg,氮:磷:钾 =2:1:1;氮肥比例为基肥:蘖肥:穗肥:粒肥 =4:3:2:1,其中基肥量为纯氮 36.8 kg、纯磷 46 kg、纯钾 30 kg,蘖肥量为纯氮 27.6 kg,穗肥量为纯氮 18.4 kg、纯钾 20 kg,粒肥量为纯氮 9.2 kg;秋翻春耙,田间管理做到前期浅水灌溉,分蘖末期晒田,控制无效分蘖,后期湿润灌溉,黄熟末期排水;收获期 9 月下旬。

适应区域:黑龙江省第二积温带种植。

37.育龙 2 号(原代号:育龙 02 – 33,见图 4 – 78)

图 4 – 78　育龙 2 号(原代号:育龙 02 – 33)

审定编号:黑审稻 2013009。

品种类型:粳型常规水稻(亲本来源:绥粳 6 号×松 98 – 131)。

选育单位:黑龙江省农业科学院作物育种研究所。

特征特性:粳稻品种;在适应区出苗至成熟生育日数 134 d 左右,需≥10 ℃活动积温 2 450 ℃左右;主茎 12 片叶,株高 95 cm 左右,穗长 18 cm 左右,每穗粒数 110 粒左右,千粒重 25 g 左右。两年品质分析结果:出糙率 80.8%~81.0%,整精米率 65.5%~69.2%,垩白粒率 1.0%~2.0%,垩白度 0.1%~0.6%,直链淀粉含量(干基)17.01%~17.68%,胶稠度 71.0~76.5 mm,食味品质 80~82 分。三年抗病接种鉴定结果:叶瘟 3~5 级,穗颈瘟 3 级。三年耐冷性鉴定结果:处理空壳率 2.22%~11.06%。

产量表现:2010—2011 年区域试验平均公顷产量 8 350. 3 kg,较对照品种垦稻 12 增产 5.1% ;2012 年生产试验平均公顷产量 9 068.5 kg,较对照品种龙粳 21 增产 9.9%。

栽培技术要点:在适应区 4 月 15 日 ~4 月 25 日播种,5 月 15 日 ~5 月 25 日插秧,插秧规格为 30 cm ×10 cm 左右,每穴 3 ~4 株;公顷施尿素 200 kg、二铵 50 kg、钾肥 100 kg,尿素的 40%、二铵的全部、钾肥的 50% 作底肥,尿素的 40% 作分蘖肥,尿素的 20%、钾肥的 50% 作穗肥;常规管理,8 月末排干,成熟后及时收获。

适应区域:黑龙江省第二积温带种植。

38. 广稻 1 号( 原代号:育龙 706,见图 4 - 79)

图 4 - 79　广稻 1 号( 原代号:育龙 706)

审定编号:黑审稻 2015006。

品种类型:粳型常规水稻( 亲本来源:哈 02 - 220 × 绥粳 4 号)。

选育单位:黑龙江省农业科学院作物育种研究所、黑龙江广源种业集团有限公司。

特征特性:普通水稻品种;在适应区出苗至成熟生育日数 138 d 左右,需 ≥10 ℃ 活动积温 2 550 ℃ 左右;主茎 12 片叶,长粒型,株高 93.5 cm 左右,穗长 17.7 cm 左右,每穗粒数 96 粒左右,千粒重 26.2 g 左右。两年品质分析结果:出糙率 79.5% ~81.3%,整精米率 64.5% ~67.7%,垩白粒率 4.5% ~5.5%,垩白度 0.8% ~1.0%,直链淀粉含量( 干基)16.13% ~18.66%,胶稠度 70.0 ~76.5 mm,食味品质 83 ~85 分,达到国家《优质稻谷》标准二级。三年抗病接种鉴定结果:叶瘟 1 ~3 级,穗颈瘟 1 ~3 级。三年耐冷性鉴定结果:处理空壳率 3.62% ~14.32%。

产量表现:2012—2013 年区域试验平均公顷产量 8 559.5 kg,较对照品种龙稻 5 号增产5.8%;2014年生产试验平均公顷产量8 999.2 kg,较对照品种龙稻5号增产7.7%。

栽培技术要点:在适应区播种期4月15日~4月25日,插秧期5月15日~5月25日,秧龄30~35 d,插秧规格为30 cm×13.3 cm,每穴3~4株;一般公顷施纯氮100 kg,氮:磷:钾=2:1:1;氮肥比例为基肥:蘖肥:穗肥:粒肥=4:3:2:1,其中基肥量为纯氮40 kg、纯磷50 kg、纯钾25 kg,蘖肥量为纯氮30 kg,穗肥量为纯氮20 kg、纯钾25 kg,粒肥量为纯氮10 kg;旱育稀植,间歇灌溉,8月末排干;9月20日~9月30日籽粒黄熟期及时收获;注意及时防治稻瘟病、潜叶蝇、二化螟等病虫害。

适应区域:黑龙江省第二积温带上限种植。

39.金禾2号(原代号:金禾香6812,见图4-80)

图4-80 金禾2号(原代号:金禾香6812)

审定编号:黑审稻2014019。

品种类型:粳型常规水稻(亲本来源:合江19×金禾香0126)。

选育单位:绥化市金禾种子有限公司。

特征特性:香稻品种;在适应区出苗至成熟生育日数136 d,需≥10 ℃活动积温2 500 ℃左右;主茎12片叶,长粒型,株高95 cm左右,穗长17.5 cm左右,每穗粒数108粒左右,千粒重26.1 g左右。两年品质分析结果:出糙率78.7%~80.6%,整精米率64.8%~66.1%,垩白粒率2.0%~13.5%,垩白度0.2%~4.2%,直链淀粉含量(干基)17.94%~17.98%,胶稠度71.0~76.5 mm,达到国家《优质稻谷》标准二级。三年抗病接种鉴定结果:叶瘟1~5级,穗颈瘟0~1级。三年耐冷性鉴定结果:处理空壳率3.03%~11.92%。

产量表现:2011—2012 年区域试验平均公顷产量 8 244.9 kg,较对照品种中龙香粳 1 号增产 8.7%;2013 年生产试验平均公顷产量 8 314.4 kg,较对照品种中龙香粳 1 号增产 9.6%。

栽培技术要点:播种期 4 月 15 日,插秧期 5 月 15 日,秧龄 30 d 左右,插秧规格为 30 cm×13.3 cm,每穴 4 株;一般公顷施纯氮 103 kg,氮:磷:钾 =1.8:1:1.3;氮肥比例为基肥:蘖肥:穗肥:粒肥 =1.3:1:0.4:0.2,其中基肥量为纯氮 45 kg、纯磷 58 kg、纯钾40 kg,蘖肥量为纯氮 35 kg,穗肥量为纯氮 14 kg、纯钾 35 kg,粒肥量为纯氮 7.5 kg;采取旋、翻轮耕制,即秋季翻耕一年、旋耕两年的耕作方法;插秧前水泡田;水整地达到田面平整;采取浅 – 晒 – 深 – 湿的灌溉方法;浸种时用咪酰胺消毒,预防恶苗病;播种后苗床撒施甲拌磷预防地下虫,插秧后喷施氧化乐果预防潜叶蝇,分别在 6 月下旬及 7 月上旬施药预防二化螟;齐穗前后喷富士一号,预防穗颈瘟;结实期遇到多雨高湿年份,齐穗后 7 ~10 d 再喷一次富士一号,预防枝梗瘟。

适应区域:黑龙江省第二积温带上限种植。

40. 龙庆稻 6 号(原代号:庆 09 – 954,见图 4 – 81)

图 4 – 81　龙庆稻 6 号(原代号:庆 09 – 954)

审定编号:黑审稻 2016005。

品种类型:粳型常规水稻(亲本来源:庆 20 – 4×龙庆稻 1 号)。

选育单位:庆安县北方绿洲稻作研究所。

特征特性:普通水稻品种;在适应区出苗至成熟生育日数 136 d 左右,需 ≥10 ℃活动积温 2 500 ℃左右;主茎 12 片叶,长粒型,株高 99 cm 左右,穗长 18.3 cm 左右,每穗粒数

120 粒左右,千粒重 27.3 g 左右。两年品质分析结果:出糙率 81.2% ~81.4%,整精米率 68.2% ~68.8%,垩白粒率 1.5% ~5.5%,垩白度 0.2% ~1.8%,直链淀粉含量(干基) 17.67% ~18.20%,胶稠度 74.5 ~81 mm,食味品质 83 ~85 分,达到国家《优质稻谷》标准 二级。三年抗病接种鉴定结果:叶瘟 0 ~5 级,穗颈瘟 0 ~5 级。三年耐冷性鉴定结果:处 理空壳率 11.70% ~24.51%。

产量表现:2013—2014 年区域试验平均公顷产量 8 799.5 kg,较对照品种龙稻 5 增产 9.2%;2015 年生产试验平均公顷产量 9 361.7 kg,较对照品种龙稻 5 增产 10.6%。

栽培技术要点:在适应区播种期 4 月 15 日 ~4 月 25 日,插秧期 5 月 15 日 ~5 月 25 日,秧龄 30 d,插秧规格为 30 cm×13.3 cm,每穴 4 ~5 株;一般公顷施纯氮 120 kg,氮:磷: 钾 =2:1:1.2;氮肥比例为基肥:蘖肥:穗肥:粒肥 =5:3:2:0,其中基肥量为纯氮 60 kg、纯 磷 60 kg、纯钾 36 kg,蘖肥量为纯氮 36 kg,穗肥量为纯氮 24 kg、纯钾 36 kg,粒肥量为纯氮 0 kg;秋翻,节水控灌;收获期 9 月末开始;注意减氮、稳磷、增钾。

适应区域:黑龙江省第二积温带上限种植。

41. 龙庆稻 21(原代号:庆 09 -108,见图 4 -82)

图 4 -82 龙庆稻 21(原代号:庆 09 -108)

审定编号:黑审稻 2017010。

品种类型:粳型常规水稻(亲本来源:泰香王×绥粳 3)。

选育单位:庆安县北方绿洲稻作研究所。

特征特性:普通水稻品种;在适应区出苗至成熟生育日数 132 d 左右,需≥10 ℃活动 积温 2 400 ℃左右;主茎 12 片叶,长粒型,株高 92.0 cm 左右,穗长 17.5 cm 左右,每穗粒数 100 粒左右,千粒重 27.5 g 左右。两年品质分析结果:出糙率 80.6% ~ 81.0%,整精米率 68.5% ~ 70.0%,垩白粒率 4.0% ~ 6.0%,垩白度 0.8% ~ 1.0%,直链淀粉含量(干基)16.90% ~ 17.50%,胶稠度 78.5 mm,食味品质 82 ~ 84 分,达到国家《优质稻谷》标准二级。三年抗病接种鉴定结果:叶瘟 2 ~ 4 级,穗颈瘟 5 级。三年耐冷性鉴定结果:处理空壳率 11.78% ~ 23.82%。

产量表现:2014—2015 年区域试验平均公顷产量 8 819.6 kg,较对照品种龙粳 21 增产 10.3%;2016 年生产试验平均公顷产量 9 046.1 kg,较对照品种龙粳 21 增产 10.8%。

栽培技术要点:在适应区播种期 4 月 15 日 ~ 4 月 25 日,插秧期 5 月 15 日 ~ 5 月 25 日,秧龄 30 d,插秧规格为 30 cm × (13.3 ~ 16.7) cm,每穴 4 ~ 5 株;一般公顷施纯氮 120 kg,氮:磷:钾 = 2:1:1.2;氮肥比例为基肥:蘖肥:穗肥:粒肥 = 5:3:2:0,磷肥全部作基肥,钾肥分基肥、穗肥两次施入,每次各施 50%;秋翻,节水控灌;收获期 9 月末开始;注意减氮、稳磷、增钾。

适应区域:黑龙江省第二积温带种植。

42. 龙庆稻 23(原代号:庆 10338,见图 4 – 83)

图 4 – 83　龙庆稻 23(原代号:庆 10338)

审定编号:黑审稻 2018011。

品种类型:粳型常规水稻(亲本来源:龙庆稻 1 号 × 五优稻 1 号)。

选育单位:庆安县北方绿洲稻作研究所。

特征特性:普通粳稻;在适应区出苗至成熟生育日数 137 d 左右,需 ≥10 ℃ 活动积温 2 525 ℃ 左右;主茎 12 片叶,长粒型,株高 100.8 cm 左右,穗长 18.1 cm 左右,每穗粒数

102 粒左右,千粒重 27.2 g 左右。品质分析结果:出糙率 82.6%,整精米率 65.9%,垩白粒率 12.5%,垩白度 2.1%,直链淀粉含量(干基)17.71%,胶稠度 74.0 mm,食味品质 82分,达到国家《优质稻谷》标准二级。三年抗病接种鉴定结果:叶瘟 0~4 级,穗颈瘟 0~3级。三年耐冷性鉴定结果:处理空壳率 9.55%~20.90%。

产量表现:2015—2016 年区域试验平均公顷产量 9 131.3 kg,较对照品种龙稻 5 号增产 10.2%;2017 年生产试验平均公顷产量 8 726.9 kg,较对照品种龙稻 5 号增产 9.7%。

栽培技术要点:在适应区播种期 4 月 12 日~4 月 19 日,插秧期 5 月 15 日~5 月 22日,秧龄 30~35 d,插秧规格为 30 cm×(13.3~16.7)cm,每穴 4~5 株;一般公顷施纯氮120 kg,氮:磷:钾 = 2:1:1.2,磷肥全部作基肥,钾肥分基肥、穗肥两次施入,每次各施50%,氮肥比例为基肥:蘖肥:穗肥:粒肥 = 4:3:2:1;秋翻;节水控灌;收获期 9 月末开始;注意减氮、稳磷、增钾、预防稻瘟病等。

适应区域:黑龙江省第二积温带上限种植。

43. 鸿源 15(原代号:HY08 - 06,见图 4 - 84)

**图 4 - 84  鸿源 15(原代号:HY08 - 06)**

审定编号:黑审稻 2017016。

品种类型:粳型常规水稻(亲本来源:C - 16/龙粳 16×C - 16)。

选育单位:桦南鸿源种业有限公司、黑龙江孙斌鸿源农业开发集团有限责任公司。

特征特性:普通水稻品种;在适应区出苗至成熟生育日数 133 d 左右,需 ≥10 ℃活动积温 2 430 ℃左右;主茎 12 片叶,椭圆粒型,株高 95.2 cm 左右,穗长 19.7 cm 左右,每穗粒数 109 粒左右,千粒重 27.7 g 左右。两年品质分析结果:出糙率 82.3%~82.5%,整精米率 65.0% ~ 70.5%，垩白粒率 4.0% ~ 11.5%，垩白度 1.9% ~ 2.1%，直链淀粉含量（干基）17.75% ~ 19.00%，胶稠度 72.0 ~ 77.0 mm，食味品质 80 ~ 82 分，达到国家《优质稻谷》标准二级。三年抗病接种鉴定结果：叶瘟 3 ~ 5 级，穗颈瘟 3 ~ 5 级。三年耐冷性鉴定结果：处理空壳率 3.40% ~ 9.54%。

产量表现：2014—2015 年区域试验平均公顷产量 8 935.8 kg，较对照品种龙粳 21 增产 11.5%；2016 年生产试验平均公顷产量 9 051.6 kg，较对照品种龙粳 21 增产 10.8%。

栽培技术要点：在适应区播种期 4 月 10 日 ~ 4 月 25 日，插秧期 5 月 10 日 ~ 5 月 25 日，秧龄 30 ~ 35 d，插秧规格为 30 cm × (13.3 ~ 16.7)cm，每穴 4 ~ 6 株；一般公顷施纯氮 110 kg，氮：磷：钾 = 2.2:1:1.5，氮肥比例为基肥：蘖肥：穗肥：粒肥 = 4:3:2:1，磷肥全部作基肥，钾肥分基肥、穗肥两次施入，每次各施 50%；上年秋翻地，4 月下旬开始放水泡田，5 月上旬结束水整地，5 月中旬开始插秧；花达水插秧，浅水分蘖，分蘖末期适当晒田，减数分裂期深水护胎，后期间歇灌溉；收获期 9 月下旬开始；注意病虫害的及时防治。

适应区域：黑龙江省第二积温带种植。

## 三、第三积温带水稻新品种简介

1. 龙粳 25（原代号：龙花 01 - 806，见图 4 - 85）

图 4 - 85　龙粳 25（原代号：龙花 01 - 806）

审定编号：黑审稻 2009009。

品种类型：粳型常规水稻（亲本来源：佳禾早占 × 龙花 97058）。

选育单位：黑龙江省农业科学院佳木斯水稻研究所。

特征特性：粳稻品种；在适应区出苗至成熟生育日数 135 d 左右，需≥10 ℃活动积温 2 420 ℃左右；主茎 11 片叶，株高 89 cm 左右，穗长 14.5 cm 左右，每穗粒数 80 粒左右，千粒重 24.6 g 左右。品质分析结果：出糙率 83.8%～84.6%，整精米率 65.7%～70.8%，垩白粒率 0.0%～2.0%，垩白度 0.0%～0.2%，直链淀粉含量(干基)16.3%～17.7%，胶稠度 75.5～81.0 mm，食味品质 80～87 分。抗病接种鉴定结果：叶瘟 4～5 级，穗颈瘟 1 级。耐冷性鉴定结果：处理空壳率 6.4%～8.1%。

产量表现：2007—2008 年区域试验平均公顷产量 8 981.5 kg，比对照品种空育 131 增产 8.9%；2008 年生产试验平均公顷产量 9 269.8 kg，比对照品种空育 131 平均增产 10.8%。

栽培技术要点：4 月 15 日～4 月 25 日播种，5 月 15 日～5 月 25 日插秧，插秧规格为 30 cm×13.3 cm 左右，每穴 3～4 株；中等肥力地块，一般公顷施尿素 200 kg、磷酸二铵 100 kg、硫酸钾 100 kg，其中 40%氮肥、全部磷肥、60%钾肥作基肥，其余肥量作追肥分 2～3 次施入；插秧后，结合田间除草，追施速效氮，促进分蘖；田间水层管理做到前期浅水，分蘖末期晒田，控制无效分蘖，后期湿润灌溉，8 月末停灌；成熟后及时收获。

适应区域：黑龙江省第三积温带上限插秧栽培。

2. 龙粳 26(原代号：龙育 03-1804，见图 4-86)

图 4-86　龙粳 26(原代号：龙育 03-1804)

审定编号：黑审稻 2009008。

品种类型：粳型常规水稻(亲本来源：垦 92-91×空育 150)。

选育单位：黑龙江省农业科学院佳木斯水稻研究所。

特征特性：粳稻品种；在适应区出苗至成熟生育日数 135 d 左右，需≥10 ℃活动积温

2 430 ℃左右;主茎 11 片叶,株高 94 cm 左右,穗长 17 cm 左右,每穗粒数 86 粒左右,千粒重 27 g 左右。品质分析结果:出糙率81.1% ~82.7%,整精米率65.6% ~70.3%,垩白粒率0.0% ~7.0%,垩白度0.0% ~0.5%,直链淀粉含量(干基)18.2% ~19.3%,胶稠度73.5 ~75.5 mm,食味品质 81 ~87 分。抗病接种鉴定结果:叶瘟 3 ~4 级,穗颈瘟 1 ~3 级。耐冷性鉴定结果:处理空壳率5.2% ~8.1%。

产量表现:2006—2007 年区域试验平均公顷产量 8 703.7 kg,较对照品种空育 131 增产7.4%;2008 年生产试验平均公顷产量 9 210.4 kg,较对照品种空育 131 增产 10%。

栽培技术要点:4 月 15 日 ~4 月 20 日播种,5 月 15 日 ~5 月 20 日插秧,插秧规格为30 cm×13 cm 左右,每穴 3 ~4 株;中等肥力地块,一般公顷施尿素 250 kg、二铵 100 kg、硫酸钾 100 kg,尿素分基肥、蘖肥、穗肥施入;二铵全部用作基肥,钾肥分基肥、穗肥施入。花达水插秧,分蘖期浅水灌溉,灌浆期浅水灌溉至 8 月末停灌;9 月末 10 月上旬收获。

适应区域:黑龙江省第三积温带上限插秧栽培。

3. 龙粳 27(原代号:龙交 04 -2182,见图 4 -87)

图 4 -87　龙粳 27(原代号:龙交 04 -2182)

审定编号:黑审稻 2009010。

品种类型:粳型常规水稻(亲本来源:上育 418 ×龙粳 12)。

选育单位:黑龙江省农业科学院佳木斯水稻研究所。

特征特性:粳稻品种;在适应区出苗至成熟生育日数 134 d 左右,需≥10 ℃活动积温2 290 ℃左右;主茎 11 片叶,株高 89.9 cm 左右,穗长 16.2 cm 左右,每穗粒数 86.5 粒左右,千粒重 25.6 g 左右。品质分析结果:出糙率81.6% ~82.7%,整精米率63.8% ~

68.9%,垩白粒率0.0%~3.0%,垩白度0.0%~0.6%,直链淀粉含量(干基)17.2%~18.2%,胶稠度66.0~80 mm,食味品质81~84分。抗病接种鉴定结果:叶瘟3~4级,穗颈瘟1级。耐冷性鉴定结果:处理空壳率12.7%~12.9%。

产量表现:2006—2007年区域试验平均公顷产量8 234.8 kg,较对照品种合江19增产5.7%;2008年生产试验平均公顷产量8 451.8 kg,较对照品种龙粳16增产11.2%。

栽培技术要点:4月10日~4月20日播种,5月10日~5月20日插秧,插秧规格为30 cm×13.3 cm左右,每穴插3~4株;中等肥力地块,一般公顷基肥施尿素100 kg、磷酸二铵100 kg、硫酸钾100 kg,分蘖肥施尿素75 kg,穗肥施尿素50 kg、硫酸钾50 kg;采取前期浅水、分蘖末期晒田、后期湿润的灌溉方法,8月末停灌;成熟后及时收获;注意氮、磷、钾肥配合施用,及时防治病虫草害。

适应区域:黑龙江省第三积温带插秧栽培。

4. 龙粳29(原代号:龙品02011-2,见图4-88)

**图4-88 龙粳29(原代号:龙品02011-2)**

审定编号:黑审稻2010010。

品种类型:粳型常规水稻(亲本来源:空育131×龙糯2号)。

选育单位:黑龙江省农业科学院佳木斯水稻研究所、黑龙江省龙粳高科有限责任公司。

特征特性:粳稻品种;在适应区出苗至成熟生育日数127 d左右,需≥10 ℃活动积温2 250 ℃左右;主茎11片叶,株高89.4 cm左右,穗长16.6 cm左右,每穗粒数99粒左右,千粒重26.2 g左右。品质分析结果:出糙率80.4%~81.6%,整精米率62.1%~70.3%,

垩白粒率 2.0% ~4.0%,垩白度 0.4% ~0.6%,直链淀粉含量(干基)17.56% ~19.1%,胶稠度 67.0 ~74.0 mm,食味品质 80 ~84 分。抗病接种鉴定结果:叶瘟 3 级,穗颈瘟 1 ~5 级。耐冷性鉴定结果:处理空壳率 15.2% ~21.2%。

产量表现:2007—2008 年区域试验平均公顷产量 8 662.9 kg,较对照品种龙粳 16 增产 10.4%;2009 年生产试验平均公顷产量 8 168.1 kg,较对照品种龙粳 20 增产 7.9%。

栽培技术要点:4 月 10 日 ~4 月 20 日播种,5 月 15 日 ~5 月 20 日插秧,插秧规格为 30 cm×10 cm 左右,每穴 3 株;一般公顷施尿素 200 kg、二铵 50 kg、钾肥 100 kg,尿素的 40%、二铵的全部、钾肥的 50% 作底肥,尿素的 30% 作分蘖肥,尿素的 30%、钾肥的 50% 作穗肥;常规管理,8 月末排干,9 月下旬籽粒黄熟期及时收获;注意氮、磷、钾肥配合施用,及时预防、控制病虫草害的发生。

适应区域:黑龙江省第三积温带下限种植。

5. 龙粳香 1 号(原代号:龙花 04 – 050,见图 4 – 89)

图 4 – 89 龙粳香 1 号(原代号:龙花 04 – 050)

审定编号:黑审稻 2010015。

品种类型:粳型常规水稻(亲本来源:哈 99 – 352×龙粳 13)。

选育单位:黑龙江省农业科学院佳木斯水稻研究所、黑龙江省龙粳高科有限责任公司。

特征特性:香稻品种;在适应区出苗至成熟生育日数 130 d 左右,需≥10 ℃活动积温 2 350 ℃左右;主茎 11 片叶,株高 90 cm 左右,穗长 16.8 cm 左右,每穗粒数 82 粒左右,千粒重 27.6 g 左右。品质分析结果:出糙率 76.1% ~81.2%,整精米率 62.8% ~66.8%,垩白粒率 3.0% ~ 8.0%，垩白度 0.4% ~ 0.6%，直链淀粉含量(干基)17.80% ~ 18.02%，胶稠度 73 ~ 75.5 mm，食味品质 80 ~ 86 分。抗病接种鉴定结果：叶瘟 3 ~ 4 级，穗颈瘟 1 级。耐冷性鉴定结果：处理空壳率 17.5% ~ 17.8%。

产量表现：2007—2008 年区域试验平均公顷产量 8 429.1 kg；2009 年生产试验平均公顷产量 7 691.5 kg。

栽培技术要点：4 月 15 日 ~ 4 月 25 日播种，5 月 15 日 ~ 5 月 25 日插秧，插秧规格为 30 cm × 13.3 cm 左右，每穴 3 ~ 5 株；中等肥力地块，公顷施尿素 200 kg、二铵 100 kg、硫酸钾 100 kg，尿素分基肥、蘖肥、穗肥、粒肥施入，二铵全部作基肥施入，钾肥分基肥、穗肥施入；花达水插秧，分蘖期浅水灌溉，分蘖末期晒田，后期湿润灌溉；成熟后及时收获。

适应区域：黑龙江省第三积温带上限种植。

6. 龙粳 31(原代号：龙花 01 - 687，见图 4 - 90)

图 4 - 90　龙粳 31(原代号：龙花 01 - 687)

审定编号：黑审稻 2011004。

品种类型：粳型常规水稻(亲本来源：龙粳 13 × 垦稻 8 号)。

选育单位：黑龙江省农业科学院佳木斯水稻研究所、黑龙江省龙粳高科有限责任公司。

特征特性：粳稻品种；在适应区出苗至成熟生育日数 130 d 左右，需 ≥ 10 ℃活动积温 2 350 ℃左右；主茎 11 片叶，株高 92 cm 左右，穗长 15.7 cm 左右，每穗粒数 86 粒左右，千粒重 26.3 g 左右。品质分析结果：出糙率 81.1% ~ 81.2%，整精米率 71.6% ~ 71.8%，垩白粒率 0.0% ~ 2.0%，垩白度 0.0% ~ 0.1%，直链淀粉含量(干基)16.89% ~ 17.43%，胶稠度 70.5 ~ 71.0 mm,食味品质 79 ~ 82 分。抗病接种鉴定结果:叶瘟 3 ~ 5 级,穗颈瘟 1 ~ 5 级。耐冷性鉴定结果:处理空壳率 11.39% ~ 14.10%。

产量表现:2008—2009 年区域试验平均公顷产量 8 165.4 kg,较对照品种空育 131 增产 5.7%;2010 年生产试验平均公顷产量 9 139.8 kg,较对照品种空育 131 增产 12.6%。

栽培技术要点:4 月 15 日 ~ 4 月 25 日播种,5 月 15 日 ~ 5 月 25 日插秧,插秧规格为 30 cm×13.3 cm 左右,每穴 3 ~ 4 株;中等肥力地块,公顷施尿素 200 ~ 250 kg、二铵 100 kg、硫酸钾 100 ~ 150 kg;花达水插秧,分蘖期浅水灌溉,分蘖末期晒田,后期湿润灌溉;成熟后及时收获;注意氮、磷、钾肥配合施用,及时预防和控制病、虫、草害的发生。

适应区域:黑龙江省第三积温带上限种植。

7. 龙粳 32(原代号:龙组 01 - 4160,见图 4 - 91)

图 4 - 91　龙粳 32(原代号:龙组 01 - 4160)

审定编号:黑审稻 2011006。

品种类型:粳型常规水稻(亲本来源:龙花 96 - 1560 × 龙粳 12)。

选育单位:黑龙江省农业科学院佳木斯水稻研究所、黑龙江省龙粳高科有限责任公司。

特征特性:粳稻品种;在适应区出苗至成熟生育日数 127 d 左右,需≥10 ℃活动积温 2 250 ℃左右;主茎 11 片叶,株高 91 cm 左右,穗长 15.2 cm 左右,每穗粒数 90 粒左右,千粒重 25.2 g 左右。品质分析结果:出糙率 79.0% ~ 80.5%,整精米率 62.4% ~ 69.1%,垩白粒率 1.0%,垩白度 0.1%,直链淀粉含量(干基)17.82% ~ 18.38%,胶稠度 69.0 ~ 74.5 mm,食味品质 77 ~ 80 分。抗病接种鉴定结果:叶瘟 3 级,穗颈瘟 1 ~ 3 级。耐冷性鉴定结果:处理空壳率6.10% ~15.39%。

产量表现:2008—2009年区域试验平均公顷产量7 840.4 kg,较对照品种龙粳20增产6%;2010年生产试验平均公顷产量8 983.9 kg,较对照品种龙粳20增产8.2%。

栽培技术要点:4月15日~4月25日播种,5月15日~5月25日插秧,插秧规格为30 cm×13.3 cm左右,每穴3~4株;中等肥力地块,公顷施尿素200~250 kg、二铵100 kg、硫酸钾100~150 kg,其中40%氮肥、全部磷肥、60%钾肥作基肥,其余肥量作追肥分2~3次施入;花达水插秧,分蘖期浅水灌溉,分蘖末期晒田,后期湿润灌溉;成熟后及时收获;注意氮、磷、钾肥配合施用,及时预防和控制病、虫、草害的发生。

适应区域:黑龙江省第三积温带种植。

8.龙粳35(原代号:龙生01-107,见图4-92)

图4-92 龙粳35(原代号:龙生01-107)

审定编号:黑审稻2012010。

品种类型:粳型常规水稻(亲本来源:空育131/上育418×空育131/龙花96-1253)。

选育单位:黑龙江省农业科学院佳木斯水稻研究所、黑龙江省龙粳高科有限责任公司、黑龙江省龙科种业集团有限公司。

特征特性:粳稻品种,出苗至成熟生育日数130 d左右,需≥10 ℃活动积温2 350 ℃左右;主茎11片叶,株高90.5 cm左右,穗长15.7 cm左右,每穗粒数91.3粒左右,千粒重25.0 g左右,株型收敛,剑叶上举,抗倒伏性强,散穗。品质优,两年品质分析结果:出糙率80.6% ~81.2%,整精米率66.5%,垩白粒率4.0% ~5.0%,垩白度0.5% ~1.1%,直链淀粉含量(干基)16.84% ~17.86%,胶稠度70.0 ~79.5 mm,食味品质79 ~82分。三年抗病接种鉴定结果:叶瘟 3 ~ 5 级,穗颈瘟 1 ~ 5 级。耐冷性强,三年耐冷性鉴定结果:低温处理空壳率 7.10% ~ 15.39% 。

产量表现:2009—2010 年区域试验平均公顷产量 8 193.0 kg,较对照品种空育 131 增产 7.2% ;2011 年生产试验平均公顷产量 9 471.9 kg,较对照品种空育 131 增产 7.5%

栽培技术要点:4 月 15 日 ~ 4 月 25 日播种,5 月 15 日 ~ 5 月 25 日插秧,插秧规格为 30 cm × 13.3 cm 左右,每穴 3 ~ 5 株;中等肥力地块,公顷施尿素 200 ~ 250 kg、二铵 100 kg、硫酸钾 100 ~ 150 kg;注意氮、磷、钾肥配合施用,及时预防和控制病、虫、草害的发生;本品种亦可直播栽培。

适应区域:黑龙江省第三积温带上限种植。

9. 龙粳 36(原代号:龙生 01 – 028 – 2,见图 4 – 93)

图 4 – 93　龙粳 36(原代号:龙生 01 – 028 – 2)

审定编号:黑审稻 2012011。

品种类型:粳型常规水稻(亲本来源:龙花 96 – 1484 × 北海 280)。

选育单位:黑龙江省农业科学院佳木斯水稻研究所、黑龙江省龙粳高科有限责任公司、黑龙江省龙科种业集团有限公司。

特征特性:粳稻品种;在适应区出苗至成熟生育日数 127 d 左右,需 ≥10 ℃ 活动积温 2 250 ℃ 左右;主茎 11 片叶,株高 91 cm 左右,穗长 16 cm 左右,每穗粒数 86 粒左右,千粒重 26.3 g 左右。两年品质分析结果:出糙率 81.6% ~ 82.8%,整精米率 64.3% ~ 69.3%,垩白粒率 2.0% ~ 3.0%,垩白度 0.2%,直链淀粉含量(干基)17.74% ~ 18.18%,胶稠度 70.0 ~ 70.5 mm,食味品质 80 ~ 82 分。三年抗病接种鉴定结果:叶瘟 3 ~ 5 级,穗颈瘟 1 ~ 5

级。三年耐冷性鉴定结果:处理空壳率 10.58% ~20.50%。

产量表现:2009—2010 年两年区域试验平均公顷产量 8 175.3 kg,较对照品种龙粳 20 增产 6.2%;2011 年生产试验平均公顷产量 9 237.9 kg,较对照品种龙粳 20 增产 7.9%。

栽培技术要点:4 月 15 日~4 月 25 日播种,5 月 15 日~5 月 25 日插秧,插秧规格为 30 cm×13.3 cm 左右,每穴 3~5 株;中等肥力地块,公顷施尿素 200~250 kg、二铵 100 kg、硫酸钾 100~150 kg,其中 30% 氮肥、全部磷肥、60% 钾肥作基肥,其余肥量作追肥分 2~3 次施入;花达水插秧,分蘖期浅水灌溉,分蘖末期晒田,后期湿润灌溉;成熟后及时收获;注意氮、磷、钾肥配合施用,及时预防和控制病、虫、草害的发生。

适应区域:黑龙江省第三积温带种植。

10. 龙粳 39(原代号:龙生 01 -030,见图 4 -94)

图 4 -94 龙粳 39(原代号:龙生 01 -030)

审定编号:黑审稻 2013011。

品种类型:粳型常规水稻(亲本来源:龙花 96 -1484 × 龙粳 8 号)。

选育单位:黑龙江省农业科学院佳木斯水稻研究所、黑龙江省龙粳高科有限责任公司、黑龙江省龙科种业集团有限公司。

特征特性:粳稻品种;出苗至成熟生育日数 130 d 左右,需 ≥10 ℃活动积温2 350 ℃左右;主茎 11 片叶,株高 93.3 cm 左右,穗长 15.1 cm 左右,每穗粒数 96.8 粒左右,千粒重 26.9 g 左右。两年品质分析结果:出糙率 82.0% ~82.1%,整精米率 65.5% ~68.0%,垩白粒率 6.0% ~14.5%,垩白度 0.5% ~2.8%,直链淀粉含量(干基)15.93% ~16.93%,胶稠度 73.0~76.0 mm,食味品质 82~84 分。三年抗病接种鉴定结果:叶瘟 3 级,穗颈瘟

3 级。三年耐冷性鉴定结果:处理空壳率 8.33% ~ 14.70%。

产量表现:2010—2011 年区域试验平均公顷产量 9 429.0 kg,较对照品种空育 131 增产 11.5%;2012 年生产试验平均公顷产量 9 316.3 kg,较对照品种龙粳 31 增产 6.8%。

栽培技术要点:适宜旱育稀植插秧栽培,一般 4 月 15 日 ~ 4 月 25 日播种,5 月 15 日 ~ 5 月 25 日插秧,插秧规格为 30 cm × 13.3 cm,每穴 4 ~ 5 株;中等肥力地块,公顷施二铵 100 kg、尿素 200 ~ 220 kg、硫酸钾 100 ~ 150 kg;花达水插秧,分蘖期浅水灌溉,分蘖末期晒田,后期湿润灌溉;成熟后及时收获。

适应区域:黑龙江省第三积温带上限种植。

11. 龙粳 40(原代号:龙育 0491,见图 4 – 95)

**图 4 – 95　龙粳 40(原代号:龙育 0491)**

审定编号:黑审稻 2013012。

品种类型:粳型常规水稻(亲本来源:龙育 03 – 1288 × 龙粳 20)。

选育单位:黑龙江省农业科学院佳木斯水稻研究所、黑龙江省龙粳高科有限责任公司、黑龙江省龙科种业集团有限公司。

特征特性:主茎 11 片叶,出苗至成熟生育日数 127 d 左右,需 ≥10 ℃ 活动积温 2 250 ℃ 左右,株高 90 cm 左右,穗长 16.1 cm 左右,每穗粒数 77 粒左右,千粒重 26.3 g 左右,着粒均匀,稻谷椭圆,秆黄色,稀有短芒,分蘖力强,根系发达,茎秆粗壮,抗倒伏。两年品质分析结果:出糙率 80.8% ~ 82.5%,整精米率 65.7% ~ 72.0%,垩白粒率 1.0% ~ 7.5%,垩白度 0.1% ~ 2.1%,直链淀粉含量(干基)15.3% ~ 15.9%,胶稠度 70.0 ~ 80.0 mm,食味品质 79 ~ 83 分。三年抗病接种鉴定结果:叶瘟 3 级,穗颈瘟 1 ~ 5 级。两年耐冷性鉴定结果:处理空壳率 10.7% ~15.5%。

产量表现:2010—2011 年区域试验平均公顷产量 9 134.8 kg,比对照品种龙粳 20 增产 7.1%;2012 年省生产试验平均公顷产量 8 929.2 kg,比对照品种龙粳 20 增产 6.6%。

栽培技术要点:一般 4 月 15 日 ~4 月 20 日播种,提倡中棚或大棚育苗,旱育壮秧,平方米播量 250 ~300 g 芽种,秧龄 30 d 左右,5 月 15 日 ~5 月 20 日插秧,插植规格 30 cm × 13 cm,每穴 3 ~5 株壮苗;中等肥力地块,公顷施尿素 200 kg、二铵 100 kg、硫酸钾 100 kg,尿素分基肥、蘖肥、穗肥施入;二铵全部用作基肥,钾肥分基肥、穗肥施入;常规管理,花达水插秧,分蘖期浅水灌溉,灌浆期浅水灌溉至 8 月末停灌;成熟后及时收获。

适应区域:黑龙江省第三积温带种植。

12. 龙粳 41(原代号:龙生 02068,见图 4 - 96)

**图 4 - 96　龙粳 41(原代号:龙生 02068)**

审定编号:黑审稻 2013020。

品种类型:粳型常规水稻(亲本来源:东农 V10/龙选 9707 × 龙花 96 - 1530)。

选育单位:黑龙江省农业科学院佳木斯水稻研究所、黑龙江省龙粳高科有限责任公司、黑龙江省龙科种业集团有限公司。

特征特性:软米品种;出苗至成熟生育日数 130 d 左右,需≥10 ℃活动积温 2 350 ℃左右;主茎 11 片叶,株高 94.3 cm 左右,穗长 15.9 cm 左右,每穗粒数 99.0 粒左右,千粒重 26.0 g 左右。两年品质分析结果:出糙率 81.3% ~82.0%,整精米率 63.7% ~71.2%,垩白粒率 6.5% ~8.5%,垩白度 1.9% ~3.0%,直链淀粉含量(干基)15.23% ~15.40%,胶稠度 82.0 ~87.0 mm,食味品质 82 ~83 分。三年抗病接种鉴定结果:叶瘟 3 ~5 级,穗颈瘟 1~5 级。三年耐冷性鉴定结果:处理空壳率 10.97% ~ 15.90%。

产量表现:2010—2011 年区域试验平均公顷产量 8 868.1 kg,较对照品种龙粳香 1 号增产 6.3%;2012 年生产试验平均公顷产量 8 676.2 kg,较对照品种龙粳香 1 号增产 7.0%。

栽培技术要点:该品种适应在 4 月 15 日~4 月 25 日播种,5 月 15 日~5 月 25 日插秧,插秧规格为 30 cm × 13.3 cm 左右,每穴 4~5 株;中等肥力地块,公顷施尿素 200~220 kg、二铵 100 kg、硫酸钾 100~150 kg,30% 的尿素、全部二铵和 60% 的钾肥作基肥,其余作追肥分 1~2 次施入;花达水插秧,分蘖期浅水灌溉,灌浆期间歇灌溉,至 8 月末停灌;成熟后及时收获。

适应区域:黑龙江省第三积温带上限种植。

13. 龙粳 43(原代号:龙交 072411,见图 4-97)

图 4-97　龙粳 43(原代号:龙交 072411)

审定编号:黑审稻 2014012。

品种类型:粳型常规水稻(亲本来源:龙交 02-192 × 龙花 00-233)。

选育单位:黑龙江省农业科学院佳木斯水稻研究所、黑龙江省龙科种业集团有限公司。

特征特性:在适应区出苗至成熟生育日数 130 d 左右,需 ≥10 ℃ 活动积温 2 350 ℃ 左右;主茎 11 片叶,椭圆粒型,株高 89 cm 左右,穗长 14.4 cm 左右,每穗粒数 104 粒左右,千粒重 25.6 g 左右。两年品质分析结果:出糙率 81.4% ~ 82.1%,整精米率 66.2% ~ 68.8%,垩白粒率 6.0% ~ 10.0%,垩白度 0.9% ~ 2.3%,直链淀粉含量(干基)14.20% ~ 17.31%,胶稠度 84.5 ~ 86.5 mm,达到国家《优质稻谷》标准二级。三年抗病接种鉴定结果:叶瘟 3~5 级,穗颈瘟 1~5 级。三年耐冷性鉴定结果:处理空壳率 15.9%~22.4%。

产量表现:2011—2012 年区域试验平均公顷产量 9 706.1 kg,较对照品种龙粳 31 增产 8.9%;2013 年生产试验平均公顷产量 8 165.2 kg,较对照品种龙粳 31 增产 8.9%。

栽培技术要点:播种期 4 月 15 日~4 月 25 日,插秧期 5 月 15 日~5 月 25 日,秧龄 30 d 左右,插秧规格为 30 cm×13.3 cm,每穴 4~5 株;一般公顷施纯氮 110 kg,氮:磷:钾 =2.4:1:1.6;氮肥比例为基肥:蘖肥:穗肥:粒肥 =4:4:1:1,其中基肥量为纯氮 44 kg、纯磷 46 kg、纯钾 40 kg,蘖肥量为纯氮 44 kg,穗肥量为纯氮 11 kg、纯钾 35 kg,粒肥量为纯氮 11 kg;秋翻地,春季水耙整平;花达水插秧,分蘖期浅水灌溉,分蘖末期晒田,复水后间歇灌溉,8 月下旬黄熟后排干;成熟后及时收获;严格进行种子浸种消毒,注意预防恶苗病、稻瘟病,7 月初防治叶瘟,在孕穗末期至齐穗期进行穗颈瘟防控,还要注意防治潜叶蝇和负泥虫。

适应区域:黑龙江省第三积温带上限种植。

14. 龙粳 44(原代号:龙生 04042,见图 4-98)

**图 4-98　龙粳 44(原代号:龙生 04042)**

审定编号:黑审稻 2014023。

品种类型:粳型常规糯稻(亲本来源:龙糯 98-425×龙粳 16)。

选育单位:黑龙江省农业科学院佳木斯水稻研究所、黑龙江省龙科种业集团有限公司。

特征特性:糯稻品种;在适应区出苗至成熟生育日数 130 d 左右,需≥10 ℃活动积温 2 350 ℃左右;主茎 11 片叶,椭圆粒型,株高 96.0 cm 左右,穗长 17.4 cm 左右,每穗粒数 96 粒左右,千粒重 25.8 g 左右。两年品质分析结果:出糙率 80.3%~81.1%,整精米率

64.3% ~68.1%,垩白粒率100%,垩白度100%,直链淀粉含量(干基)0.93% ~1.64%,胶稠度100 mm。三年抗病接种鉴定结果:叶瘟3~5级,穗颈瘟3~5级。三年耐冷性鉴定结果:处理空壳率12.1% ~18.7%。

产量表现:2011—2012年区域试验平均公顷产量8 711.1 kg,较对照品种龙粳香1号增产8.1%;2013年生产试验平均公顷产量7 931.2 kg,较对照品种龙粳香1号增产8.4%。

栽培技术要点:播种期4月15~4月25日,插秧期5月15~4月25日,秧龄30 d左右,插秧规格为30 cm×13.3 cm,每穴4~5株;一般公顷施纯氮110 kg,氮:磷:钾 =2.4:1:1.6,氮肥比例为基肥:蘖肥:穗肥:粒肥 =4:3:2:1,其中基肥量为纯氮44 kg、纯磷50 kg、纯钾40 kg,蘖肥量为纯氮33 kg,穗肥量为纯氮22 kg、纯钾35 kg,粒肥量为纯氮11 kg;秋季翻地,春季泡田水整地;花达水插秧,分蘖期浅水灌溉,以后间歇灌溉;成熟后及时收获;注意预防恶苗病,7月中旬到齐穗期预防稻瘟病的发生,还要预防潜叶蝇、负泥虫。

适应区域:黑龙江省第三积温带上限种植。

15. 龙粳45(原代号:龙花04350,见图4－99)

图4－99 龙粳45(原代号:龙花04350)

审定编号:黑审稻2015010。

品种类型:粳型常规水稻(亲本来源:龙育98－195/佳禾早占×龙粳13)。

选育单位:黑龙江省农业科学院佳木斯水稻研究所、佳木斯龙粳种业有限公司、黑龙江省龙科种业集团有限公司。

特征特性:普通水稻品种;在适应区出苗至成熟生育日数130 d左右,需≥10 ℃活动积温2 350 ℃左右;主茎11片叶,椭圆粒型,株高87.9 cm左右,穗长14.2 cm左右,每穗粒数90粒左右,千粒重26.6 g左右。两年品质分析结果:出糙率81.9%～82.6%,整精米率68.7%～70.9%,垩白粒率3.0%～15.0%,垩白度0.4%～2.4%,直链淀粉含量(干基)18.48%～18.62%,胶稠度73.5～76.5 mm,食味品质82～83分,达到国家《优质稻谷》标准二级。三年抗病接种鉴定结果:叶瘟2～3级,穗颈瘟3～5级。三年耐冷性鉴定结果:处理空壳率18.4%～20.6%。

产量表现:2012—2013年区域试验平均公顷产量8 579.3 kg,较对照品种龙粳31增产6.4%;2014年生产试验平均公顷产量9 548.9 kg,较对照品种龙粳31增产8.9%。

栽培技术要点:在适应区播种期4月14日～4月25日,插秧期5月15日～5月25日,秧龄30 d,插秧规格为30 cm×13 cm,每穴4～5株;一般公顷施纯氮110 kg,氮:磷:钾=2.4:1:1.6;氮肥比例为基肥:蘖肥:穗肥:粒肥=4:3:2:1,其中基肥量为纯氮44 kg、纯磷46 kg、纯钾40 kg,蘖肥量为纯氮33 kg,穗肥量为纯氮22 kg、纯钾35 kg,粒肥量为纯氮11 kg;秋翻地,春季水耙整平;花达水插秧,分蘖期浅水灌溉,分蘖末期晒田,复水后间歇灌溉,8月下旬黄熟后排干;收获期9月25日。

适应区域:黑龙江省第三积温带上限种植。

16. 龙粳46(原代号:龙生03011,见图4-100)

图4-100 龙粳46(原代号:龙生03011)

审定编号:黑审稻2015012。

品种类型:粳型常规水稻(亲本来源:龙花99-454×空育131)。

选育单位:黑龙江省农业科学院佳木斯水稻研究所、佳木斯龙粳种业有限公司、黑龙江省龙科种业集团有限公司。

特征特性:普通水稻品种;在适应区出苗至成熟生育日数 127 d 左右,需≥10 ℃活动积温 2 250 ℃左右;主茎 11 片叶,椭圆粒型,株高 91.6 cm 左右,穗长 15.8 cm 左右,每穗粒数 108 粒左右,千粒重 26.9 g 左右。两年品质分析结果:出糙率 82.8% ~83.0%,整精米率 69.1% ~69.5%,垩白粒率 4.5% ~9.0%,垩白度 0.6% ~1.8%,直链淀粉含量(干基)17.14% ~17.97%,胶稠度 75.5 ~76.0 mm,食味品质 81 分,达到国家《优质稻谷》标准二级。三年抗病接种鉴定结果:叶瘟 4 ~5 级,穗颈瘟 1 ~5 级。三年耐冷性鉴定结果:处理空壳率 4.4% ~15.8%。

产量表现:2012—2013 年区域试验平均公顷产量 8 458.8 kg,较对照品种龙粳 20 增产 8.9%;2014 年生产试验平均公顷产量 9 320.0 kg,较对照品种龙粳 20 增产 8.4%。

栽培技术要点:在适应区播种期 4 月 15 日 ~4 月 25 日,插秧期 5 月 15 日 ~5 月 25 日,秧龄 30 d,插秧规格为 30 cm×13.3 cm,每穴 5 株;一般公顷施纯氮 110 kg,氮:磷:钾 =2.4:1:1.6;氮肥比例为基肥:蘖肥:穗肥:粒肥 =4:3:2:1,其中基肥量为纯氮 44 kg、纯磷 46 kg、纯钾 40 kg,蘖肥量为纯氮 33 kg,穗肥量为纯氮 22 kg、纯钾 35 kg,粒肥量为纯氮 11 kg;上年秋季或 4 月上旬旱整地,4 月 15 日开始放水泡田,4 月 20 日开始水整地,5 月 10 日前结束;花达水插秧,分蘖期浅水灌溉,分蘖末期晒田,后期湿润灌溉;收获期 9 月 25 日。

适应区域:黑龙江省第三积温带种植。

17. 龙粳 50(原代号:龙花 07211,见图 4 – 101)

图 4 – 101　龙粳 50(原代号:龙花 07211)

审定编号:黑审稻 2016008。

品种类型:粳型常规水稻(亲本来源:空育 131 × 龙花 00 – 233)。

选育单位:黑龙江省农业科学院佳木斯水稻研究所、佳木斯龙粳种业有限公司、黑龙江省龙科种业集团有限公司。

特征特性:普通水稻品种;在适应区出苗至成熟生育日数 130 d 左右,需≥10 ℃活动积温 2 350 ℃左右;主茎 11 片叶,椭圆粒型,株高 94.3 cm 左右,穗长 15.4 cm 左右,每穗粒数 114 粒左右,千粒重 26.1 g 左右。两年品质分析结果:出糙率 81.4% ~83.6%,整精米率 69.9% ~72.2%,垩白粒率 9.5% ~16.5%,垩白度 2.0% ~2.5%,直链淀粉含量(干基)17.18% ~17.35%,胶稠度 73.0 ~75.0 mm,食味品质 80 分,达到国家《优质稻谷》标准二级。三年抗病接种鉴定结果:叶瘟 3 级,穗颈瘟 1 ~5 级。三年耐冷性鉴定结果:处理空壳率 15.80% ~19.81%。

产量表现:2013—2014 年区域试验平均公顷产量 9 166.5 kg,较对照品种龙粳 31 增产 9.1%;2015 年生产试验平均公顷产量 9 836.3 kg,较对照品种龙粳 31 增产 7.6%。

栽培技术要点:在适应区播种期 4 月 15 日 ~4 月 25 日,插秧期 5 月 15 日 ~5 月 25 日,秧龄 30 d,插秧规格为 30 cm×13.3 cm,每穴 5 ~7 株;一般公顷施纯氮 115 kg,氮:磷:钾 =2.4:1:1.6;氮肥比例为基肥:蘖肥:穗肥:粒肥 =4:3:2:1,其中基肥量为纯氮 46 kg、纯磷 48 kg、纯钾 46 kg,蘖肥量为纯氮 34.5 kg,穗肥量为纯氮 23 kg、纯钾 31 kg,粒肥量为纯氮 11.5 kg;上年秋季翻地,4 月上旬旱整地,4 月 15 日开始放水泡田,5 月 1 日开始水整地,5 月 10 日前结束;花达水插秧,分蘖期浅水灌溉,有效分蘖末期晒田,减数分裂期深水护胎,后期间歇灌溉,黄熟末期排水;收获期 9 月下旬开始;注意病虫草害的及时防治。

适应区域:黑龙江省第三积温带上限种植。

18. 龙粳 51(原代号:龙交 102921,见图 4 – 102)

图 4 –102　龙粳 51(原代号:龙交 102921)

审定编号:黑审稻 2016009。

品种类型:粳型常规水稻(亲本来源:龙花 00 – 233 × 龙交 04 – 109)。

选育单位:黑龙江省农业科学院佳木斯水稻研究所、佳木斯龙粳种业有限公司。

特征特性:普通水稻品种;在适应区出苗至成熟生育日数 130 d 左右,需≥10 ℃活动积温 2 350 ℃左右;主茎 11 片叶,椭圆粒型,株高 91.9 cm 左右,穗长 15.7 cm 左右,每穗粒数 102 粒左右,千粒重 27.6 g 左右。两年品质分析结果:出糙率 81.8% ~82.8%,整精米率 71.2% ~71.8%,垩白粒率 4.5% ~8.0%,垩白度 0.6% ~2.1%,直链淀粉含量(干基)16.40% ~17.85%,胶稠度 73.5 ~80.0 mm,食味品质 80 分,达到国家《优质稻谷》标准二级。三年抗病接种鉴定结果:叶瘟 3 级,穗颈瘟 3 ~5 级。三年耐冷性鉴定结果:处理空壳率 17.60% ~24.23%。

产量表现:2013—2014 年区域试验平均公顷产量 9 207.8 kg,较对照品种龙粳 31 增产 9.5%;2015 年生产试验平均公顷产量 9 754.1 kg,较对照品种龙粳 31 增产 6.7%。

栽培技术要点:在适应区播种期 4 月 15 日 ~4 月 25 日,插秧期 5 月 15 日 ~5 月 25日,秧龄 30 d,插秧规格为 30 cm×13.3 cm,每穴 4 ~5 株;一般公顷施纯氮 110 kg,氮:磷:钾 =2.4:1:1.6;氮肥比例为基肥:蘖肥:穗肥:粒肥 =4:3:2:1,其中基肥量为纯氮 44 kg、纯磷 46 kg、纯钾 40 kg,蘖肥量为纯氮 33 kg,穗肥量为纯氮 22 kg、纯钾 35 kg,粒肥量为纯氮 11 kg;秋翻地,春季水耙整平;花达水插秧,分蘖期浅水灌溉,有效分蘖末期晒田,复水后间歇灌溉,黄熟末期排水;收获期 9 月下旬后;注意病、虫、草害的发生与防治。

适应区域:黑龙江省第三积温带上限种植。

19. 龙粳 52(原代号:龙花 08696,见图 4 –103)

图 4 –103　龙粳 52(原代号:龙花 08696)

审定编号:黑审稻2016010。

品种类型:粳型常规水稻(亲本来源:龙生07092×龙粳25)。

选育单位:佳木斯龙粳种业有限公司、黑龙江省农业科学院佳木斯水稻研究所。

特征特性:普通水稻品种;在适应区出苗至成熟生育日数130 d左右,需≥10 ℃活动积温2 350 ℃左右;主茎11片叶,椭圆粒型,株高88.3 cm左右,穗长14.0 cm左右,每穗粒数97粒左右,千粒重24.4 g左右,稀有短芒。两年品质分析结果:出糙率81.7% ~ 82.7%,整精米率72.1% ~72.4%,垩白粒率6.0% ~19.0%,垩白度1.4% ~3.0%,直链淀粉含量(干基)15.93% ~17.00%,胶稠度73.5 ~78.0 mm,食味品质81 ~82分,达到国家《优质稻谷》标准二级。三年抗病接种鉴定结果:叶瘟5级,穗颈瘟1 ~5级。三年耐冷性鉴定结果:处理空壳率9.85% ~17.70%。

产量表现:2013—2014年区域试验平均公顷产量9 328.7 kg,较对照品种龙粳31增产9.4%;2015年生产试验平均公顷产量9 778.3 kg,较对照品种龙粳31增产6.8%。

栽培技术要点:在适应区播种期4月15日~4月25日,插秧期5月15日~5月25日,秧龄30 d,插秧规格为30 cm×13.3 cm,每穴4~5株;一般公顷施纯氮110 kg,氮:磷:钾 =2.4:1:1.6;氮肥比例为基肥:蘖肥:穗肥:粒肥 =4:3:2:1,其中基肥量为纯氮44 kg、纯磷46 kg、纯钾40 kg,蘖肥量为纯氮33 kg,穗肥量为纯氮22 kg、纯钾35 kg,粒肥量为纯氮11 kg;上年秋季或4月上旬旱整地,4月15日开始放水泡田,4月20日开始水整地,5月10日前结束;花达水插秧,分蘖期浅水灌溉,有效分蘖末期晒田,减数分裂期深水护胎,后期间歇灌溉;收获期9月下旬开始;注意病、虫、草害的及时防治。

适应区域:黑龙江省第三积温带上限种植。

20. 龙粳53(原代号:龙生0206323,见图4 - 104)

图4 - 104　龙粳53(原代号:龙生0206323)

审定编号:黑审稻 2016011。

品种类型:粳型常规水稻(亲本来源:龙育 98195/龙粳 12×空育 131)。

选育单位:黑龙江省农业科学院佳木斯水稻研究所、佳木斯龙粳种业有限公司。

特征特性:普通粳稻品种;在适应区出苗至成熟生育日数 130 d 左右,需≥10 ℃活动积温 2 350 ℃左右;主茎 11 片叶,椭圆粒型,株高 95.8 cm 左右,穗长 15.6 cm 左右,每穗粒数 110 粒左右,千粒重 26.3 g 左右。三年品质分析结果:出糙率 82.6% ~83.0%,整精米率 68.4% ~71.8%,垩白粒率 6.5% ~14.5%,垩白度 0.9% ~2.4%,直链淀粉含量(干基)16.23% ~18.05%,胶稠度 70.0 ~78.5 mm,食味品质 80 ~82 分,达到国家《优质稻谷》标准二级。四年抗病接种鉴定结果:叶瘟 3 ~5 级,穗颈瘟 1 级。四年耐冷性鉴定结果:处理空壳率 12.77% ~18.00%。

产量表现:2012—2013 年区域试验平均公顷产量 8 728.3 kg,较对照品种龙粳 31 增产8.0%;2014—2015 年生产试验平均公顷产量 9 844.4 kg,较对照品种龙粳 31 增产 9.5%。

栽培技术要点:在适应区播种期 4 月 15 日 ~4 月 20 日,插秧期 5 月 15 日 ~5 月 20日,秧龄 30 d,插秧规格为 30 cm×13.3 cm,每穴 4 ~5 株;一般公顷施纯氮 110 kg,氮:磷:钾 =2.4:1:1.6;氮肥比例为基肥:蘖肥:穗肥:粒肥 =4:3:2:1,其中基肥量为纯氮 44 kg、纯磷 46 kg、纯钾 40 kg,蘖肥量为纯氮 33 kg,穗肥量为纯氮 22 kg、纯钾 35 kg,粒肥量为纯氮 11 kg;上年秋季或 4 月上旬旱整地,4 月 15 日开始放水泡田,4 月 20 日开始水整地,5月 5 日前结束;花达水插秧,分蘖期浅水灌溉,有效分蘖末期晒田,减数分裂期深水护胎,后期间歇灌溉;收获期 9 月下旬开始;注意做好病、虫、草害的综合防治。

适应区域:黑龙江省第三积温带上限种植。

21. 龙粳 56(原代号:龙交 112937,见图 4 – 105)

图 4 – 105　龙粳 56(原代号:龙交 112937)

审定编号:黑审稻2017018。

品种类型:粳型常规水稻(亲本来源:龙交04 – 2717 × 龙粳20)。

选育单位:黑龙江省农业科学院佳木斯水稻研究所。

特征特性:普通水稻品种;在适应区出苗至成熟生育日数130 d左右,需≥10 ℃活动积温2 350 ℃左右;主茎11片叶,椭圆粒型,株高95.5 cm左右,穗长16.4 cm左右,椭圆粒型,每穗粒数114粒左右,千粒重26.2 g左右。两年品质分析结果:出糙率80.7 % ~ 83.3%,整精米率68.9% ~69.8%,垩白粒率9.5% ~29.0%,垩白度1.8% ~4.4%,直链淀粉含量(干基)17.64% ~17.68%,胶稠度73.5 ~74.5 mm,食味品质80 ~82分,达到国家《优质稻谷》标准二级。三年抗病接种鉴定结果:叶瘟3级,穗颈瘟1 ~3级。三年耐冷性鉴定结果:处理空壳率21.31% ~24.30%。

产量表现:2014—2015年区域试验平均公顷产量9 917.9 kg,较对照品种龙粳31增产8.4%;2016年生产试验平均公顷产量9 938.5 kg,较对照品种龙粳31增产8.1%。

栽培技术要点:在适应区播种期4月15日 ~4月25日,插秧期5月15日 ~5月25日,秧龄30 d,插秧规格为30 cm×13.3 cm,每穴4 ~5株;一般公顷施纯氮110 kg,氮:磷:钾 =2.4:1:1.6;氮肥比例为基肥:蘖肥:穗肥:粒肥 =4:3:2:1,磷肥全部作基肥,钾肥分基肥、穗肥两次施入,每次各施50%;秋翻地,春季水耙整平;花达水插秧,分蘖期浅水灌溉,有效分蘖末期晒田,复水后间歇灌溉,黄熟末期排干,收获期9月下旬开始;注意病、虫、草害的及时防治。

适应区域:黑龙江省第三积温带上限种植。

22. 龙粳57(原代号:龙交114058,见图4 – 106)

图4 – 106　龙粳57(原代号:龙交114058)

审定编号：黑审稻 2017033。

品种类型：粳型常规水稻（亲本来源：龙交 04 - 2637 × 龙粳 29）。

选育单位：黑龙江省农业科学院佳木斯水稻研究所。

特征特性：糯稻品种；在适应区出苗至成熟生育日数 130 d 左右，需 ≥10 ℃ 活动积温 2 350 ℃ 左右；主茎 11 片叶，椭圆粒型，株高 92.2 cm 左右，穗长 16.0 cm 左右，每穗粒数 90 粒左右，千粒重 25.5 g 左右。两年品质分析结果：出糙率 81.3% ~82.3%，整精米率 71.4% ~72.1%，直链淀粉含量（干基）0.10% ~0.58%，胶稠度 100 mm，达到国家《优质稻谷》糯稻标准。三年抗病接种鉴定结果：叶瘟 3 级，穗颈瘟 1 ~3 级。三年耐冷性鉴定结果：处理空壳率 16.60% ~21.67%。

产量表现：2014—2015 年区域试验平均公顷产量 9 214.6 kg，较对照品种龙粳 31 增产 0.6%；2016 年生产试验平均公顷产量 9 615.3 kg，较对照品种龙粳 31 增产 4.6%。

栽培技术要点：在适应区播种期 4 月 15 日 ~4 月 25 日，插秧期 5 月 15 日 ~5 月 25 日，秧龄 30 d，插秧规格为 30 cm×13.3 cm，每穴 4 ~5 株；一般公顷施纯氮 110 kg，氮：磷：钾 =2.4：1：1.6；氮肥比例为基肥：蘖肥：穗肥：粒肥 =4：3：2：1，粒肥酌情施入，磷肥全部作基肥，钾肥分基肥、穗肥两次施入，每次各施 50%；秋翻地，春季水耙整平；花达水插秧，分蘖期浅水灌溉，有效分蘖末期晒田，复水后间歇灌溉，黄熟末期排干；收获期 9 月下旬开始；为确保优质稳产，注意病、虫、草害的及时防治。

适应区域：黑龙江省第三积温带上限种植。

23. 龙粳 58（原代号：龙生 06014，见图 4 - 107）

图 4 - 107　龙粳 58（原代号：龙生 06014）

审定编号:黑审稻2017019。

品种类型:粳型常规水稻(亲本来源:龙花01-806×空育131)。

选育单位:黑龙江省农业科学院佳木斯水稻研究所。

特征特性:普通水稻品种;在适应区出苗至成熟生育日数127 d左右,需≥10 ℃活动积温2 250 ℃左右;主茎11片叶,椭圆粒型,株高91.1 cm左右,穗长14.4 cm左右,每穗粒数89粒左右,千粒重25.0 g左右。两年品质分析结果:出糙率82.4% ~84.0%,整精米率70.7% ~72.6%,垩白粒率6.5% ~10.5%,垩白度1.2% ~1.9%,直链淀粉含量(干基)16.99% ~17.05%,胶稠度73.5 ~76.5 mm,食味品质82 ~84分,达到国家《优质稻谷》标准二级。三年抗病接种鉴定结果:叶瘟3 ~5级,穗颈瘟1 ~5级。三年耐冷性鉴定结果:处理空壳率5.91% ~13.00%。

产量表现:2014—2015年区域试验平均公顷产量9 130.3 kg,较对照品种龙粳20增产7.3 %;2016年生产试验平均公顷产量9 156.8 kg,较对照品种龙粳46增产6.2%。

栽培技术要点:在适应区播种期4月15日~4月25日,插秧期5月15日~5月25日,秧龄30 d,插秧规格为30 cm×13 cm,每穴5株;一般公顷施纯氮115 kg,氮:磷:钾 = 2.4:1:1.6,氮肥比例为基肥:蘖肥:穗肥:粒肥 =4:3:2:1,磷肥全部作基肥,钾肥分基肥、穗肥两次施入,每次各施50%;上年秋季翻地,4月上旬旱整地,4月15日开始放水泡田,5月1日开始水整地,5月10日前结束;花达水插秧,分蘖期浅水灌溉,有效分蘖末期晒田,减数分裂期深水护胎,后期间歇灌溉,黄熟末期排水;收获期9月下旬开始;注意病、虫、草害的及时防治。

适应区域:黑龙江省第三积温带种植。

24.龙粳59(原代号:龙丰09291,见图4-108)

图4-108 龙粳59(原代号:龙丰09291)

审定编号:黑审稻 2017021。

品种类型:粳型常规水稻(亲本来源:龙糯 2 号×空育 131)。

选育单位:黑龙江省农业科学院佳木斯水稻研究所、佳木斯龙粳种业有限公司。

特征特性:普通水稻品种;在适应区出苗至成熟生育日数 127 d 左右,需≥10 ℃活动积温 2 250 ℃左右;主茎 11 片叶,椭圆粒型,株高 90.6 cm 左右,穗长 16.5 cm 左右,每穗粒数 101 粒左右,千粒重 26.5 g 左右。两年品质分析结果:出糙率 82.2% ~83.0%,整精米率 71.4% ~73.3%,垩白粒率 8.0% ~13.5%,垩白度 1.5% ~2.2%,直链淀粉含量(干基)15.84% ~17.41%,胶稠度 73.0 ~74.5 mm,食味品质 78 ~84 分,达到国家《优质稻谷》标准二级。三年抗病接种鉴定结果:叶瘟 3 ~5 级,穗颈瘟 1 ~5 级。三年耐冷性鉴定结果:处理空壳率 13.80% ~26.80%。

产量表现:2014—2015 年区域试验平均公顷产量 9 289.6 kg,较对照品种龙粳 20 增产 9.0 %;2016 年生产试验平均公顷产量 9 338.1 kg,较对照品种龙粳 46 增产 8.4 %。

栽培技术要点:在适应区播种期 4 月 15 日~4 月 20 日,插秧期 5 月 15 日~5 月 20 日,秧龄 30 ~35 d,插秧规格为 30 cm×10 ~13.3 cm,每穴 3 ~5 株;一般公顷施纯氮 110 kg,氮:磷:钾 =2.4:1:1.1;氮肥比例为基肥:蘖肥:穗肥:粒肥 =4:3:2:1;磷肥全部作基肥,钾肥分基肥、穗肥两次施入,每次各施 50%;秋翻地,春天水耙;花达水插秧,分蘖期浅水灌溉,分蘖末期晒田,复水后间歇灌溉,黄熟后排干;收获期 9 月下旬开始;注意及时防治病、虫、草害。

适应区域:黑龙江省第三积温带种植。

25. 龙粳 60(原代号:龙生 05083,见图 4 - 109)

图 4 - 109　龙粳 60(原代号:龙生 05083)

审定编号:黑审稻 2017022。

品种类型:粳型常规水稻(亲本来源:龙粳 21/绥 936165//空育 131×空育 131)。

选育单位:黑龙江省农业科学院佳木斯水稻研究所。

特征特性:普通水稻品种;在适应区出苗至成熟生育日数 127 d 左右,需≥10 ℃活动积温 2 250 ℃左右;主茎 11 片叶,椭圆粒型,株高 92.1 cm 左右,穗长 14.3 cm 左右,每穗粒数 85 粒左右,千粒重 26.0 g 左右。品质分析结果:出糙率 82.7%~83.7%,整精米率 70.2%~70.6%,垩白粒率 10.5%~15.0%,垩白度 1.8%~2.6%,直链淀粉含量(干基) 17.17%~17.47%,胶稠度 71.5~76.5 mm,食味品质 78~82 分,达到国家《优质稻谷》标准二级。三年抗病接种鉴定结果:叶瘟 3~5 级,穗颈瘟 1~5 级。三年耐冷性鉴定结果: 处理空壳率 8.69%~23.70%。

产量表现:2014—2015 年区域试验平均公顷产量 9 252.0 kg,较对照品种龙粳 20 增产 8.9%;2016 年生产试验平均公顷产量 9 356.3 kg,较对照品种龙粳 46 增产 8.4%。

栽培技术要点:在适应区播种期 4 月 15 日~4 月 25 日,插秧期 5 月 15 日~5 月 25 日,秧龄 30 d,插秧规格为 30 cm×13 cm,每穴 5 株;一般公顷施纯氮 115 kg,氮∶磷∶钾 = 2.4∶1∶1.6,氮肥比例为基肥∶蘖肥∶穗肥∶粒肥 =4∶3∶2∶1,磷肥全部作基肥,钾肥分基肥、穗肥两次施入,每次各施 50%;上年秋季翻地,4 月上旬旱整地,4 月 15 日开始放水泡田, 5 月 1 日开始水整地,5 月 10 日前结束;花达水插秧,分蘖期浅水灌溉,有效分蘖末期晒田,减数分裂期深水护胎,后期间歇灌溉,黄熟末期排水,收获期 9 月下旬开始;注意病、虫、草害的及时防治。

适应区域:黑龙江省第三积温带种植。

26. 龙粳 63(原代号:龙生 04021,见图 4 - 110)

图 4 - 110　龙粳 63(原代号:龙生 04021)

审定编号:黑审稻 2018019。

品种类型:粳型常规水稻(亲本来源:龙粳 21 × 龙交 01B - 1330)。

选育单位:黑龙江省农业科学院佳木斯水稻研究所。

特征特性:普通粳稻;在适应区出苗至成熟生育日数 130 d 左右,需 ≥10 ℃ 活动积温 2 350 ℃左右;主茎 11 片叶,椭圆粒型,株高 101.4 cm 左右,穗长 16.8 cm 左右,每穗粒数 105 粒左右,千粒重 27.8 g 左右。品质分析结果:出糙率 83.3%,整精米率 71.9%,垩白粒率15.5%,垩白度 2.2%,直链淀粉含量(干基)18.63%,胶稠度 66.5 mm,食味品质 78 分,达到国家《优质稻谷》标准三级。三年抗病接种鉴定结果:叶瘟 3 ~ 5 级,穗颈瘟 1 ~ 3 级。三年耐冷性鉴定结果:处理空壳率 3.74% ~ 27.52%。

产量表现:2015—2016 年区域试验平均公顷产量 9 704.1 kg,较对照品种龙粳 31 增产 7.3%;2017 年生产试验平均公顷产量 10 075.4 kg,较对照品种龙粳 31 增产 7.0%。

栽培技术要点:在适应区播种期 4 月 15 日 ~ 4 月 22 日,插秧期 5 月 18 日 ~ 5 月 25 日,秧龄 30 ~ 35 d 左右,插秧规格为 30 cm × 13.3 cm,每穴 4 ~ 6 株;一般公顷施纯氮 110 kg,氮:磷:钾 = 2.4:1:1.6,磷肥全部作基肥,钾肥分基肥、穗肥两次施入,分别为纯钾 40 kg、35 kg;氮肥比例为基肥:蘖肥:穗肥 = 5:3:2,其中基肥量为纯氮 55 kg、纯磷 46 kg、纯钾40 kg,蘖肥量为纯氮 33 kg,穗肥量为纯氮 22 kg、纯钾 35 kg;上年秋季或 4 月中旬旱整地,4 月下旬开始放水泡田,5 月上旬水整地;花达水插秧,分蘖期浅水灌溉,有效分蘖末期晒田,减数分裂期深水护胎,后期间歇灌溉;收获期 9 月 25 日;注意预防稻瘟病等。

适应区域:黑龙江省第三积温带上限种植。

27. 龙粳 64(原代号:龙生 03010,见图 4 - 111)

图 4 - 111 龙粳 64(原代号:龙生 03010)

审定编号:黑审稻2018022。

品种类型:粳型常规水稻(亲本来源:龙粳21×龙粳8号)。

选育单位:黑龙江省农业科学院佳木斯水稻研究所。

特征特性:普通粳稻;在适应区出苗至成熟生育日数130 d左右,需≥10 ℃活动积温2 350 ℃左右;主茎11片叶,椭圆粒型,株高96.8 cm左右,穗长15.0 cm左右,每穗粒数101粒左右,千粒重25.5 g左右。品质分析结果:出糙率83.1%,整精米率71.1%,垩白粒率7.0%,垩白度1.0%,直链淀粉含量(干基)16.30%,胶稠度80.5 mm,食味品质83分,达到国家《优质稻谷》标准二级。三年抗病接种鉴定结果:叶瘟3~5级,穗颈瘟1~5级。三年耐冷性鉴定结果:处理空壳率3.28%~15.47%。

产量表现:2015—2016年区域试验平均公顷产量9 525.0 kg,较对照品种龙粳31平均增产4.8%;2017年生产试验平均公顷产量10 029.2 kg,较对照品种龙粳31增产6.4%。

栽培技术要点:在适应区播种期4月15日~4月22日,插秧期5月18日~5月25日,秧龄30~35 d左右,插秧规格为30 cm×13.3 cm,每穴4~6株;一般公顷施纯氮110 kg,氮:磷:钾=2.4:1:1.6,磷肥全部作基肥,钾肥分基肥、穗肥两次施入,分别为纯钾40 kg、35 kg;氮肥比例为基肥:蘗肥:穗肥=5:3:2,其中基肥量为纯氮55 kg、纯磷46 kg、纯钾40 kg,蘗肥量为纯氮33 kg,穗肥量为纯氮22 kg、纯钾35 kg;上年秋季翻地,4月中旬旱整地,4月下旬放水泡田,5月上旬水整地;花达水插秧,分蘗期浅水灌溉,分蘗末期晒田,减数分裂期深水护胎,后期间歇灌溉;收获期9月25日左右开始;注意预防稻瘟病等。

适应区域:黑龙江省第三积温带上限种植。

28.龙粳65(原代号:龙交08119,见图4-112)

图4-112　龙粳65(原代号:龙交08119)

审定编号:黑审稻2018023。

品种类型:粳型常规水稻(亲本来源:空育131×龙粳29)。

选育单位:黑龙江省农业科学院佳木斯水稻研究所。

特征特性:普通粳稻;在适应区出苗至成熟生育日数127 d左右,需≥10 ℃活动积温2 250 ℃左右;主茎11片叶,椭圆粒型,株高92.5 cm左右,穗长15.0 cm左右,每穗粒数89粒左右,千粒重25.1 g左右。品质分析结果:出糙率82.5%,整精米率67.8%,垩白粒率14.5%,垩白度2.7%,直链淀粉含量(干基)18.48%,胶稠度73.5 mm,食味品质83分,达到国家《优质稻谷》标准二级。三年抗病接种鉴定结果:叶瘟3~4级,穗颈瘟1~5级。三年耐冷性鉴定结果:处理空壳率4.40%~7.79%。

产量表现:2015—2016年区域试验平均公顷产量9 225.2 kg,较对照品种龙粳46增产9.9%;2017年生产试验平均公顷产量9 419.2 kg,较对照品种龙粳46增产8.5%。

栽培技术要点:在适应区播种期4月15日~4月22日,插秧期5月18日~5月25日,秧龄30~35 d,插秧规格为30 cm×13.3 cm,每穴4~5株;一般公顷施纯氮110 kg,氮:磷:钾=2.4:1:1.1,磷肥全部作基肥,钾肥分基肥、穗肥两次施入,每次各施50%;氮肥比例为基肥:蘖肥:穗肥=5:3:2,其中基肥量为纯氮55 kg、纯磷46 kg、纯钾25 kg,蘖肥量为纯氮33 kg,穗肥量为纯氮22 kg、纯钾25 kg;浅-湿-干交替节水灌溉;收获期9月25日开始;注意预防稻瘟病等。

适应区域:黑龙江省第三积温带下限种植。

29.龙粳66(原代号:龙丰12500,见图4-113)

图4-113 龙粳66(原代号:龙丰12500)

审定编号:黑审稻2018024。

品种类型:粳型常规水稻(亲本来源:空育131×龙糯2号)。

选育单位:黑龙江省农业科学院佳木斯水稻研究所。

特征特性:普通粳稻;在适应区出苗至成熟生育日数127 d左右,需≥10 ℃活动积温2 250 ℃左右;主茎11片叶,椭圆粒型,株高95.4 cm左右,穗长16.6 cm左右,每穗粒数107粒左右,千粒重27.0 g左右。品质分析结果:出糙率82.7%,整精米率70.7%,垩白粒率6.0%,垩白度0.8%,直链淀粉含量(干基)17.48%,胶稠度73.5 mm,食味品质82分,达到国家《优质稻谷》标准二级。三年抗病接种鉴定结果:叶瘟3～5级,穗颈瘟1～5级。三年耐冷性鉴定结果:处理空壳率3.44%～11.20%。

产量表现:2015—2016年区域试验平均公顷产量9 193.9 kg,较对照品种龙粳46增产9.4%;2017年生产试验平均公顷产量9 559.5 kg,较对照品种龙粳46增产10.1%。

栽培技术要点:在适应区播种期4月15日～4月22日,插秧期5月18日～5月25日,秧龄30～35 d,插秧规格为30 cm×10 cm,每穴3～5株;一般公顷施纯氮110 kg,氮:磷:钾=2.4:1:1.1,磷肥全部作基肥,钾肥分基肥、穗肥两次施入,每次各施50%,氮肥比例为基肥:蘖肥:穗肥=5:3:2,其中基肥量为纯氮55 kg、纯磷46 kg、纯钾25 kg,蘖肥量为纯氮33 kg,穗肥量为纯氮22 kg、纯钾25 kg;秋翻地,春天水耙,沉降7 d后进行插秧;花达水插秧,分蘖期浅水灌溉,分蘖末期晒田,复水后间歇灌溉,8月下旬黄熟后排干;收获期9月20日～9月25日;注意预防稻瘟病等。

适应区域:黑龙江省第三积温带下限种植。

30.龙庆稻4号(原代号:庆08－201,见图4－114)

图4－114　龙庆稻4号(原代号:庆08－201)

审定编号:黑审稻 2014014。

品种类型:粳型常规水稻(亲本来源:东农 424 × 空育 131)。

选育单位:庆安县北方绿洲稻作研究所。

特征特性:在适应区出苗至成熟生育日数 127 d 左右,需 ≥10 ℃ 活动积温 2 250 ℃ 左右;主茎 11 片叶,椭圆粒型,株高 92 cm 左右,穗长 17.5 cm 左右,每穗粒数 92 粒左右,千粒重 26.2 g 左右。两年品质分析结果:出糙率 81.7% ~ 82.4%,整精米率 69.1% ~ 71.7%,垩白粒率 4.0% ~ 12.0%,垩白度 1.0% ~ 2.4%,直链淀粉含量(干基)18.20% ~ 18.95%,胶稠度 70.0 ~ 72.5 mm,达到国家《优质稻谷》标准二级。三年抗病接种鉴定结果:叶瘟 3 ~ 5 级,穗颈瘟 1 ~ 5 级。三年耐冷性鉴定结果:处理空壳率 3.67% ~ 18.00%。

产量表现:2011—2012 年区域试验平均公顷产量 9 063.3 kg,较对照品种龙粳 20 增产 7.4%;2013 年生产试验平均公顷产量 8 335 kg,较对照品种龙粳 20 增产 8.9%。

栽培技术要点:播种期 4 月 15 日,插秧期 5 月 15 日,秧龄 30 d 左右,插秧规格为 30 cm × 13.3 cm,每穴 3 ~ 5 株;一般公顷施纯氮 120 kg,氮:磷:钾 = 2:1:1.2;氮肥比例为基肥:蘖肥:穗肥:粒肥 = 4:3:2:1,其中基肥量为纯氮 48 kg、纯磷 60 kg、纯钾 35 kg,蘖肥量为纯氮 36 kg,穗肥量为纯氮 24 kg、纯钾 35 kg,粒肥量为纯氮 12 kg;秋翻,节水控灌;成熟后及时收获;预防病虫害。

适应区域:黑龙江省第三积温带种植。

31. 绥粳 15(原代号:绥 085080,见图 4 - 115)

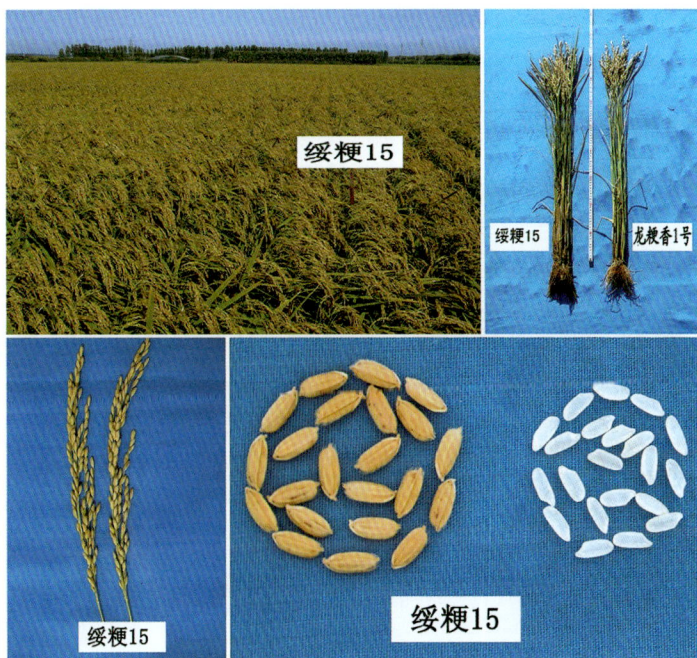

图 4 - 115 绥粳 15(原代号:绥 085080)

审定编号:黑审稻 2014024。

品种类型:粳型常规水稻(亲本来源:绥粳 4 号×垦稻 12)。

选育单位:黑龙江省农业科学院绥化分院、黑龙江省龙科种业集团有限公司。

特征特性:香稻品种;在适应区出苗至成熟生育日数 130 d 左右,需≥10 ℃活动积温 2 350 ℃左右;主茎 11 片叶,长粒型,株高 99 cm 左右,穗长 18.5 cm 左右,每穗粒数 94 粒 左右,千粒重 26.3 g 左右。两年品质分析结果:出糙率 81.6% ~81.7%,整精米率 67.7% ~68.1%,垩白粒率 9.5% ~14.0%,垩白度 2.2% ~4.5%,直链淀粉含量(干基) 17.41% ~17.63%,胶稠度 73.5 ~76.5 mm,达到国家《优质稻谷》标准三级。三年抗病接 种鉴定结果:叶瘟 3 级,穗颈瘟 3 级。三年耐冷性鉴定结果:处理空壳率 9.67% ~17.4%。

产量表现:2011—2012 年区域试验平均公顷产量 8 750.1 kg,较对照品种龙粳香 1 号 增产 8.2%;2013 年生产试验平均公顷产量 7 911.9 kg,较对照品种龙粳香 1 号增产 8.2%。

栽培技术要点:播种期 4 月 15 日,插秧期 5 月 20 日,秧龄 35 d 左右,插秧规格为 30 cm×13.3 cm,每穴 3 ~4 株;一般公顷施纯氮 95 kg,氮∶磷∶钾 =2∶1∶1;氮肥比例为基 肥∶蘖肥∶穗肥∶粒肥 =4∶3∶2∶1,其中基肥量为纯氮 38 kg,纯磷 50 kg,纯钾 40 kg,蘖肥量 为纯氮 28 kg,穗肥量为纯氮 19 kg,纯钾 20 kg,粒肥量为纯氮 10 kg;旱育插秧栽培,浅 - 湿 - 干交替灌溉;成熟后及时收获;注意预防青枯病、立枯病、纹枯病、稻瘟病,预防潜叶 蝇、负泥虫、二化螟。

适应区域:黑龙江省第三积温带上限种植。

32. 绥粳 26(原代号:绥育 115586,见图 4 - 116)

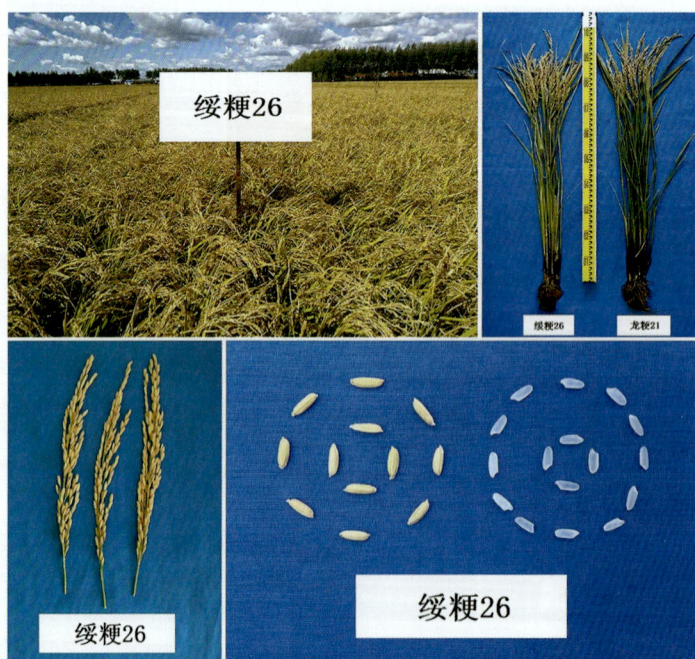

图 4 -116　绥粳 26(原代号:绥育 115586)

审定编号:黑审稻2018015。

品种类型:粳型常规水稻(亲本来源:龙育03 - 764 × 牡99 - 1696)。

选育单位:黑龙江省农业科学院绥化分院。

特征特性:普通粳稻;在适应区出苗至成熟生育日数132 d左右,需≥10 ℃活动积温2 400 ℃左右;主茎12片叶,长粒型,株高95.4 cm左右,穗长18.0 cm左右,每穗粒数110粒左右,千粒重24.8 g左右。品质分析结果:出糙率83.2%,整精米率70.1%,垩白粒率6.0%,垩白度1.1%,直链淀粉含量(干基)15.61%,胶稠度79.5 mm,食味品质82分,达到国家《优质稻谷》标准二级。三年抗病接种鉴定结果:叶瘟0~2级,穗颈瘟0~1级。三年耐冷性鉴定结果:处理空壳率7.83%~11.15%。

产量表现:2015—2016年区域试验平均公顷产量8 781.3 kg,较对照品种龙粳21增产8.4%;2017年生产试验平均公顷产量8 616.6 kg,较对照品种龙粳21增产10.0%。

栽培技术要点:在适应区播种期4月12日~4月19日,插秧期5月15日~5月22日,秧龄30~35 d,插秧规格为30 cm×13.3 cm,每穴4~5株;一般公顷施纯氮90 kg,氮:磷:钾 = 2:1:1.5,磷肥全部作基肥,钾肥分基肥、穗肥两次施入,每次各施40 kg、27 kg,氮肥比例为基肥:蘖肥:穗肥:粒肥 = 4:3:2:1,其中基肥量为纯氮38 kg、纯磷50 kg、纯钾40 kg,蘖肥量为纯氮25 kg,穗肥量为纯氮17 kg、纯钾27 kg,粒肥量为纯氮10 kg;浅 - 湿 - 干交替灌溉;收获期9月15日~9月25日;注意预防稻瘟病等。

适应区域:黑龙江省第三积温带上限至黑龙江省第二积温下限种植。

33.绥粳27(原代号:绥育108002,见图4 - 117)

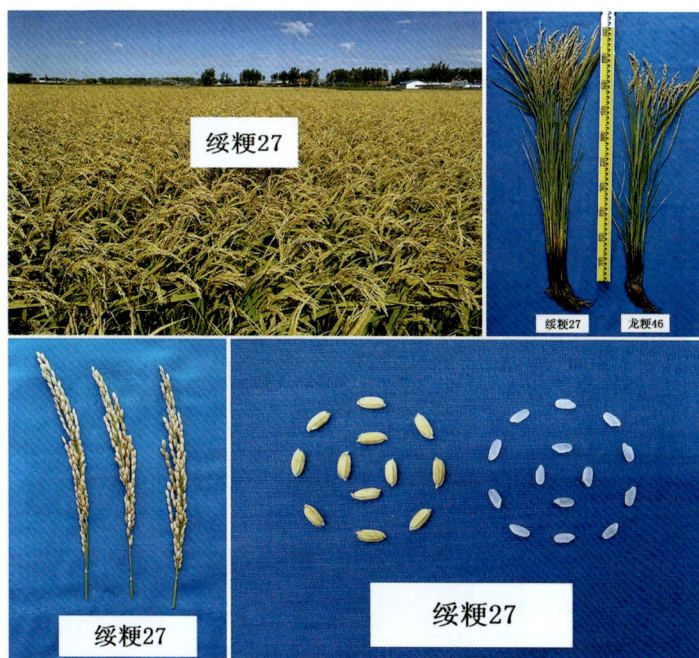

图4 - 117 绥粳27(原代号:绥育108002)

审定编号:黑审稻2018027。

品种类型:粳型常规水稻(亲本来源:绥粳4号×绥粳10)。

选育单位:黑龙江省农业科学院绥化分院。

特征特性:香稻品种;在适应区出苗至成熟生育日数130 d左右,需≥10 ℃活动积温2 325 ℃左右;主茎11片叶,长粒型,株高94.4 cm左右,穗长16.9 cm左右,每穗粒数84粒左右,千粒重26.7 g左右。两年品质分析结果:出糙率80.6% ~81.7%,整精米率65.3% ~68.3%,垩白粒率10.0% ~13.5%,垩白度1.7% ~2.6%,直链淀粉含量(干基)16.63% ~17.40%,胶稠度71.0 ~75.5 mm,食味品质80 ~81分,达到国家《优质稻谷》标准二级。三年抗病接种鉴定结果:叶瘟3 ~5级,穗颈瘟3 ~5级。三年耐冷性鉴定结果:处理空壳率20.20% ~21.40%。

产量表现:2014—2015年区域试验平均公顷产量8 741.0 kg,较对照品种龙粳20增产6.3%;2016—2017年生产试验平均公顷产量9 261.5 kg,较对照品种龙粳46增产7.1%。

栽培技术要点:在适应区播种期4月15日~4月22日,插秧期5月18日~5月25日,秧龄30 ~35 d,插秧规格为30 cm×13.3 cm,每穴5 ~7株;一般公顷施纯氮95 kg,氮:磷:钾 =2:1:1.5,磷肥全部作基肥,钾肥分基肥、穗肥两次施入,每次分别施35 kg、25 kg,氮肥比例为基肥:蘖肥:穗肥 =5:3:2,其中基肥量为纯氮48 kg、纯磷50 kg、纯钾35 kg,蘖肥量为纯氮28 kg,穗肥量为纯氮19 kg、纯钾25 kg;浅 – 湿 – 干交替灌溉;收获期9月15日~9月30日;注意预防稻瘟病等。

适应区域:黑龙江省第三积温带上限种植。

34.富合2号(原代号:合00 – 104,见图4 – 118)

图4 –118 富合2号(原代号:合00 –104)

审定编号:黑审稻 2015011。

品种类型:粳型常规水稻(亲本来源:合 99 - 1 × 龙丰 8811)。

选育单位:黑龙江省农业科学院佳木斯分院。

特征特性:普通水稻品种;在适应区出苗至成熟生育日数 131 d 左右,需≥10 ℃活动积温 2 375 ℃左右;主茎 11 片叶,椭圆粒型,株高 90 cm 左右,穗长 16.2 cm 左右,每穗粒数 100 粒左右,千粒重 26.5 g 左右。三年品质分析结果:出糙率 81.2% ~82.1%,整精米率 67.7 % ~70.5%,垩白粒率 3.0% ~32.0%,垩白度 0.4% ~2.7%,直链淀粉含量(干基)16.88% ~17.65%,胶稠度 70.5 ~75.0 mm,食味品质 81 ~83 分,达到国家《优质稻谷》标准二级。四年抗病接种鉴定结果:叶瘟 3 ~5 级,穗颈瘟 1 ~5 级。四年耐冷性鉴定结果:处理空壳率 12.80% ~16.12%。

产量表现:2011—2012 年区域试验平均公顷产量 9 200.2 kg,较对照品种龙粳 31 增产5.5%;2013—2014 年生产试验平均公顷产量 9 005.5 kg,较对照品种龙粳 31 增产 9.2%。

栽培技术要点:在适应区播种期 4 月 15 日 ~4 月 25 日,插秧期 5 月 15 日 ~5 月 25日,秧龄 25 ~30 d,插秧规格为 30 cm × 13.3 cm,每穴 3 ~5 株;一般公顷施纯氮 92 kg,氮:磷:钾 =2:1:1;氮肥比例为基肥蘖肥:穗肥:粒肥 =4:3:2:1,其中基肥量为纯氮 36.8 kg、纯磷 46 kg、纯钾 30.6 kg,蘖肥量为纯氮 27.6 kg,穗肥量为纯氮 18.4 kg、纯钾 20.4 kg,粒肥量为纯氮 9.2 kg;秋季旱整地,春季水整地后准备插秧;花达水插秧,分蘖期浅水,分蘖末期晒田,灌浆后期间歇灌溉,蜡熟期浅湿灌溉,8 月末停灌;收获期 9 月 20 日;注意 7 月中下旬防叶瘟,7 月末至 8 月上中旬防穗颈瘟、枝梗瘟和粒瘟,插秧后防潜叶蝇,6 月下旬至 7 月上中旬防水稻负泥虫。

适应区域:黑龙江省第三积温带上限种植。

35. 富合 3 号(原代号:合 1405,见图 4 - 119)

图 4 - 119　富合 3 号(原代号:合 1405)

审定编号:黑审稻2018025。

品种类型:粳型常规水稻(亲本来源:空育131×松03–271)。

选育单位:黑龙江省农业科学院佳木斯分院。

特征特性:普通粳稻;在适应区出苗至成熟生育日数126 d左右,需≥10 ℃活动积温2 225 ℃左右;主茎11片叶,椭圆粒型,株高86.0 cm左右,穗长14.0 cm左右,每穗粒数90粒左右,千粒重26.0 g左右。品质分析结果:出糙率82.2%,整精米率68.7%,垩白粒率9.0%,垩白度1.6%,直链淀粉含量(干基)17.27%,胶稠度71.5 mm,食味品质83分,达到国家《优质稻谷》标准二级。三年抗病接种鉴定结果:叶瘟3级,穗颈瘟1~3级。三年耐冷性鉴定结果:处理空壳率4.43%~6.20%。

产量表现:2015—2016年区域试验平均公顷产量8 748.0 kg,较对照品种龙粳46增产3.9%;2017年生产试验平均公顷产量9 410.6 kg,较对照品种龙粳46增产8.5%。

栽培技术要点:在适应区播种期4月15日~4月22日,插秧期5月18日~5月25日,秧龄30~35 d,插秧规格为30 cm×13.3 cm,每穴3~5株;一般公顷施纯氮92 kg,氮:磷:钾 =2:1:1,磷肥全部作基肥,钾肥分基肥、穗肥两次施入,每次分别施30 kg、16 kg,氮肥比例为基肥:蘖肥:穗肥 =5:3:2,其中基肥量为纯氮46 kg、纯磷46 kg、纯钾30 kg,蘖肥量为纯氮28 kg,穗肥量为纯氮18 kg、纯钾16 kg;秋季旱整地,春季水整地后准备插秧;花达水插秧,分蘖期浅水,分蘖末期晒田,灌浆后期间歇灌溉,蜡熟期浅湿灌溉,8月末停灌;收获期9月20日~9月30日;注意7月中下旬防叶瘟,7月末至8月上中旬防穗颈瘟、枝梗瘟和粒瘟,插秧后防潜叶蝇,8月初防稻螟蛉。

适应区域:黑龙江省第三积温带下限种植。

36. 龙富1号(原代号:育龙09–1131,见图4–120)

图4–120 龙富1号(原代号:育龙09–1131)

审定编号:黑审稻 2016013。

品种类型:粳型常规水稻(亲本来源:龙育 03 – 1126 × 龙粳 15)。

选育单位:齐齐哈尔市富尔农艺有限公司、黑龙江省农业科学院作物育种研究所。

特征特性:普通水稻品种;在适应区出苗至成熟生育日数 127 d 左右,需≥10 ℃活动积温 2 250 ℃左右;主茎 11 片叶,椭圆粒型,株高 93.8 cm 左右,穗长 16.3 cm 左右,每穗粒数 91 粒左右,千粒重 24.8 g 左右。两年品质分析结果:出糙率 82.0% ~82.8%,整精米率 71.8% ~72.0%,垩白粒率 8.0% ~10.5%,垩白度 1.9% ~2.5%,直链淀粉含量(干基)17.84% ~19.14%,胶稠度 76.5 ~77.0 mm,食味品质 80 分,达到国家《优质稻谷》标准二级。三年抗病接种鉴定结果:叶瘟 3 ~4 级,穗颈瘟 1 ~5 级。三年耐冷性鉴定结果:处理空壳率 6.78% ~26.30%。

产量表现:2013—2014 年区域试验平均公顷产量 8 560.0 kg,较对照品种龙粳 20 增产 5.7%;2015 年生产试验平均公顷产量 8 908.3 kg,较对照品种龙粳 20 增产 3.0%。

栽培技术要点:在适应区播种期 4 月 15 日 ~4 月 25 日,插秧期 5 月 15 日 ~5 月 25日,秧龄 30 ~35 d,插秧规格为 30 cm ×13.3 cm,每穴 3 ~4 株;一般公顷施纯氮 100 kg,氮:磷:钾 =2.2:1:1.5;氮肥比例为基肥:蘗肥:穗肥:粒肥 =4:3:2:1,其中基肥量为纯氮 40 kg、纯磷 46 kg、纯钾 35 kg,蘗肥量为纯氮 30 kg,穗肥量为纯氮 20 kg、纯钾 35 kg,粒肥量为纯氮 10 kg;秋翻地或 4 月中旬后旱整地,4 月 20 日开始泡田,一周后水整地,沉降一周后进行插秧;花达水插秧,分蘗期浅水灌溉,有效分蘗末期晒田,复水后间歇灌溉,黄熟末期排干;收获期 9 月下旬开始;注意病、虫、草害的及时防治。

适应区域:黑龙江省第三积温带种植。

37.绥稻 6 号(原代号:盛昌 09 –3,见图 4 –121)

图 4 –121　绥稻 6 号(原代号:盛昌 09 –3)

审定编号：黑审稻 2017023。

品种类型：粳型常规水稻（亲本来源：东农 416×空育 131）。

选育单位：绥化市盛昌种子繁育有限责任公司。

特征特性：普通水稻品种；在适应区出苗至成熟生育日数 127 d 左右，需 ≥10 ℃ 活动积温 2 300 ℃ 左右；主茎 11 片叶，椭圆粒型，株高 90.0 cm 左右，穗长 14.8 cm 左右，每穗粒数 97.1 粒左右，千粒重 26.0 g 左右。两年品质分析结果：出糙率 81.8%~82.1%，整精米率 70.8%~71.9%，垩白粒率 5.0%~12.0%，垩白度 1.1%~2.6%，直链淀粉含量（干基）16.8%~18.4%，胶稠度 73.5~80.5 mm，食味品质 76~84 分，达到国家《优质稻谷》标准二级。四年抗病接种鉴定结果：叶瘟 3~6 级，穗颈瘟 1~5 级。四年耐冷性鉴定结果：处理空壳率 10.1%~27.7%。

产量表现：2013—2014 年区域试验平均公顷产量 8 703.3 kg，较对照品种龙粳 20 增产 6.6%；2015 年生产试验平均公顷产量 9 297.9 kg，较对照品种龙粳 20 增产 7.5%。

栽培技术要点：在适应区播种期 4 月 15 日~4 月 25 日，插秧期 5 月 15~5 月 25 日，秧龄 30~35 d，插秧规格为 30 cm×13.3 cm，每穴 3~4 株；一般公顷施纯氮 95 kg，氮：磷：钾 =2:1:1；氮肥比例为基肥：蘖肥：穗肥：粒肥 =4:3:2:1，其中基肥量为纯氮 38 kg、纯磷 50 kg、纯钾 30 kg，蘖肥量为纯氮 28 kg，穗肥量为纯氮 19 kg、纯钾 20 kg，粒肥量为纯氮 10 kg；旱育插秧栽培，浅 - 湿 - 干交替灌溉；收获期 9 月下旬；注意预防稻瘟病、二化螟。

适应区域：黑龙江省第三积温带种植。

38. 绥稻 9 号（原代号：盛昌 203，见图 4 - 122）

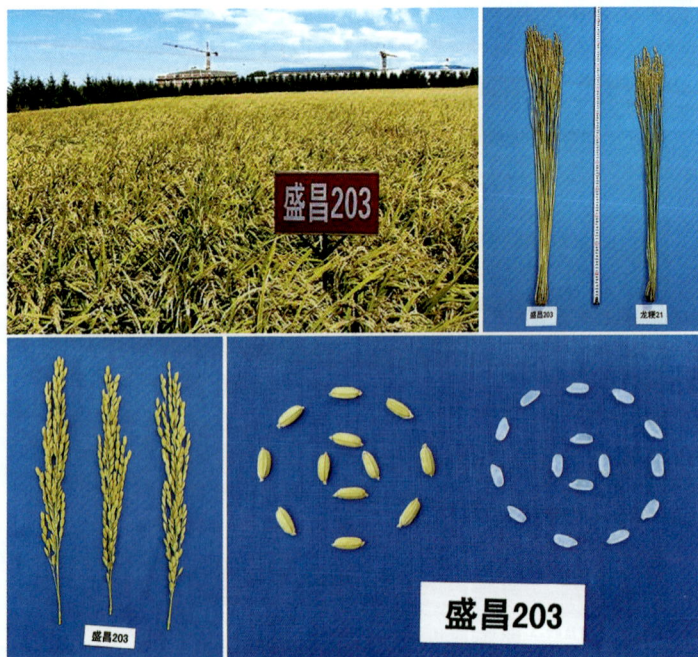

图 4 - 122　绥稻 9 号（原代号：盛昌 203）

审定编号:黑审稻2018014。

品种类型:粳型常规水稻(亲本来源:绥粳3号×绥粳4号)。

选育单位:绥化市盛昌种子繁育有限责任公司。

特征特性:香稻品种;在适应区出苗至成熟生育日数132 d左右,需≥10 ℃活动积温2 400 ℃左右;主茎12片叶,长粒型,株高101.9 cm左右,穗长17.3 cm左右,每穗粒数104粒左右,千粒重26.8 g左右。品质分析结果:出糙率80.8%,整精米率70.2%,垩白粒率7.5%,垩白度1.1%,直链淀粉含量(干基)17.24%,胶稠度70.0 mm,食味品质90分,达到国家《优质稻谷》标准二级。三年抗病接种鉴定结果:叶瘟1~6级,穗颈瘟1~5级。三年耐冷性鉴定结果:处理空壳率10.39%~19.40%。

产量表现:2015—2016年区域试验平均公顷产量8 977.1 kg,较对照品种龙粳21增产10.8%;2017年生产试验平均公顷产量8 545.4 kg,较对照品种龙粳21增产9.1%。

栽培技术要点:在适应区播种期4月12日~4月19日,插秧期5月15日~5月22日,秧龄30~35 d,插秧规格为30 cm×13.3 cm,每穴4~6株;一般公顷施纯氮100 kg,氮:磷:钾=2:1:1,磷肥全部作基肥,钾肥分基肥、穗肥两次施入,每次各施25 kg;氮肥比例为基肥:蘖肥:穗肥:粒肥=4:3:2:1,其中基肥量为纯氮40 kg、纯磷50 kg、纯钾25 kg,蘖肥量为纯氮30 kg,穗肥量为纯氮20 kg、纯钾25 kg,粒肥量为纯氮10 kg;浅–湿–干交替灌溉;收获期9月15日~9月25日;注意预防稻瘟病等。

适应区域:黑龙江省第三积温带上限至黑龙江省第二积温下限种植。

### 四、第四积温带水稻新品种简介

1.龙粳28号(原代号:龙育04–1465,见图4–123)

**图4–123 龙粳28号(原代号:龙育04–1465)**

审定编号:黑审稻2009011。

品种类型:粳型常规水稻(亲本来源:龙育98 – 195×吉2068)。

选育单位:黑龙江省农业科学院佳木斯水稻研究所。

特征特性:粳稻品种;在适应区出苗至成熟生育日数135 d左右,需≥10 ℃活动积温2 370 ℃左右;主茎10片叶,株高88 cm左右,穗长18 cm左右,每穗粒数88粒左右,千粒重28 g左右。品质分析结果:出糙率82.6%～83.9%,整精米率67.7%～70.5%,垩白粒率0.0%～14.5%,垩白度0.0%～1.6%,直链淀粉含量(干基)16.3%～17.4%,胶稠度65.5～77.5 mm,食味品质76～78分。接种鉴定结果:叶瘟3级,穗颈瘟3级。耐冷性鉴定结果:处理空壳率5.2%～9.6%。

产量表现:2006—2007年区域试验平均公顷产量9 015.7 kg,较对照品种龙稻2号增产10%;2008年生产试验平均公顷产量9 707.2 kg,较对照品种龙稻2号增产12.1%。

栽培技术要点:4月15日～4月20日播种,5月15日～5月20日插秧,插秧规格为30 cm×10 cm左右,每穴3～4株;中等肥力地块,一般公顷施尿素250 kg、二铵100 kg、硫酸钾100 kg,尿素分基肥、蘖肥、穗肥施入;二铵全部用作基肥,钾肥分基肥、穗肥施入;花达水插秧,分蘖期浅水灌溉,灌浆期浅水灌溉至8月末停灌;9月末10月上旬收获;可用于直播栽培。

适应区域:黑龙江省第四积温带插秧栽培。

2. 龙粳37(原代号:龙育03 – 1789,见图4 – 124)

图4 – 124 龙粳37(原代号:龙育03 – 1789)

审定编号:黑审稻2012013。

品种类型:粳型常规水稻(亲本来源:垦稻 12×龙选 9782)。

选育单位:黑龙江省农业科学院佳木斯水稻研究所、黑龙江省龙粳高科有限责任公司、黑龙江省龙科种业集团有限公司。

特征特性:粳稻品种;在适应区出苗至成熟生育日数 123 d 左右,需≥10 ℃活动积温 2 150 ℃左右;主茎 10 片叶,株高 94 cm 左右,穗长 17.6 cm 左右,每穗粒数 80 粒左右,千粒重 28.0 g 左右。两年品质分析结果:出糙率 81.0%～81.1%,整精米率 69.2%～70.9%,垩白粒率 8.0%～22.0%,垩白度 1.1%～2.9%,直链淀粉含量(干基)16.1%～17.6%,胶稠度 70.0～77.5 mm,食味品质 82～84 分。三年抗病接种鉴定结果:叶瘟 3～5 级,穗颈瘟 1～5 级。三年耐冷性鉴定结果:处理空壳率 10.9%～18.8%。

产量表现:2009—2010 年区域试验平均公顷产量 8 961.5 kg,较对照品种三江 1 号增产 4.9%;2011 年生产试验平均公顷产量 9 949.6 kg,较对照品种三江 1 号增产 6.3%。

栽培技术要点:4 月 15 日～4 月 20 日播种,5 月 15 日～5 月 20 日插秧,插秧规格为 30 cm×10 cm 左右,每穴 3～5 株;中等肥力地块,公顷施尿素 250 kg、二铵 100 kg、硫酸钾 100 kg,尿素分基肥、蘖肥、穗肥施入,二铵全部用作基肥,钾肥分基肥、穗肥施入;常规管理,花达水插秧,分蘖期浅水灌溉,灌浆期浅水灌溉至 8 月末停灌;9 月末至 10 月上旬收获。

适应区域:黑龙江省第四积温带种植。

3. 龙粳 47(原代号:龙交 102813,见图 4-125)

图 4-125　龙粳 47(原代号:龙交 102813)

审定编号:黑审稻 2015013。

品种类型:粳型常规水稻(亲本来源:龙萝 02-143×龙花 00-233)。

选育单位:黑龙江省农业科学院佳木斯水稻研究所、黑龙江省龙科种业集团有限公司、佳木斯龙粳种业有限公司。

特征特性:普通水稻品种;在适应区出苗至成熟生育日数123 d左右,需≥10 ℃活动积温2 150 ℃左右;主茎10片叶,椭圆粒型,株高83.9 cm左右,穗长14.5 cm左右,每穗粒数77粒左右,千粒重25.7 g左右。两年品质分析结果:出糙率82.2%～83.3%,整精米率63.0%～68.5%,垩白粒率5.5%～11.0%,垩白度1.0%～3.5%,直链淀粉含量(干基)18.22%～18.35%,胶稠度75.5～78.0 mm,食味品质74～80分,达到国家《优质稻谷》标准三级。三年抗病接种鉴定结果:叶瘟3～5级,穗颈瘟1～5级。三年耐冷性鉴定结果:处理空壳率12.5%～19.5%。

产量表现:2012—2013年区域试验平均公顷产量9 252.6 kg,较对照品种三江1号增产7.5%;2014年生产试验平均公顷产量9 416.4 kg,较对照品种三江1号增产7.0%。

栽培技术要点:在适应区播种期4月15日～4月25日,插秧期5月15日～5月25日,秧龄30 d,插秧规格为30 cm×13.3 cm,每穴4～5株;一般公顷施纯氮110 kg,氮∶磷∶钾=2.4∶1∶1.6;氮肥比例为基肥∶蘖肥∶穗肥∶粒肥=4∶3∶2∶1,其中基肥量为纯氮44 kg、纯磷46 kg、纯钾40 kg,蘖肥量为纯氮33 kg,穗肥量为纯氮22 kg、纯钾35 kg,粒肥量为纯氮11 kg;秋翻地,春季水耙整平;花达水插秧,分蘖期浅水灌溉,分蘖末期晒田,复水后间歇灌溉,8月下旬黄熟后排干;收获期9月25日前后;注意病、虫、草害的防治。

适应区域:黑龙江省第四积温带种植。

4.龙粳48(原代号:龙丰09757,见图4-126)

图4-126 龙粳48(原代号:龙丰09757)

审定编号:黑审稻 2015014。

品种类型:粳型常规水稻(亲本来源:龙粳 17 × 空育 131)。

选育单位:黑龙江省农业科学院佳木斯水稻研究所、黑龙江省龙科种业集团有限公司、佳木斯龙粳种业有限公司。

特征特性:普通水稻品种;在适应区出苗至成熟生育日数 123 d 左右,需≥10 ℃活动积温 2 150 ℃左右;主茎 10 片叶,椭圆粒型,株高 83.2 cm 左右,穗长 15.1 cm 左右,每穗粒数 78 粒左右,千粒重 26.8 g 左右。两年品质分析结果:出糙率 81.2% ~81.9%,整精米率 66.0% ~69.2%,垩白粒率 3.0% ~3.5%,垩白度 0.5% ~1.0%,直链淀粉含量(干基)17.89% ~18.22%,胶稠度 71.5 ~73.5 mm,食味品质 79 ~80 分,达到国家《优质稻谷》标准二级。三年抗病接种鉴定结果:叶瘟 3 ~4 级,穗颈瘟 1 ~3 级。三年耐冷性鉴定结果:处理空壳率 8.1% ~15.3%。

产量表现:2012—2013 年区域试验平均公顷产量 9 197.2 kg,较对照品种三江 1 号增产 6.6%;2014 年生产试验平均公顷产量 9 498.5 kg,较对照品种三江 1 号增产 7.9%。

栽培技术要点:在适应区播种期 4 月 10 日 ~4 月 20 日,插秧期 5 月 15 日 ~5 月 25 日,秧龄 35 d,插秧规格为 30 cm × 10 cm,每穴 4 ~5 株;一般公顷施纯氮 110 kg,氮:磷:钾 = 2.4:1:1.1;氮肥比例为基肥:蘗肥:穗肥:粒肥 = 4:3:3:0,其中基肥量为纯氮 44 kg、纯磷 46 kg、纯钾 25 kg,蘗肥量为纯氮 33 kg,穗肥量为纯氮 33 kg、纯钾 25 kg,粒肥量为纯氮 0 kg;秋翻地,春天水耙,沉降 7 d 后进行插秧;花达水插秧,分蘗期浅水灌溉,分蘗末期晒田,复水后间歇灌溉,8 月下旬黄熟后排干;收获期 9 月 25 日;注意病、虫、草害的及时防治。

适应区域:黑龙江省第四积温带种植。

5. 龙粳 54(原代号:龙交 102839,见图 4 - 127)

图 4 - 127 龙粳 54(原代号:龙交 102839)

审定编号:黑审稻2016014。

品种类型:粳型常规水稻(亲本来源:龙交05-4087×龙花00-233)。

选育单位:佳木斯龙粳种业有限公司、黑龙江省农业科学院佳木斯水稻研究所。

特征特性:普通水稻品种;在适应区出苗至成熟生育日数123 d左右,需≥10℃活动积温2 150℃左右;主茎10片叶,椭圆粒型,株高86.5 cm左右,穗长14.9 cm左右,每穗粒数78粒左右,千粒重26.0 g左右。两年品质分析结果:出糙率82.7%~83.0%,整精米率66.7%~70.9%,垩白粒率10.5%~12.5%,垩白度1.9%~3.0%,直链淀粉含量(干基)17.09%~17.51%,胶稠度72~73 mm,食味品质73~80分,达到国家《优质稻谷》标准三级。三年抗病接种鉴定结果:叶瘟3~5级,穗颈瘟1~5级。三年耐冷性鉴定结果:处理空壳率8.50%~17.50%。

产量表现:2013—2014年区域试验平均公顷产量9 154.2 kg,较对照品种三江1号增产7.2%;2015年生产试验平均公顷产量9 372.5 kg,较对照品种三江1号增产8.4%。

栽培技术要点:在适应区播种期4月20日~4月28日,插秧期5月20日~5月28日,秧龄30 d,插秧规格为30 cm×13.3 cm,每穴4~5株;一般公顷施纯氮100 kg,氮:磷:钾=2.2:1:1.5;氮肥比例为基肥:蘖肥:穗肥:粒肥=4:3:2:0,其中基肥量为纯氮40 kg、纯磷44 kg、纯钾35 kg,蘖肥量为纯氮30 kg,穗肥量为纯氮20 kg、纯钾35 kg,粒肥可喷施磷酸二氢钾等含钾叶面肥;秋翻地,春季水耙整平;花达水插秧,分蘖期浅水灌溉,有效分蘖末期晒田,复水后间歇灌溉,黄熟末期排干;收获期9月下旬;注意病、虫、草害的发生与防治。

适应区域:黑龙江省第四积温带种植。

6. 龙粳61(原代号:龙生02015,见图4-128)

图4-128　龙粳61(原代号:龙生02015)

审定编号:黑审稻 2017026。

品种类型:粳型常规水稻(亲本来源:龙花 961484 × 绥粳 3 号)。

选育单位:黑龙江省农业科学院佳木斯水稻研究所。

特征特性:普通水稻品种;在适应区出苗至成熟生育日数 123 d 左右,需 ≥10 ℃活动积温 2 150 ℃左右;主茎 11 片叶,椭圆粒型,株高 90.3 cm 左右,穗长 15.2 cm 左右,每穗粒数 90 粒左右,千粒重 24.7 g 左右。两年品质分析结果:出糙率 81.0%,整精米率 69.1% ~71.5%,垩白粒率 5.5% ~14.0%,垩白度 0.6% ~2.3%,直链淀粉含量(干基) 16.27% ~18.86%,胶稠度 70.5 ~76.5 mm,食味品质 76 ~78 分,达到国家《优质稻谷》标准三级。三年抗病接种鉴定结果:叶瘟 3 ~5 级,穗颈瘟 1 ~5 级。三年耐冷性鉴定结果: 处理空壳率 17.60% ~24.69%。

产量表现:2014—2015 年区域试验平均公顷产量 9 166.4 kg,较对照品种三江 1 号增产 5.4%;2016 年生产试验平均公顷产量 8 910.2 kg,较对照品种三江 1 号增产 8.1%。

栽培技术要点:在适应区播种期 4 月 15 日 ~4 月 25 日,插秧期 5 月 15 日 ~5 月 25 日,秧龄 30 d,插秧规格为 30 cm×13 cm,每穴 5 ~7 株;一般公顷施纯氮 115 kg,氮:磷: 钾 =2.4:1:1.6,氮肥比例为基肥:蘖肥:穗肥:粒肥 =4:3:2:1,粒肥酌情施入,磷肥全部作基肥,钾肥分基肥、穗肥两次施入,每次各施 50%;上年秋季或 4 月上旬旱整地,4 月 15 日开始放水泡田,4 月 20 日开始水整地,5 月 10 日前结束;花达水插秧,分蘖期浅水灌溉,有效分蘖末期晒田,减数分裂期深水护胎,后期间歇灌溉;收获期 9 月下旬开始;注意做好病、虫、草害的综合防治。

适应区域:黑龙江省第四积温带种植。

7. 龙粳 67(原代号:龙育 06087,见图 4 - 129)

图 4 - 129　龙粳 67(原代号:龙育 06087)

审定编号:黑审稻 2018028。

品种类型:粳型常规水稻(亲本来源:龙育 05 - C31 × 龙育 03 - 1126)。

选育单位:黑龙江省农业科学院佳木斯水稻研究所。

特征特性:普通粳稻;在适应区出苗至成熟生育日数 123 d 左右,需≥10 ℃活动积温 2 150 ℃左右;主茎 10 片叶,椭圆粒型,株高 91.4 cm 左右,穗长 16.5 cm 左右,每穗粒数 78 粒左右,千粒重 26.3 g 左右。品质分析结果:出糙率 81.5%,整精米率 68.9%,垩白粒率 24.5%,垩白度 4.6%,直链淀粉含量(干基)18.77%,胶稠度 76.5 mm,食味品质 79 分,达到国家《优质稻谷》标准三级。三年抗病接种鉴定结果:叶瘟 5~6 级,穗颈瘟 5 级。三年耐冷性鉴定结果:处理空壳率 3.17%~9.40%。

产量表现:2015—2016 年区域试验平均公顷产量 9 400.2 kg,较对照品种三江 1 号增产 9.4%;2017 年生产试验平均公顷产量 9 063.6 kg,较对照品种龙粳 47 增产 7.0%。

栽培技术要点:在适应区播种期 4 月 18 日~4 月 25 日,插秧期 5 月 20 日~5 月 25 日,秧龄 30~35 d,插秧规格为 30 cm×13 cm,每穴 3~5 株;一般公顷施纯氮 100 kg,氮:磷:钾 =2:1:1.5,磷肥全部作基肥,钾肥分基肥、穗肥两次施入,每次各施 35 kg,氮肥比例为基肥:蘖肥:穗肥 =5:3:2,其中基肥量为纯氮 50 kg、纯磷 50 kg、纯钾 35 kg,蘖肥量为纯氮 30 kg,穗肥量为纯氮 20 kg、纯钾 35 kg;常规管理,花达水插秧,分蘖期浅水灌溉,灌浆期浅水灌溉至 8 月末停灌;收获期 9 月下旬;注意预防稻瘟病等。

适应区域:黑龙江省第四积温带种植。

8. 龙粳 69(原代号:龙丰 12393,见图 4 - 130)

图 4 - 130　龙粳 69(原代号:龙丰 12393)

审定编号:黑审稻 2018030。

品种类型:粳型常规水稻(亲本来源:龙粳 2 号×通系 112)。

选育单位:黑龙江省农业科学院佳木斯水稻研究所。

特征特性:普通粳稻;在适应区出苗至成熟生育日数 123 d 左右,需≥10 ℃活动积温 2 150 ℃左右;主茎 10 片叶,椭圆粒型,株高 92.4 cm 左右,穗长 15.1 cm 左右,每穗粒数 81 粒左右,千粒重 26.9 g 左右。品质分析结果:出糙率 82.0%,整精米率 71.8%,垩白粒率 4.0%,垩白度 0.8%,直链淀粉含量(干基)17.73%,胶稠度 78.0 mm,食味品质 82 分,达到国家《优质稻谷》标准二级。三年抗病接种鉴定结果:叶瘟 5～7 级,穗颈瘟 1～7 级。三年耐冷性鉴定结果:处理空壳率 3.51%～16.40%。

产量表现:2015—2016 年区域试验平均公顷产量 9 100.5 kg,较对照品种三江 1 号增产 6.0%;2017 年生产试验平均公顷产量 9 195.8 kg,较对照品种龙粳 47 增产 8.4%。

栽培技术要点:在适应区播种期 4 月 18 日～4 月 25 日,插秧期 5 月 20 日～5 月 25 日,秧龄 30～35 d,插秧规格为 30 cm×10 cm,每穴 3～5 株;一般公顷施纯氮 110 kg,氮:磷:钾 =2.4:1:1.1,磷肥全部作基肥,钾肥分基肥、穗肥两次施入,每次各施 50%,氮肥比例为基肥:蘖肥:穗肥 =4:3:3,其中基肥量为纯氮 44 kg、纯磷 46 kg、纯钾 25 kg,蘖肥量为纯氮 33 kg,穗肥量为纯氮 33 kg、纯钾 25 kg;秋翻地,春天水耙,沉降 7 d 后进行插秧;花达水插秧,分蘖期浅水灌溉,分蘖末期晒田,复水后间歇灌溉,8 月下旬黄熟排干;收获期 9 月 20 日左右;注意预防稻瘟病等。

适应区域:黑龙江省第四积温带种植。

9. 垦稻 19(原代号:垦 04 -1093,见图 4 -131)

图 4 -131 垦稻 19(原代号:垦 04 -1093)

审定编号:黑审稻2009012。

品种类型:粳型常规水稻(亲本来源:垦96 – 614/垦96 – 730 × 垦96 – 249/垦96 – 754)。

选育单位:黑龙江省农垦科学院水稻研究所。

特征特性:粳稻品种;在适应区出苗至成熟生育日数133 d左右,需≥10 ℃活动积温2 330 ℃左右;主茎10片叶,株高91.3 cm左右,穗长18.8 cm左右,每穗粒数93.2粒左右,千粒重26.9 g左右。品质分析结果:出糙率80.6% ~ 82.8%,整精米率66.1% ~ 71.4%,垩白粒率0.0% ~ 7.5%,垩白度0.0% ~ 1.2%,直链淀粉含量(干基)17.5% ~ 18.7%,胶稠度76.3 ~ 78.5 mm,食味品质78 ~ 84分。抗病接种鉴定结果:叶瘟3级,穗颈瘟1 ~ 3级。耐冷性鉴定结果:处理空壳率6.4% ~ 15.8%。

产量表现:2006年—2007年区域试验平均公顷产量8 757.8 kg,较对照品种龙稻2号增产11.9%。

栽培技术要点:4月15日 ~ 4月20日播种,5月15日 ~ 5月20日插秧,插秧规格为30 cm × 10 cm左右,每穴3 ~ 4株;中等肥力地块,一般公顷施尿素250 kg、二铵100 kg、硫酸钾100 kg,尿素分基肥、蘖肥、穗肥施入,二铵全部用作基肥,钾肥分基肥、穗肥施入;花达水插秧,分蘖期浅水灌溉,灌浆期浅水灌溉至8月末停灌;9月末10月上旬收获;可用于直播栽培。

适应区域:黑龙江省第四积温带插秧栽培。

10.绥粳12(原代号:绥04 – 6349,见图4 – 132)

图4 – 132　绥粳12(原代号:绥04 – 6349)

审定编号:黑审稻 2009013。

品种类型:粳型常规水稻(亲本来源:龙粳 10×绥粳 3 号)。

选育单位:黑龙江省农业科学院绥化分院。

特征特性:粳稻品种;在适应区出苗至成熟生育日数 133 d 左右,需≥10 ℃活动积温 2 360 ℃左右;主茎 10~11 片叶,株高 87.5 cm 左右,穗长 17.5 cm 左右,每穗粒数 84.7 粒左右,千粒重 26.0 g 左右。品质分析结果:出率糙 79.6%~81.7%,整精米率 66.8%~70.6%,垩白粒率 0.0%~9.5%,垩白度 0.0%~1.1%,直链淀粉含量(干基)17.3%~18.8%,胶稠度 66.0~73.0 mm,食味品质 75~77 分。抗病接种鉴定结果:叶瘟 3~5 级,穗颈瘟 1~3 级。耐冷性鉴定结果:处理空壳率 7.7%~9.8%。

产量表现:2006—2007 年区域试验平均公顷产量 8 905.1 kg,较对照品种龙稻 2 号增产 9.4%;2008 年生产试验平均公顷产量 9 654.1 kg,较对照品种龙稻 2 号增产 11.5%。

栽培技术要点:4 月 10 日~4 月 20 日插种,5 月 20 日~5 月 25 日插秧,插秧规格为 30 cm×13.3 cm 左右,每穴 3~5 株;中上等肥力地块,一般公顷施尿素 250 kg、磷酸二铵 100 kg、硫酸钾 50 kg,尿素分基肥、蘖肥、穗肥及穗粒肥施入,水稻返青期施硫酸铵;注意防除田间杂草,促进分蘖,本田水层管理,浅－湿－干交替;成熟后适时收获。

适应区域:黑龙江省第四积温带插秧栽培。

11. 绥粳 25(原代号:绥育 117349,见图 4－133)

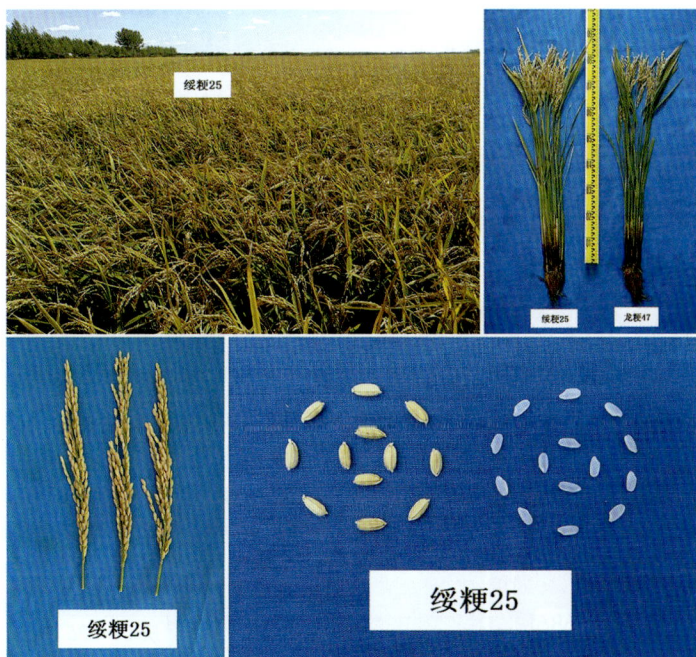

图 4－133　绥粳 25(原代号:绥育 117349)

审定编号:黑审稻 2018029。

品种类型:粳型常规水稻(亲本来源:延 304×松 98－131)。

选育单位:黑龙江省农业科学院绥化分院。

特征特性:普通粳稻;在适应区出苗至成熟生育日数 123 d 左右,需≥10 ℃活动积温 2 150 ℃左右;主茎 10 片叶,长粒型,株高 90.4 cm 左右,穗长 16.9 cm 左右,每穗粒数 93 粒左右,千粒重 24.5 g 左右。品质分析结果:出糙率 78.1%,整精米率 67.1%,垩白粒率 3.5%,垩白度 0.5%,直链淀粉含量(干基)18.74%,胶稠度 77 mm,食味品质 72 分,达到国家《优质稻谷》标准三级。三年抗病接种鉴定结果:叶瘟 3~6 级,穗颈瘟 1~3 级。三年耐冷性鉴定结果:处理空壳率 9.50%~15.62%。

产量表现:2015 年—2016 年区域试验平均公顷产量 9 211.6 kg,较对照品种三江 1 号增产 7.0%;2017 年生产试验平均公顷产量 8 993.1 kg,较对照品种龙粳 47 增产 6.1%。

栽培技术要点:在适应区播种期 4 月 18 日~4 月 25 日,插秧期 5 月 20 日~5 月 25 日,秧龄 30~35 d,插秧规格为 30 cm×13.3 cm,每穴 5~7 株;一般公顷施纯氮 95 kg,氮:磷:钾 =2:1:1.5,磷肥全部作基肥,钾肥分基肥、穗肥两次施入,每次分别施 40 kg、30 kg,氮肥比例为基肥:蘖肥:穗肥 =5:3:2,其中基肥量为纯氮 48 kg、纯磷 50 kg、纯钾 40 kg,蘖肥量为纯氮 28 kg,穗肥量为纯氮 19 kg、纯钾 30 kg;浅-湿-干交替灌溉;收获期 9 月 5 日~9 月 20 日;注意预防稻瘟病等。

适应区域:黑龙江省第四积温带种植。

12. 龙庆稻 20(原代号:庆 09-686,见图 4-134)

图 4-134 龙庆稻 20(原代号:庆 09-686)

审定编号:黑审稻 2017027。

品种类型:粳型常规水稻(亲本来源:龙庆稻 3 号×泰香王)。

选育单位:庆安县北方绿洲稻作研究所。

特征特性:普通水稻品种;在适应区出苗至成熟生育日数124 d左右,需≥10 ℃活动积温2 180 ℃左右;主茎10片叶,长粒型,株高94 cm左右,穗长17.7 cm左右,每穗粒数100粒左右,千粒重27.8 g左右。两年品质分析结果:出糙率81.0%~82.3%,整精米率64.1%~69.3%,垩白粒率8.0%~15.0%,垩白度1.7%~2.1%,直链淀粉含量(干基)16.52%~18.85%,胶稠度68.0~83.5 mm,食味品质80~85分,达到国家《优质稻谷》标准二级。三年抗病接种鉴定结果:叶瘟3~6级,穗颈瘟1~7级。三年耐冷性鉴定结果:处理空壳率11.70%~24.30%。

产量表现:2014—2015年区域试验平均公顷产量9 093.9 kg,较对照品种三江1号增产4.3%;2016年生产试验平均公顷产量8 964.5 kg,较对照品种三江1号增产8.8%。

栽培技术要点:在适应区播种期4月15日~4月25日,插秧期5月20日~5月28日,秧龄35 d,插秧规格为30 cm×13.3 cm,每穴3~5株;一般公顷施纯氮120 kg,氮:磷:钾=2:1:1.2,氮肥比例为基肥:蘖肥:穗肥:粒肥=5:3:2:0,磷肥全部作基肥,钾肥分基肥、穗肥两次施入,每次各施50%;秋翻,节水控灌;收获期9月末开始;注意减氮、稳磷、增钾。

适应区域:黑龙江省第四积温带种植。

13.龙庆稻22(原代号:田友9865,见图4-135)

图4-135　龙庆稻22(原代号:田友9865)

审定编号:黑审稻2018033。

品种类型:粳型常规水稻(亲本来源:绥粳3号/莎莎妮×绥粳3号/五优稻1号)。

选育单位:庆安县北方绿洲稻作研究所、黑龙江田友种业有限公司。

特征特性:普通粳稻;在适应区出苗至成熟生育日数 125 d 左右,需≥10 ℃活动积温 2 200 ℃左右;主茎 10 片叶,长粒型,株高 97 cm 左右,穗长 18.1 cm 左右,每穗粒数 82.9 粒左右,千粒重 27.1 g 左右。两年品质分析结果:出糙率 80.6% ~ 81.3%,整精米率 65.1% ~ 69.2%,垩白粒率 3.0% ~ 7.5%,垩白度 0.4% ~ 2.1%,直链淀粉含量(干基) 16.50% ~ 18.22%,胶稠度 73.5 ~ 83 mm,食味品质 76 ~ 88 分,达到国家《优质稻谷》标准二级。三年抗病接种鉴定结果:叶瘟 3 ~ 4 级,穗颈瘟 1 ~ 5 级。三年耐冷性鉴定结果:处理空壳率 4.36% ~ 14.90%。

产量表现:2014—2015 年区域试验平均公顷产量 9 437.7 kg,比对照品种三江 1 号增产 8.3%;2016 年生产试验平均公顷产量 8 983.5 kg,比对照品种三江 1 号增产 9.1%。

栽培技术要点:播种期 4 月 18 日 ~ 4 月 25 日,插秧期 5 月 20 日 ~ 5 月 25 日,秧龄 30 ~ 35 d,插秧规格为 30 cm × 13.3 cm,每穴 3 ~ 5 株;一般公顷施纯氮 120 kg,氮:磷:钾 = 2:1:1.2,磷肥全部作基肥,钾肥分基肥、穗肥两次施入,每次分别施 40 kg、25 kg;氮肥施用比例为基肥:蘗肥:穗肥 = 5:3:2,其中基肥量为纯氮 60 kg、纯磷 46 kg、纯钾 40 kg,蘗肥量为纯氮 36 kg,穗肥量为纯氮 24 kg、纯钾 25 kg;上年秋季翻地,4 月中旬旱整地,4 月下旬放水泡田,5 月上、中旬水整地;花达水插秧,分蘗期浅水灌溉,有效分蘗末期晒田,减数分裂期深水护胎,后期间歇灌溉;收获期 9 月末开始;注意预防稻瘟病等。

适应区域:黑龙江省第四积温带种植。

14. 育龙 1 号(原代号:育龙 06 - 130,见图 4 - 136)

图 4 - 136    育龙 1 号(原代号:育龙 06 - 130)

审定编号:黑审稻 2012012。

品种类型:粳型常规水稻(亲本来源:空育131×龙稻2号)。

选育单位:黑龙江省农业科学院作物育种研究所、中国农业科学院作物科学研究所。

特征特性:粳稻品种;在适应区出苗至成熟生育日数123 d左右,需≥10 ℃活动积温2 150 ℃左右;主茎10片叶,株高85 cm左右,穗长16 cm左右,每穗粒数75粒左右,千粒重26.5 g左右。两年品质分析结果:出糙率81.0%～81.8%,整精米率68.4%～71.4%,垩白粒率2.0%～4.0%,垩白度0.2%～0.7%,直链淀粉含量(干基)17.52%～19.50%,胶稠度70.0～72.5 mm,食味品质81～82分。三年抗病接种鉴定结果:叶瘟3～5级,穗颈瘟1～3级。三年耐冷性鉴定结果:处理空壳率11.72%～16.70%。

产量表现:2009—2010年区域试验平均公顷产量9 175.5 kg,较对照品种三江1号增产7.2%;2011年生产试验平均公顷产量10 176.0 kg,较对照品种三江1号增产8.7%。

栽培技术要点:4月15日～4月25日播种,5月15日～5月25日插秧,插秧规格为30 cm×10 cm左右,每穴3～4株;公顷施尿素200 kg、二铵50 kg、钾肥100 kg,40%尿素、全部二铵、50%钾肥作底肥,40%尿素作分蘖肥,20%尿素、50%钾肥作穗肥;常规管理,8月末排干;9月下旬黄熟期及时收获。

适应区域:黑龙江省第四积温带。

15. 育龙9号(原代号:育龙11709,见图4-137)

**图4-137　育龙9号(原代号:育龙11709)**

审定编号:黑审稻2018031。

品种类型:粳型常规水稻(亲本来源:龙品02011×龙品9811)。

选育单位:黑龙江省农业科学院作物育种研究所。

特征特性:普通粳稻;在适应区出苗至成熟生育日数 123 d 左右,需≥10 ℃活动积温 2 150 ℃左右;主茎 10 片叶,椭圆粒型,株高 91.5 cm 左右,穗长 17.5 cm 左右,每穗粒数 88 粒左右,千粒重 27.2 g 左右。品质分析结果:出糙率 81.9%,整精米率 70.5%,垩白粒率 19.0%,垩白度 3.5%,直链淀粉含量(干基) 19.18%,胶稠度 66.5 mm,食味品质 76 分,达到国家《优质稻谷》标准三级。三年抗病接种鉴定结果:叶瘟 3 级,穗颈瘟 3~5 级。三年耐冷性鉴定结果:处理空壳率 4.41%~18.00%。

产量表现:2015—2016 年区域试验平均公顷产量 9 227.4 kg,较对照品种三江 1 号增产 8.1%;2017 年生产试验平均公顷产量 9 047.6 kg,较对照品种龙粳 47 增产 6.8%。

栽培技术要点:在适应区播种期 4 月 18 日~4 月 25 日,插秧期 5 月 20 日~5 月 25 日,秧龄 30~35 d,插秧规格为 30 cm×10 cm,每穴 3~5 株;一般公顷施纯氮 120 kg,氮:磷:钾 = 2:1:1;磷肥全部作基肥,钾肥分基肥、穗肥两次施入,每次各施 50%,氮肥比例为基肥:蘖肥:穗肥 = 5:3:2,其中基肥量为纯氮 60 kg、纯磷 60 kg、纯钾 30 kg,蘖肥量为纯氮 36 kg,穗肥量为纯氮 24 kg、纯钾 30 kg;秋翻地或 4 月上旬旱整地,4 月 15 日开始泡田,一周后水整地,沉降一周后进行插秧;花达水插秧,分蘖期浅水灌溉,有效分蘖末期晒田,复水后间歇灌溉,黄熟末期停灌;收获期 9 月 20 日~9 月 30 日;注意预防稻瘟病等。

适应区域:黑龙江省第四积温带种植。

16. 绥稻 4 号(原代号:盛昌 08631,见图 4 - 138)

图 4 - 138　绥稻 4 号(原代号:盛昌 08631)

审定编号:黑审稻 2014025。

品种类型:粳型常规水稻(亲本来源:绥粳 4 号×龙粳 12)。

选育单位:绥化市盛昌种子繁育有限责任公司。

特征特性:香稻品种;在适应区出苗至成熟生育日数 123 d 左右,需≥10 ℃活动积温2 150 ℃左右;主茎 10 片叶,株高 99 cm 左右,穗长 18.5 cm 左右,每穗粒数 94 粒左右,千粒重 26.3 g 左右。两年品质分析结果:出糙率 80.9% ~ 82.1%,整精米率 68.0% ~ 69.9%,垩白粒率 9.0% ~ 26.0%,垩白度 2.3% ~ 4.3%,直链淀粉含量(干基)17.71% ~ 18.11%,胶稠度 70.0 ~ 73.0 mm,达到国家《优质稻谷》标准三级。三年抗病接种鉴定结果:叶瘟 3 ~ 5 级,穗颈瘟 3 ~ 5 级。三年耐冷性鉴定结果:处理空壳率 19.6% ~ 26.9%。

产量表现:2011—2012 年区域试验平均公顷产量 9 273.2 kg;2013 年生产试验平均公顷产量 9 144.5 kg。

栽培技术要点:播种期 4 月 10 日,插秧期 5 月 15 日,秧龄 35 d 左右,插秧规格为30 cm × 13.3 cm,每穴 3 ~ 4 株;一般公顷施纯氮 95 kg,氮:磷:钾 = 2:1:1;氮肥比例为基肥:蘖肥:穗肥:粒肥 =4:3:2:1,其中基肥量为纯氮 38 kg、纯磷 50 kg、纯钾 40 kg,蘖肥量为纯氮 28 kg,穗肥量为纯氮 28 kg、纯钾 20 kg,粒肥量为纯氮 10 kg;旱育插秧栽培,浅 - 湿 - 干交替灌溉;成熟后及时收获;注意预防青枯病、立枯病、纹枯病、稻瘟病,预防潜叶蝇、负泥虫、二化螟。

适应区域:黑龙江省第四积温带种植。

### 五、第五积温带水稻新品种简介

1. 黑粳 10(原代号:黑交 9709 - 1,见图 4 - 139)

图 4 - 139　黑粳 10(原代号:黑交 9709 - 1)

审定编号:黑审稻 2016016。

品种类型:粳型常规水稻(亲本来源:上育 393 × 黑粳 5 号)。

选育单位:黑龙江省农业科学院黑河分院、黑龙江省龙科种业集团有限公司黑河分公司。

特征特性:普通水稻品种;在适应区出苗至成熟生育日数 120 d 左右,需 ≥10 ℃活动积温 2 100 ℃左右;主茎 9 片叶,椭圆粒型,株高 90.1 cm 左右,穗长 15.3 cm 左右,每穗粒数 86 粒左右,千粒重 24.6 g 左右。两年品质分析结果:出糙率 81.5% ~82.5%,整精米率 70.5% ~71.8%,垩白粒率 7.0% ~8.0%,垩白度 0.9%,直链淀粉含量(干基)17.12% ~18.77%,胶稠度 72.5 ~77.5 mm,食味品质 78 ~84 分,达到国家《优质稻谷》标准二级。三年抗病接种鉴定结果:叶瘟 3 ~7 级,穗颈瘟 3 ~9 级。三年耐冷性鉴定结果:处理空壳率 3.71% ~13.50%。

产量表现:2013—2014 年区域试验平均公顷产量 7 480.2 kg,较对照品种三江 1 号增产 6%;2015 年生产试验平均公顷产量 8 060.6 kg,较对照品种三江 1 号增产 7.2%。

栽培技术要点:在适应区播种期 4 月 20 日 ~4 月 28 日,插秧期 5 月 20 日 ~5 月 30 日,秧龄 30 d,插秧规格为 30 cm × 10 cm,每穴 4 ~5 株;一般公顷施纯氮 80 kg,氮:磷:钾 = 2:1:1.2;氮肥比例为基肥:蘖肥:穗肥:粒肥 =5:3:2:0,其中基肥量为纯氮 40 kg、纯磷 40 kg、纯钾 30 kg,蘖肥量为纯氮 24 kg,穗肥量为纯氮 16 kg、纯钾 20 kg,粒肥量为纯氮 0 kg;秋翻地,春季水耙整平;花达水插秧,分蘖期浅水灌溉,有效分蘖末期晒田,复水后间歇灌溉,黄熟末期排水;收获期 9 月末;注意病、虫、草害的发生与防治。

适应区域:黑龙江省第五积温带种植。

2. 黑粳 9 号(原代号:黑粳 9 号,见图 4 – 140)

图 4 – 140 黑粳 9 号(原代号:黑粳 9 号)

审定编号:黑审稻 2018034。

品种类型:粳型常规水稻(亲本来源:黑交 9805×绥粳 4 号)。

选育单位:黑龙江省农业科学院黑河分院。

特征特性:普通粳稻;在适应区出苗至成熟生育日数 120 d 左右,需≥10 ℃活动积温 2 100 ℃左右;主茎 9 片叶,长粒型,株高 100.3 cm 左右,穗长 18.2 cm 左右,每穗粒数 109.6 粒左右,千粒重 26.4 g 左右。品质分析结果:出糙率 83.7%,整精米率 72.7%,垩白粒率 10.0%,垩白度 1.8%,直链淀粉含量(干基)17.05%,胶稠度 71.0 mm,食味品质 80 分,达到国家《优质稻谷》标准二级。三年抗病接种鉴定结果:叶瘟 4~7 级,穗颈瘟 5 级。三年耐冷性鉴定结果:处理空壳率 6.98%~11.20%。

产量表现:2015—2016 年区域试验平均公顷产量 8 314.3 kg,较对照品种三江 1 号和黑粳 10 号增产 7.8%;2017 年生产试验平均公顷产量 8 886.6 kg,较对照品种黑粳 10 号增产 8.3%。

栽培技术要点:在适应区播种期 4 月 20 日~4 月 27 日,插秧期 5 月 22 日~5 月 28 日,秧龄 30~35 d,插秧规格为 30 cm×10 cm,每穴 4~5 株;一般公顷施纯氮 80 kg,氮:磷:钾=2:1:1.2,磷肥全部作基肥,钾肥分基肥、穗肥两次施入,每次各施 60%、40%,氮肥比例为基肥:蘖肥:穗肥=5:3:2,其中基肥量为纯氮 40 kg、纯磷 40 kg、纯钾 30 kg,蘖肥量为纯氮 24 kg,穗肥量为纯氮 16 kg、纯钾 20 kg;秋翻地,春季水耙整平;花达水插秧,分蘖期浅水灌溉,有效分蘖末期晒田,复水后间歇灌溉,黄熟末期排水;收获期 9 月下旬;注意预防稻瘟病等。

适应区域:黑龙江省第五积温带种植。

以上图片提供单位:(按单位名称首字母排序,首字母相同者依次按拼音字母排序)

北大荒垦丰种业股份有限公司

东北农业大学

哈尔滨市农业科学院

黑龙江八一农垦大学

黑龙江省北方稻作研究所

黑龙江省农垦科学院水稻研究所

黑龙江省农业科学院耕作栽培研究所

黑龙江省农业科学院黑河分院

黑龙江省农业科学院佳木斯分院

黑龙江省农业科学院佳木斯水稻研究所

黑龙江省农业科学院牡丹江分院

黑龙江省农业科院生物技术研究所(黑龙江省农业科学院五常水稻研究所)

黑龙江省农业科学院绥化分院

黑龙江省农业科学院作物育种研究所

黑龙江孙斌鸿源农业开发集团有限责任公司

齐齐哈尔市富尔农艺有限公司

庆安县北方绿洲稻作研究所

绥化市金禾种子有限公司

绥化市盛昌种子繁育有限责任公司

中国科学院北方粳稻分子育种联合研究中心

## 参考文献

[1] 段永红,段传嘉.优质香稻种质创新与利用研究[J].作物品种资源,1999,2(2):5-7.

[2] 陈温福,徐正进,张龙步,等.水稻超高产育种生理基础[M].沈阳:辽宁农业技术出版社,2003.

[3] 陈温福,徐正进.水稻超高产育种理论与方法[M].北京:科学出版社,2007.

[4] 陈温福.北方水稻生产技术问答[M].北京:中国农业出版社,2007.

[5] 程式华,闵绍楷.中国水稻品种:现状与展望[J].中国稻米,2000(1):13-16.

[6] 程式华.粮食安全与超级稻种[J].中国稻米,2005(4):1-3.

[7] 陈浩,林拥军,张启发.转基因水稻研究的回顾与展望[J].科学通报,2009,54(18):2699-2717.

[8] 戴陆园,叶昌荣.中日合作稻耐冷性研究十五年进展概述[J].作物品种资源,1998(4):40-42.

[9] 邓应德,肖层林.水稻生长后期耐冷性研究综述[J].作物研究,2004(5):343-345.

[10] 鄂志国,庞乾林,王磊.我国水稻品种审定与推广情况分析[J].中国稻米,2010,16(6):18-20.

[11] 郭艳丽.利用MAS技术培育寒区抗稻瘟病水稻品种五优稻1号(Pi1/Pi2)[D].哈尔滨:黑龙江大学,2009.

[12] 国家水稻数据中心.全国主要农作物审定品种SSR指纹对比平台(水稻)列表.[EB/OL]http://www.ricedata.cn/variety.

[13] 韩龙植,南钟浩,全东兴.特种稻种质创新与营养特性评价[J].植物遗传资源学报,2003,4(3):207-213.

[14] 黑龙江地方志编纂委员会.黑龙江省志·农业志[M].哈尔滨:黑龙江人民出版社,1993.

[15] 黑龙江省农业科学院.黑龙江农作物品种志[M].哈尔滨:黑龙江人民出版社,1979.

[16] 韩贵清.中国寒地粳稻.[M].北京:中国农业出版社,2011.

[17] 黄晓群,张淑华,赵海新,等.黑龙江省水稻品种现状分析及研发对策[J].黑龙江农业科学,2009(6):40-43.

[18] 江良荣,李义珍,王侯聪,等.稻米外观品质的研究进展与分子改良策略[J].分子

植物育种,2003,1(2):243 – 255.

[19] 孔秀英,崔成焕.粳稻品种(系)抗稻瘟病特性分类的研究[J].东北农业大学学报,
1999,30(2):116 – 121.

[20] 李欣,汤述翥,印志同,等.粳型杂种稻米品质性状的表现及遗传控制[J].作物学
报,2000,26(4):411 – 419.

[21] 刘传雪,张淑华,王瑞英,等.花培选育寒地水稻抗瘟新种质试验研究[J].北方水
稻,2009,39(4):10 – 14.

[22] 刘华招,刘延,刘化龙,等.黑龙江省种植品种中稻瘟病抗性基因 Pib 和 Pita 的分布
[J].东北农业大学学报,2011,42(4):27 – 31.

[23] 全东兴,韩龙植,南钟浩.特种稻种质资源研究进展与展望[J].植物遗传资源学
报,2004,5(3):227 – 232.

[24] 孙岩松.寒地水稻品种应用现状与育种对策[J].中国稻米,1999(2):13 – 14.

[25] 马忠强,尹航.转基因技术在作物育种中的应用[J].现代化农业,2009(10):
25 – 26.

[26] 万建民.中国分子育种现状与展望[J].中国农业科技导报,2007,9(2):1 – 9.

[27] 王联芳,黄景夏,余应弘,等.水稻育种方法的研究与应用[J].湖南农业科学,1996
(1):18 – 21.

[28] 王连敏,曾宪国,王立志,等.黑龙江省水稻冷害:Ⅰ水稻冷害发生的时间规律[J].
黑龙江农业科学,2009(1):12 – 14.

[29] 吴跃进.水稻育种技术的发展方向及产业化开发[J].安徽农业科学,2001,29(1):
41 – 42.

[30] 潘国君,刘传雪,邱爱民,等.寒地水稻品质育种研究[J].北方水稻,2008,38(6):
1 – 7.

[31] 潘国君.寒地粳稻育种[M].北京:中国农业出版社,2014.

[32] 熊振民,蔡洪法.中国水稻[M].北京:中国农业科技出版社,1992.

[33] 徐正进,范淑秀,潘国君,等.黑龙江水稻食味和其他品质性状的变化及其相互关
系[J].中国稻米,2010,16(4):15 – 18.

[34] 杨守仁,张龙步,陈温福,等.水稻超高产育种的理论和方法[J].中国水稻科学,
1996,10(2):115 – 120.

[35] 袁隆平.杂交水稻超高产育种[J].杂交水稻,1997(6):1 – 6.

[36] 应存山.中国稻种资源[M].北京:中国农业科技出版社,1993.

[37] 张凤鸣,孙世臣.黑龙江省的水稻生产与发展[J].黑龙江农业科学,2007(2):
13 – 15.

[38] 张矢.黑龙江水稻[M].哈尔滨:黑龙江科学技术出版社,1998.

[39] 张国民,辛爱华,马军韬,等.黑龙江省水稻稻瘟病研究的回顾与展望[J].黑龙江
农业科学,2008(6):156 – 158.

[40] 支庚银,张国民,雷财林,等.黑龙江省 2007 年水稻稻瘟病生产调研及建议[J].黑龙江农业科学,2010(4):68-70.

[41] 中国种植业信息网[DB/OL].http://zzys.agri.gov.cn/.

[42] 国家水稻数据中心[DB/OL].http://www.ricedata.cn/variety/.

[43] 张云江.水稻新品种龙粳 38 特征特性及其栽培要点[J].中国稻米,2012,18(6):67-68.

[44] 刘淑香.水稻新品种中龙香粳 1 号的特征特性及主要栽培技术[J].新农村(黑龙江),2013(8):127.

# 第五章　黑龙江省水稻种质资源展望

## 第一节　黑龙江省水稻种质资源发展史

黑龙江省水稻种质资源的发展史就是黑龙江省水稻育种从无到有、不断发展的过程。中华人民共和国成立后,黑龙江省的水稻育种工作始于当地农家品种的收集、整理及提纯复壮,以及国内外水稻种质资源引种、试种,从利用水稻种质资源的天然变异,到杂交育种、辐射育种等人工创造新种质资源,逐步建立了与寒地稻作环境相适应的、完备的水稻育种体系,培育了一大批寒地水稻特有的生态型粳稻新品种,有力地支撑了黑龙江省水稻的生产。水稻种质资源的发展史体现在水稻育种目标、水稻育种理念及水稻种质资源创新技术的变迁过程中。

### 一、水稻育种目标

中华人民共和国成立前,黑龙江省主要从朝鲜半岛和日本等地引进北海、金钩稻、青森 5 号、国主、富国等品种,引种标准是早熟、耐冷。中华人民共和国成立后,黑龙江省政府于 1950—1953 年开展了地方良种评选工作,选出了弥荣、兴国、石狩白毛和国主等农家品种,并进行了提纯、复壮,直接用于水稻生产。黑龙江省水稻系统育种工作从 1954 年开始,最早由黑龙江省农业科学院佳木斯水稻研究所、牡丹江分院、齐齐哈尔分院和查哈阳农场试验站等单位的科研人员率先开展了以系统选种为中心的水稻育种工作,当时育种工作的目标是选育生育期 110～120 d 的早熟、耐冷和适应性强的直播高产品种,并于 1955 年率先推广了早熟青森,其后又系选育成了国光、北海 1 号、禹申龙白毛、合江 1 号、合江 3 号、合江 6 号、牡丹江 1 号、牡丹江 2 号、牡丹江 3 号、星火白毛、嫩江 1 号等。该阶段推广应用的品种主要有石狩白毛、青森 5 号、弥荣、兴国、富国、国主、朴洪根稻、永植、禹申龙白毛等。20 世纪 50 年代末,石狩白毛和国主种植面积均超过 6.7 万 $hm^2$,其次是兴国、青森 5 号和弥荣等,这对提高单产、稳定总产和发展水稻生产起到积极作用。1960—1969 年,随着水稻从直播到保温湿润育苗插秧栽培技术的转变,水稻育种目标转变为 120～135 d 的中晚熟高产品种。随着水稻旱育稀植技术的成熟和推广,高产、抗病、耐肥、抗倒和广适性成为重要的水稻育种目标。随着人们生活水平的提高,优质又成为首要水稻育种目标,兼顾高产、抗逆性的选育,松 93-8、五优稻 4 号、龙稻 18 等一批优质水稻品种是其中的代表。

## 二、水稻育种理念

水稻遗传育种的历程也是水稻育种理念变迁的过程。我国水稻遗传育种初期以单纯追求高产为主，经历了 3 次大的飞跃，每次飞跃都离不开重要基因资源的发掘和利用。矮秆基因引发"第一次绿色革命"，解决了水稻耐肥和抗倒伏的问题；核质互作不育系和光温敏核不育系的培育，促成了杂种优势的利用；第三次飞跃以理想株型塑造为主要技术路线，以绿色超级稻育种为目标，选育优质、高产和健康新品种（新组合），实现第二次绿色革命。2005 年和 2007 年，中国科学院院士张启发先生先后两次撰文，提出培育绿色超级稻的构想，主要内容包括"少打农药，少施化肥，节水抗旱，优质高产"，满足生态环保需要，实现从"单纯追求高产"到"培育具有特色健康品质新品种"这一新理念的转变。

## 三、水稻种质资源创新技术

水稻种质资源的创新可分为两个阶段，一是利用水稻遗传物质的自然变异、自然异交重组得到新种质并加以选择利用；二是利用水稻人工有性杂交、诱变育种技术、转基因育种技术、基因组编辑育种技术、合成生物学技术等现代科技手段，主动创造新种质，加以选择利用。水稻育种技术的演变正经历从常规育种手段向新技术育种手段的转变。

### （一）常规育种

常规育种包括选择育种、诱变育种、离体组织培养育种、有性杂交育种。常规育种主要利用自然变异或人工变异得到分离的群体，根据表型从群体后代中选择达到所设定育种目标的个体。这种方法对于高产育种效率比较高，但是对于稻米品质和非生物逆境的改良效率较低。

1. 选择育种

选择育种指从自然变异中选择优良变异，由于自然变异发生频率低，有价值变异少，因此育种效率不高。

2. 诱变育种

诱变育种指通过物理、化学等人工手段进行诱变处理，增加变异，从大量突变中选择有利突变，由于突变往往是有害的，因此育种效率也低。

3. 离体组织培养育种

利用水稻花药培养再生植株，单倍体自然加倍，基因组纯合快，能大量缩短育种历程。但是花药培养严重依赖于基因型，特别是籼稻的花药培养难度较大，因此花药培养育种也受到限制，只有少数单位开展。

4. 有性杂交育种

有性杂交育种指利用不同亲本材料杂交，再通过自交或复交，产生大量的具有丰富表型变异的后代群体，从中选择优良表型的单株。杂交育种充分发挥基因重组的作用，只要亲本间互补性强，杂交育种效率一般就比较高，并且很可能育成全新的骨干品种。因此，杂交育种是最主流的水稻育种方法，得到广泛应用。

### (二)新技术育种

新技术育种是指将分子生物学技术、信息学技术、大数据技术、合成生物学技术等与传统育种有机融合,衍生出能大幅度提高育种效率的各种作物育种新技术、新方法,主要包括转基因育种技术、基因组编辑育种技术、分子标记育种技术、基因组选择技术、合成生物学技术、分子设计育种技术。

#### 1. 转基因育种技术

转基因育种是指通过转基因的方法导入外源的基因,达到性状改良的目的,从而培育出新品种。传统育种只能依靠品种或者种之间的杂交实现重组,选育出具有优良性状的品种,而转基因育种可以实现跨物种的基因交流,对目标性状改良的针对性强,从而提高育种效率。

#### 2. 基因组编辑育种技术

近十年来,基因编辑技术的突飞猛进,特别是 CRISPR/Cas9 技术的应用,使得基因敲除技术已经成为常规技术,基因敲入技术也产生了突破。定向敲除不良目标基因和定向整合优良目标基因,将大幅提高水稻定向遗传改良效率。定向改良必须知道哪些基因(等位基因)具有控制有利农艺性状和生物学性状的功能。

#### 3. 分子标记育种技术

在育种过程中,水稻材料大多在正常生产条件下种植,抗性性状(如抗生物逆境和非生物逆境)很难通过田间目测加以选择,而分子标记辅助选择在苗期就可以进行。因此,利用分子标记辅助育种和基因组育种定向改良抗逆等性状更有现实意义。

#### 4. 基因组选择技术

全基因组选择(genomic selection, GS)即全基因组范围的标记辅助选择(marker assisted selection, MAS),指通过检测覆盖全基因组的分子标记,利用基因组水平的遗传信息对个体进行遗传评估,以期获得更高的育种值估计准确度。

#### 5. 合成生物学技术

合成生物学以工程化设计思路构建标准化的元器件和模块,改造已存在的天然系统或者从头合成全新的人工生命体系,实现在化学品合成、医学、农业、环境等领域的应用。人们利用基本的生物学元件设计和构建了基因开关、振荡器、放大器、逻辑门、计数器等合成器件,实现对生命系统的重新编程并执行特殊功能。

#### 6. 分子设计育种技术

分子设计育种技术通过转基因、基因编辑、分子合成等现代生物技术的集成与整合,在育种家的田间试验之前,对育种程序中的各种因素进行模拟、筛选和优化,确立目标基因型,提出最佳的亲本选配和后代选择策略,提高育种过程中的预见性。

从传统育种向新技术育种的转变,本质上是对水稻遗传基因的创造、聚合,且选择效率不断提高。转基因育种技术实现了跨物种遗传信息的交流;基因组编辑育种技术在聚合有利农艺性状、去除不利农艺性状、创造新基因、聚合功能基因等方面的效率大幅提高;合成生物学技术的应用将发展无须外源 DNA 的分子育种技术。新技术育种离不开对育种材料遗传信息的功能解析,水稻功能基因组研究为第二次绿色革命准备了大量的有重要利用价值的基因,随着对功能基因的不断挖掘和基因调控网络的建立,全基因组范围的设计育种将有更广阔的天地。此外,育种材料选择技术也飞速发展:分子标记育种技术和全基因组选择技术趋于实用化且不断拓展,基于单标记或少数标记的选择已常规化,目标性状基因选择与遗传背景选择同时进行的育种芯片技术将会普及。万建民院士表示:未来的水稻育种将实现"基因发掘规模化、基因操作高效化、品种设计工程化、生物育种体系化"。

## 第二节　黑龙江省水稻种质资源未来发展趋势

黑龙江省水稻种质资源培育工作起始于引种试种、农家品种鉴选、提纯复壮等预备工作,中华人民共和国成立后成立了科研院所,开始有计划、有步骤地开展种质创新工作,从最初的利用天然变异,到杂交育种、多途径育种等技术手段主动创制新种质。黑龙江省初期主要围绕高产这一核心目标,从水稻品种的熟期、抗病、耐冷、抗倒和旱育稀植等良种良法配套栽培技术入手,开展水稻科研与适应寒地稻作生产体系的建立。人们的生活水平不断提高,对食品、生活环境都提出更高的要求,不仅要吃饱、吃好,还要吃得健康,食品生产过程要生态环保。现阶段,黑龙江省水稻种质创新工作的目标是优质、高产并重,对功能稻的研究愈加重视。功能稻是水稻的重要组成部分,它含有较多的赖氨酸、微量元素、维生素等营养成分,以及黄酮、生物碱、强心苷、花青 3 - 葡萄糖苷等生理活性物质,具有一定的营养、保健的作用。为进一步满足人们对美好生活的向往,水稻种质研究越来越注重稻米的食味、营养、保健、食疗等特性。稻米高级化、多样化、功能化是当前社会发展的必然趋势。传统的工农业生产对生态环境造成了巨大压力,"金山、银山不如绿水青山"。农业生产需要资源节约、环境友好,创造人类宜居的生态环境,于是,发展绿色农业迅速成为国内外的共识。中国水稻研究所所长胡培松指出,"当前是大力发展绿色农业的战略机遇期,绿色发展对我们品种有更高的要求。"绿色超级稻的概念也应运而生。可以预见,未来水稻新种质将向特种功能水稻、绿色超级稻方向发展。

### 一、功能水稻种质资源的作用及国内外研究进展

功能水稻是具有特殊遗传性状和特殊用途的水稻,如黑米、红米、巨胚米、甜米等种质含有一种或多种较高含量的赖氨酸、微量元素、维生素等营养成分,以及黄酮、生物碱、强心苷、花青 3 - 葡萄糖苷等生理活性物质,可直接食用。临床试验已证实:黑米和红米具有降血脂、抗动脉硬化的功能;在特种稻中含有的 Fe 具有改善营养性贫血的功能;Zn 可提高免疫力,防止皮肤粗糙和患湿症的产生;黄酮类化合物具有维持正常渗透压、减轻血管脆性、防止血管破裂和止血作用,以及抗菌、降低血压、改善心肌营养、降低心肌耗氧量等功效;强心苷等具有清除自由基、延缓衰老、抗应激反应及免疫调节作用;膳食纤维可促

进肠道蠕动,防治肥胖、心血管疾病和预防便秘;$V_{B_1}$可增强食欲,促进胃肠道的正常蠕动和消化液的分泌;$V_{B_2}$可保障人体的正常代谢,使神经和肌肉之间联络通畅。除此之外,还有有专门用途的水稻,如酒米、饲料米等。

国际水稻所从 1994 年开始,在国际农业研究磋商小组(CGIAR)和国际粮食政策研究所(IFPRI)的主持下,在世界银行及亚洲发展银行等的资助下,开展了高微量元素水稻育种研究,并育成了铁含量超过 25 mg/kg 的富铁高产水稻品种 IRl64。瑞士的一位学者采用生物技术将水仙中的 β – 胡萝卜素转移到水稻之中,育成了富含维生素 A 的"金稻"(Golden Rice)品种,受到世界各国科学家的高度评价;Goto 等成功地将大豆铁蛋白基因转移到水稻中,获得铁含量比一般水稻高 3 倍的水稻;Lucca 等也通过转基因途径获得铁含量较高的水稻;Ye 等将 psy、crytl、lyc 等外源基因导入到水稻中取得显著进展。日本以日本优(Nihonmasari)为受体,通过辐射处理,获得水溶性蛋白含量较低、可供肾病和糖尿病患者食用的低水溶性蛋白水稻品种"LGC – 1";同样以 Nihonmasari 为受体,通过乙酰亚胺(Ethylenemine)处理,选育出谷蛋白含量较低(20%)、醇溶蛋白含量较高的半矮秆突变体 NM67;以 Kinmase 和 Taichung65 为受体,通过诱变处理,选育出赖氨酸含量为 5.10% ~ 6.38% 的 10 个高赖氨酸突变体;利用转基因技术培育出防止糖尿病的保健稻;利用转基因水稻生产出预防乙肝病毒的球蛋白。韩国以花晴稻为受体,利用 MNU 化学诱变技术,培育出胚的大小比一般水稻大 3 ~ 5 倍的巨胚稻种质资源 2 份,总糖含量达 7.45% ~ 10.15% 的甜米稻花晴 su – 1 和花晴 su – 2,直链淀粉含量达 4.2% ~7.1% 的花晴 dul、花晴 du2、花晴 du4、花晴 du6 等软米种质资源,胚乳呈粉质状态的粉质稻种质资源花晴 flo;以一品稻为受体,培育出膳食纤维含量比普通水稻高 2 ~3 倍并具有预防便秘和糖尿病功效的水原 464。

在国内,赖来展等培育的黑优粘 3 号含铁量达 52.20 mg/kg,显著超过国外培育的富铁水稻;赵则胜等培育的巨胚稻 6601 的胚重占糙米重的 7%,其 $V_E$、$V_{B_1}$、$V_{B_2}$、Ca 含量明显高于普通粳稻;王新其等利用转基因技术培育了直链淀粉含量低的软米新种质资源,利用软 X 射线处理育成的香粳 832、紫香糯 861 和 SX0832,具有香味、优质、矮秆、多抗、高产等特点;云南省农科院利用 MNU(N – 甲基 – N – 亚硝基脲、N – methyl – N – Nitrosourea)化学诱变技术处理非糯品种 Hexi4 受精合子,选育出 2 个低直链淀粉突变体 94Ym01 和 94Ym02;郭孔雁等通过杂交育种和系统选种,选育出一批营养价值较高的香稻新种质,其中晚籼品种特 3029 和晚粳糯品种紫香糯的糙米中铁含量分别达 47.6 mg/kg、46.1 mg/kg;韩龙植等采用杂交育种和组织培养等方法培育出将甜味、色素聚合的甜黑米 1569 与甜红米 1571,具有蛋白质(12.4%、11.7%)、赖氨酸(0.75%、0.76%)、脂肪(5.29%、4.86%)、维生素 $B_1$(8.42 mg/kg、1.60 mg/kg)和钙含量(36.8 mg/100 g、29.5 mg/100 g)高的特点,培育的红米 1201、红糯米 1572 和小粒米 1251,硒含量分别为 85.4 μg/kg、84.6 μg/kg 和 84.6 μg/kg;南钟浩等将龙晴四号、Basm ati370、毫香糯、Sasanishiki、黑优粘、胭脂米、汉中黑糯、韩国巨胚稻、韩国甜米等 80 余份从国内外收集的特种稻资源作为亲本材料,采用杂交育种、系统选育、突变育种和组织培养等育种技术,育成了龙锦 1 号、红香 1 号、红糯 1 号、黑糯 1 号、吉香 1 号、九重香、清香糯、长粒香、巨胚稻、巨胚清香糯、甜糯 104、红甜 1 号、黑甜 1 号、绿稻、软米 T64、谷秆两用稻等一系列适合在吉林省和北方部分地区种植的粳型特种稻种质资源。营养成分分析表明，上述特种稻种质资源中的蛋白质、赖氨酸、脂肪、维生素 $B_1$、维生素 $B_2$、微量元素等含量明显高于对照品种。

## 二、绿色超级稻的概念及标准

### （一）绿色超级稻的概念

2007 年，张启发教授在《美国科学院院刊》上发表《绿色超级稻培育的策略》，系统阐述了"绿色超级稻"的理念，提出将品种资源研究、功能基因组研究和育种紧密结合培育绿色超级稻，得到国际和国内同行的广泛认可与积极响应。经过十年的发展，绿色超级稻具有更丰富的内涵和可操作性，在高产的基础上将大量减少农药、化肥的用量，节水，食味更优，更富有营养，能适应土壤贫瘠条件和减少温室气体的排放，有助于建设资源节约和环境友好的农业生产体系。绿色超级稻已成为全球水稻育种的主要目标之一。

绿色超级稻的本质就是充分挖掘水稻种质自身的抗病、抗旱、抗倒、营养高效利用、低污染物积累能力，降低农药、化肥等农资投入，适宜轻简化栽培，实现既能生产出满足人们需要的优质稻谷又能兼顾生态环保的目的。绿色超级稻的培育与应用对于保障全球粮食安全，发展资源节约、环境友好的绿色农业，最终实现农业可持续发展具有重大意义。

### （二）水稻绿色品种指标体系

我国农业部 2017 年印发的《主要农作物品种审定标准（国家级）》文件提出了"突出绿色发展，有利于节水、节肥、节药的品种审定"等原则，为绿色品种的选育打开了官方认证通道。绿色超级稻的目标正在成为其他作物的育种目标。我国农业农村部种业管理司于 2019 年 4 月 30 日印发了《水稻绿色品种指标体系》，该指标体系对水稻新种质的抗病、重金属镉积累、抗旱、养分高效利用等都提出了明确的指标，具体内容如下：

为深入推进农业供给侧结构性改革，构建资源节约型、环境友好型生产体系，培育"少打农药、少施化肥、节水抗旱、优质高产"的绿色水稻品种，促进绿色高效品种推广应用，特制定本指标。

1. 水稻绿色品种基本条件

①原则上近 3 年通过国家或省级审定。

②目前生产上年推广面积≥100 万亩。

2. 水稻环境友好型绿色品种

①抗稻瘟病绿色品种：南方稻区稻瘟病抗性达到中抗及以上、北方稻区和武陵山区稻瘟病抗性达到抗及以上。

②抗褐飞虱绿色品种：褐飞虱抗性最高级≤5.0 级的品种。

③抗稻曲病绿色品种：穗发病率低于 5%；粒发病率低于 5%。

④兼抗绿色品种：兼抗主产区三种以上主要病虫害（抗稻瘟病、褐飞虱、稻曲病、白叶

枯病和条纹叶枯病)。

⑤重金属镉积累绿色品种:在重金属镉中、重度污染区域种植,籽粒镉积累符合国家标准(<0.2 ppm)。

3.水稻资源节约型绿色品种

①节水绿色品种:品种抗旱性达到农业部行业标准;或灌溉节水达到1/3或以上(南方稻区按照同类正常管理田块灌溉次数减少1/3或以上;北方稻区按照水费计算减少1/3或以上);或水分利用率提高30%以上(水分利用率(kg/m³)=稻谷产量(kg/667 m²)/用水量(m³/667m²))。

②节肥绿色品种:节约氮肥施用量1/3或磷肥施用量1/3或氮磷肥施用量20%;或提高氮肥、磷肥利用率30%以上。

4.水稻品质优良型绿色品种

产量与生产主推品种产量相当,品质达部二级标准;产量比主推品种减5%,品质达部一级标准。

## 参考文献

[1] 陈浩,林拥军,张启发.转基因水稻研究的回顾与展望[J].科学通报,2009,54(18):2699-2717.

[2] 陈温福,徐正进.水稻超高产育种理论与方法[M].北京:科学出版社,2007.

[3] 程式华,闵绍楷.中国水稻品种:现状与展望[J].中国稻米,2000(1):13-16.

[4] 程式华.粮食安全与超级稻育种[J].中国稻米,2005(4):1-3.

[5] 韩贵清.中国寒地粳稻[M].北京:中国农业出版社,2011.

[6] 黎裕,王建康,邱丽娟,等.中国作物分子育种现状与发展前景[J].作物学报,2010,36(9):1425-1430.

[7] 林章凛,张艳,王胥,等.合成生物学研究进展[J].化工学报,2015,66(8):117-125.

[8] 吕永坤,堵国成,陈坚,等.合成生物学技术研究进展[J].生物技术通报,2015,31(4):134-148.

[9] 潘国君.寒地粳稻育种[M].北京:中国农业出版社,2014.

[10] 万建民.作物分子设计育种[J].作物学报,2006,32(3):455-462.

[11] 全东兴,韩龙植,南钟浩,等.特种稻种质资源研究进展与展望[J].植物遗传资源学报,2004(3):227-232.

[12] WING R A,PURUGGANAN M D,ZHANG Q F. The rice genome revolution:from an ancient grain to Green Super Rice[J]. Nature Reviews Genetics,2018(19):505-507.

[13] 农业农村部种业管理司.农业农村部种业管理司关于印发水稻、玉米、小麦、大豆绿色品种指标体系的通知[EB/OL](2019-04-30)[2019-10-20]http://www.zys.moa.gov.cn/gzdt/201905/t20190516_6313618.htm.

# 附录　黑龙江省主要农作物品种审定标准

## 总　　则

根据《中华人民共和国种子法》《主要农作物品种审定办法》的规定,为适应我省农业发展"转方式、调结构"要求,加快优质、高产、高效、专用新品种审定推广,推进农业供给侧结构性改革,结合《国家主要农作物品种审定标准》,制定本标准。

### 1　范围

本标准规定了水稻、小麦、玉米、大豆品种审定的术语与定义、内容与依据、审定指标和评判规则等。

本标准适用于水稻、小麦、玉米、大豆品种审定。

### 2　术语与定义

下列术语与定义适用于本标准。

2.1　品种

品种是指经过人工选育或者自然变异并经过遗传改良,形态特征和生物学特性一致,遗传性状相对稳定的植物群体。

2.2　对照品种

对照品种是同一生态类型区同期当前生产上推广应用的已审定品种,具备良好的代表性。

2.3　特征特性

品种的植物学特征和生物学特性,包括基本特征特性、生育期、主要农艺性状等。

2.4　丰产性

品种的产量表现,以品种在试验中比对照品种增产的百分率及差异显著性表示。

2.5　稳产性

品种产量的稳定性,即品种在地点间和年际间试验中相对于对照品种产量的变化程度。以品种在试验中比对照品种增产点次占汇总试验点总数的比例进行评价。

2.6　适应性

品种对环境的综合适应能力。

2.7　抗逆性

品种对生物和非生物逆境的抵御或忍耐能力,包括抗病性、抗虫性、抗旱性、抗寒性、抗倒性等。

2.8　品质

品种的营养品质、商品品质以及与加工品质有关的性状。

2.9　生育期

品种从出苗到成熟的天数。

2.10　特异性

申请审定品种与已受理或审定通过的品种在一个以上质量性状或两个以上数量性状上有差异。

2.11　一致性

申请审定品种经过繁殖,除可以预见的变异外,其相关的特征或者特性一致。

2.12　稳定性

申请审定品种经过反复繁殖后或者在特定繁殖周期结束时,其相关的遗传特征或者特性保持稳定。

## 3　内容与依据

3.1　审定内容

品种的特征特性:包括品种的植物学特征,品种的丰产性、稳产性、适应性、抗逆性、特异性、品质和生育期等。

3.2　审定依据

3.2.1　特征特性、生育期

以区域试验、生产试验的调查记载结果及田间鉴评和 DUS 测试结果为主要依据,并参考申请审定时提供的材料。

3.2.2　丰产性、稳产性、适应性

以区域试验、生产试验结果为主要依据。

3.2.3　抗逆性、品质

以农作物品种审定委员会指定机构的鉴定、检测结果为主要依据。

3.2.4　特异性、一致性、稳定性

以 DUS 测试结果和品种审定委员会指定机构 DNA 指纹鉴定结果为主要依据。

3.2.5　品种田间试验表现

申请审定品种在区域试验、生产试验及 DUS 测试田间表现,包括特征特性、丰产性、抗逆性、一致性等。

## 4　审定指标和标准

按作物统一审定指标和标准。不同用途品种在达到基本条件同时,还应达到相应类别分类条件。

4.1　基本条件

根据各作物特点,抗逆性、抗倒伏性、抗病虫性、生育期等为各作物品种审定必须满足的基本条件。

4.2　分类条件

根据高产稳产品种、绿色优质品种和特用品种等不同用途品种的需要,分别制定相应的指标和标准。

## 5　评判规则

5.1　符合审定标准,且经品种审定委员会专业委员会投票表决,赞成票数达到法定票数的品种通过初审。

5.2　特殊用途品种,由专业委员会参照本标准执行并经集体讨论后投票表决。

5.3　农业生产有特殊需求和品质表现特别突出的品种,经专业委员会讨论通过,可以适当放宽产量要求。

5.4　品种审定委员会认为有重大缺陷的品种不予审定。

## 6　其他

6.1　根据主要农作物生产需要、市场需求、种业发展变化等实际情况,黑龙江省农作物品种审定委员会可适时对本标准进行修订。

6.2　本标准由黑龙江省农作物品种审定委员会负责解释。

6.3　本标准自 2017 年 12 月 20 日起实施。

# 水稻品种主要指标要求

## 1　基本条件

1.1　抗病性、抗逆性

1.1.1　接种鉴定

连续三年接种鉴定结果应满足下列条件,叶瘟病:区域试验、生产试验品种发病率每年≤7 级;穗颈瘟:第Ⅰ—Ⅲ积温带区域试验、生产试验品种发病率每年≤5 级;第Ⅳ、Ⅴ积温带区域试验、生产试验品种发病率每年≤7 级。

1.1.2　抗逆性鉴定

连续三年抗逆性鉴定结果应满足下列条件,经抗冷害鉴定:区域试验、生产试验空壳率每年<30%。

1.1.3　无检疫性病害。

1.1.4　田间表现

每年田间鉴评(调查)认定,有如下情况之一的品种停试停审:

1.1.4.1　参加区域试验、生产试验的品种一个试验点穗茎瘟(包括枝梗瘟)≥5 级;

1.1.4.2　参加区域试验、生产试验的品种一个试验点空壳率≥20%;

1.1.4.3　参加区域试验、生产试验的品种两个以上(含两个)试验点田间分离或纯度≤99%。

1.2　抗倒性

每年田间鉴评(调查)认定:正常条件下,参加区域试验、生产试验的品种有两个以上(含两个)试验点倒伏 3 级,面积 30% 以上或有一个试验点倒伏 4 级,面积 30% 以上均停试停审。

优良食味组:参加区域试验、生产试验品种有两个以上(含两个)试验点倒伏 3 级,面积 50% 以上或一个试验点倒伏 4 级,面积 50% 以上均停试停审。

1.3　生育期

每年田间鉴评(调查)认定:参加 Ⅰ—Ⅳ 积温带区域试验、生产试验的品种两个以上试验点(含两点)成熟期晚于对照品种 >3 天的品种停试停审;参加第 Ⅴ 积温带区域试验、生产试验的品种两个以上试验点(含两点)成熟期晚于对照品种 ≥1 天的品种停试停审。

优良食味组:参加区域试验、生产试验的品种两个以上试验点(含两点)成熟期晚于对照品种 >4 天的品种停试停审。

1.4　品质

国家 Ⅰ 级优质米标准:出糙率 ≥81%,整精米率 ≥66%,垩白粒率 ≤10%,垩白度 ≤1%,直链淀粉(干基)15% ~18%,胶稠度 ≥80 mm,食味品质 ≥90 分等。

国家 Ⅱ 级优质米标准:出糙率 ≥79%,整精米率 ≥64%,垩白粒率 ≤20%,垩白度 ≤3%,直链淀粉(干基)15% ~19%,胶稠度 ≥70 mm,食味品质 ≥80 分等。

国家糯稻标准:出糙率 ≥80%,整精米率 ≥60%,直链淀粉(干基)≤2%,胶稠度 ≥100 mm 等。

## 2　分类条件

2.1　优质高产品种

2.1.1　丰产性、稳产性

国家 Ⅰ 级优质米:每年区域试验、生产试验产量比对照品种平均增产 ≥0%,有效试验点比例不低于 2/3,达标试验点比例 ≥50%。

国家 Ⅱ 级优质米:每年区域试验、生产试验产量比对照品种平均增产 ≥3%,有效试验点比例不低于 2/3,增产试验点比例 ≥70%。

常规稻作对照品种的杂交稻品种,每年区域试验、生产试验产量比对照平均增产 ≥10%,有效试验点比例不低于 2/3,增产试验点比例 ≥75%。

2.1.2 品质

每年品质分析各项指标需达到国家Ⅱ级优质米标准以上(含Ⅱ级米),蛋白质含量≤8.0%。

2.2 糯稻品种

2.2.1 丰产性、稳产性

对照品种为糯稻品种,每年区域试验、生产试验产量比对照品种平均增产≥3%,有效试验点比例不低于2/3,增产试验点比例≥70%。

对照品种为普通粳稻品种,每年区域试验、生产试验产量比对照品种平均增产≥0%,有效试验点比例不低于2/3,达标试验点比例≥70%。

2.2.2 品质

每年品质分析各项指标需达到国家糯稻标准。

2.3 香稻品种

2.3.1 丰产性、稳产性

对照品种为普通粳稻品种,每年区域试验、生产试验产量比对照品种增产平均≥0%,有效试验点比例不低于2/3,达标试验点比例≥70%。

2.3.2 品质

每年品质分析各项指标需达到国家Ⅱ级优质米标准以上(含Ⅱ级米),蛋白质含量≤7.5%。

2.4 软米品种

2.4.1 丰产性、稳产性

对照为品种优质普通粳稻品种,每年区域试验、生产试验产量比对照品种平均增产≥0%,有效试验点比例不低于2/3,达标试验点比例≥70%。

2.4.2 品质

除直链淀粉(干基)要求7%~16%外,其他各项品质指标与普通粳稻品种品质指标相同。

2.5 优良食味品种

2.5.1 丰产性、稳产性

对照品种为普通粳稻品种:每年区域试验、生产试验平均产量达到对照品种的95%以上,有效试验点比例不低于2/3,达标试验点比例≥70%。

2.5.2 品质

整精米率≥60%;食味评分:单年≥85分,三年平均≥87分;蛋白质含量≤7.5%。其他各项品质指标与普通粳稻品种品质指标相同。